KB125447

국방을 보면
대한민국이
보인다

국방을 보면 대한민국이 보인다

초판 1쇄 발행 2017년 5월 1일
초판 2쇄 발행 2018년 4월 1일

지 은 이   김광우
발 행 인   권선복
편   집   권보송
디 자 인   최새롬
전 자 책   천훈민
마 케 팅   권보송
발 행 처   행복한에너지
출판등록   제315-2011-000035호
주   소   (07679) 서울특별시 강서구 화곡로 232
전   화   0505-613-6133
팩   스   0303-0799-1560
홈페이지   www.happybook.or.kr
이 메 일   ksbdata@daum.net

값 15,000원
ISBN 979-11-86673-79-9 93390

* 이 책은 한국출판문화산업진흥원의 출판콘텐츠 창작자금을 지원받아 제작되었습니다.

국방을 보면
대한민국이
보인다

김광우 지음

국 방 장 관 도   모 르 는
국 방 부   이 야 기

차례

책머리에 08

제1장:

전쟁할 수 없는 나라, 대한민국?

대한민국 군대의 이름은 '국군(國軍)'이다   **15**

대한민국 국방의 3대 딜레마   **19**

전쟁할 수 없는 나라, 대한민국?   **27**

인구절벽 시대와 한국군   **32**

계엄법 개정 논의, 지금이 적기다   **38**

다시 생각해 보는 상부지휘구조 개편   **48**

한국군의 검은 백조와 회색 코뿔소   **55**

제2장:

우리 정부에서 가장 오래된 부처, 국방부

국방부는 가장 오래된 부처   **65**

배다른 형제 같은 국방부와 방위사업청   **69**

국방부와 방위사업청 직원의 출신 구분   **75**

방산비리=빙산의 일각?   **82**

역대 국방부 장관   **90**

국방부 민원   **98**

국방부 구 청사 이야기   **105**

국방부와 용산 삼각지   **111**

국방부와 용산의 역사   **118**

제3장:

흥부 집 살림살이 같은 국방예산

흥부 집 살림살이와 한국군   **127**

적정국방비는 적정한 개념인가?   **135**

국방부의 특별회계와 기금   **143**

GDP에서 차지하는 국방비 비율   **148**

기(杞)나라 사람의 군인연금 이야기   **157**

국방예산 중에서 전투력 발휘에 기여하지 못하는 예산   **164**

한국군의 쌀 급식량=북한 주민 식량 배급량   **174**

제4장:
우리나라 군대 문화

한국군의 진급 지상주의   **183**

한국군의 조직문화   **188**

2014년 발생한 두 건의 충격적인 사건   **195**

언어폭력   **205**

지휘용 양주   **212**

한국군은 골프로 체력 단련한다?   **220**

보고서 문화   **229**

국방부 회의 문화: 회의(會議)가 많으면 회의(懷疑)에 빠진다   **235**

제5장:
국방부에서 바라본 국회

국회 국방위 소속 의원이 간첩이라면?   **243**

국회 자료제출 요구, 법대로 합시다   **250**

국회의 보안 의식 수준   **256**

국회 인사청문회   **262**

국회의원 보좌관의 세계   **271**

국회 속기사의 세계   **279**

제6장:

국방부도 어찌할 수 없는 것들…

군 공항 주변 소음 피해 **289**

동해(東海) 표기에 대한 불편한 진실 **297**

국방대학교 논산 이전 **308**

육군 특수전사령부의 이천 이전 **312**

창조국방과 국방3.0의 운명 **323**

6.25전쟁은 남침인가, 북침인가? **328**

맺음말: 한국군의 'SWOT' **332**

출간 후기 **340**

책머리에

10년마다 전술을 바꾸지 않는 군대는 전쟁에서 승리할 수 없다.
– 나폴레옹 –

　지금까지 우리 군은 많은 업적을 이루었다. 6.25전쟁 때 북한의
남침을 격퇴하였고 북한의 크고 작은 도발을 막았으며 국제평화유
지 활동을 통해 국위를 선양하고 있다. 하지만 아쉬운 점도 많다. 북
한의 핵·미사일 위협은 커져만 가는데 효과적인 대응책은 미흡하
다. 북한은 선택과 집중을 통해 비대칭 위협을 키우고 있는데 우리
군의 선택과 집중은 쉽지 않다. 역대 정부가 외쳐온 국방개혁에 대
해 '개혁'이 아니라 '개선'에 불과하다는 지적도 있고 개혁 피로감도
나타나고 있다.

앞으로 우리 군은 힘든 도전에 직면해 있다. 인구절벽으로 인해 병력 감축은 선택이 아니라 필수가 되었다. 재정절벽으로 인해 국방예산의 획기적인 증가는 기대하기 어렵다. 선거 때마다 등장하는 우리 정치권의 포퓰리즘은 '튼튼한 국방'과는 거리가 멀다. 1970년대까지만 해도 군은 정부나 기업보다 능률적인 조직이었지만 지금은 그러하지 못하다. 지금의 우리 군은 몸은 비대하고 팔다리는 허약한 체질이다. 다이어트(군살 빼기)가 필요하지만 정작 실천은 쉽지 않다.

국방부에 오래 근무한 덕분에 우리 군을 자세히 보고 오래 보게 되었다. 자세히 보면 사랑하게 마련이지만 멀리서 보는 것과는 다른 모습도 보기 마련이다. 오래 보고 자세히 보아 느낀 국방에 관한 이야기를 누구나 읽기 편하게 한 권의 책으로 엮었다. 꼭 기록으로 남기고 싶은 이야기, 공무원 시각에서 본 국방에 대한 생각, 우리 군이 이렇게 발전하면 좋겠다는 견해 등을 이 책에 담았다.

제1장에서는 우리나라 군대의 이름이 '국군'이 된 사연, 오늘날 우리 국방의 딜레마, 대북 선제공격과 관련한 국내 정치적 환경, 인구절벽이 가져올 국방에 대한 영향, 그리고 계엄제도의 발전 방향 등에 대해 살펴보았다.

제2장에서는 국방부에 대한 이야기를 모았다. 정부 수립 이후 국방부의 간략한 역사, 방위사업청이 국방부에 미친 영향과 방산비리에 대해서도 생각해 보았다. 역대 국방장관의 면면들을 살펴보면서

한국 현대사의 모습을 더듬어 보고자 했다. 국방부와 용산에 관한 지난 역사는 기록 차원에서 정리했다.

제3장에서는 국방예산에 관한 이야기를 집중적으로 하면서 국방예산의 발전 방향을 제시하고자 했다. 국방비는 어떻게 구성되고 어디에 얼마나 지출되는가, 적정 국방비는 어느 정도여야 하는가, 앞으로 군인연금이 국방예산에 어떠한 영향을 미칠까, 국방예산 중에서 전투력 발휘에 기여하지 못하는 예산은 무엇인가 등을 살펴보았다. 예산 이야기이기 때문에 불가피하게 숫자가 등장하지만 지루하지 않게 적고자 했다.

제4장에서는 우리나라 군대 문화를 살펴보았다. 문화를 이야기하기란 쉽지 않지만 우리 군의 진급지상주의, 조직문화, 병영 내 사건·사고, 군대 내 언어폭력, 군 면세양주 제도, 군 골프장, 그리고 보고서와 회의 문화 등을 사례 중심으로 엮어 보았다.

제5장에서는 국방부에서 바라본 국회 이야기다. 국회 국방위원회의 구성, 국회의 자료 제출 요구 제도의 현실과 문제점, 국회 인사청문회 제도, 그리고 국회 보좌관과 속기사들의 세계 등을 구체적 자료를 가지고 편하게 이야기 식으로 적어보았다.

마지막 제6장에서는 군 공항을 둘러싼 여러 가지 문제, 국방대학교와 특전사령부의 지방 이전과 관련된 갈등관리 사례 등을 직접 경험을 바탕으로 정리했다.

못생긴 나무가 산을 지킨다는 말이 있다. 필자를 두고 하는 말인 듯싶다. 1980년 공무원이 되어 2014년 퇴직할 때까지 방위사업청 근무 1년을 빼고 국방부에서만 근무했다. 필자와 함께 국방부에 왔던 공무원 동기들은 모두 다른 부처로 자리를 옮겼다. 잘생긴 나무들은 일찌감치 사람들이 알아보고 더 좋은 재목으로 사용되기 위해 산을 떠났다. 못생기고 쓸모없다 보니 평생을 국방부에 있게 되었다. 이런 연유로 군인이 아니면서 국방부에 30여 년간 근무한 어느 공무원의 국방에 대한 이야기라고 생각했으면 좋겠다.

한국국방연구원의 연구 분위기가 아니었다면 이 책은 나오지 못했을 것이다. 한국국방연구원의 시공간적인 배려에 감사드린다.

2017년 3월

저자

제1장

전쟁할 수 없는 나라,
대한민국?

고대 로마 군대의 수는 그리 대단하지 않았다.
늘 적보다 병력 수가 적었다.
로마가 패권국가가 될 수 있었던 것은 그들 자신의 힘을 유효하게 사용했기 때문이다.
−일본 시오노 나나미−

군에 새 사고를 주입하는 것보다 더 어려운 것은 낡은 생각을 빼내는 것이다.
−미국 시브로스키 해군 제독−

대한민국 군대의 이름은
'국군(國軍)'이다

당연한 이야기인 것 같지만 결코 당연하지 않다. 우리나라 군대의 이름은 '한국군', '국방군', '방위군', '국민군'이 아니라 '국군'이라는 것이다. 그 근거는 헌법에 있다. 다음은 헌법 제52조 제2항이다.

"국군은 국가의 안전보장과 국토방위의 신성한 의무를 수행함을 사명으로 하며 그 정치적 중립성은 준수된다."

바로 이 헌법 조항 때문에 우리 군의 이름이 국군이 되었다. 세계 모든 나라는 자기 나라 군대에 고유의 이름을 가지고 있다. 미군의 공식 명칭은 'US Forces'다. '미국군'이라고 번역할 수 있겠다. 주한미군의 공식 이름은 USFK(United States Forces in Korea)이다. 일본은 '자위대'가 공식 이름이다. 영어로는 'SDF(Self Defense Forces)'라고 한다. 자위대는 공식적으로 군대가 아니라고 하면서 영어 명칭에는 'Forces'라는 단어가 들어 있는 것에 관심이 간다. 독일은 '연방군(Federation Army)'이라고 부른다. 러시아 혁명 당시 러시아군의 명칭은 '적군(赤軍, Red Army)'이었다. 구소련군은 '소비에트 연방군' 또는 '소비에트군'이라고 하였다. 중국군의 정식 이름은 '인민해방군(PLA: People's Liberation Army)'이다. 여기서 '해방'이란 '제국주의로부터의 해방' 또는 '노동자 해방'과 같은 의미다. 1992년 한·중 수교 이전에 우리는 중국군을 '중공군'이라고 하였다. '중국 공산당의 군대'라는 뜻이다. 북한은 자칭 '인민군(People's Army)'이라고 한다. 우리나라에서는 이를 '북괴군', '괴뢰군'이라고 부르기도 한다.

다시 우리 헌법 이야기로 돌아간다. 1945년 해방 후 우리나라 헌법을 처음 만들 때 제헌 학자들과 제헌의회에서는 우리나라 군대의 이름에 대해 고심하였다. 제헌국회의 헌법 제정 회의록에서 이를 엿볼 수 있다. 제헌헌법 초안 작성에 가장 큰 역할을 하였던 유진오 박사는 헌법 초안에 대한민국의 군대 이름을 '국방군'으로 하였다. 당시 우리 사회에서는 '국군'이라는 말보다 '국방군'이라는 말이 보편적으로 사용되었다고 한다. 그러나 당시 이승만 국회의장의 사회로 진행된 헌법 초안 세 번째 독회에서 윤치영 의원이 '국방군' 대신 '국군'이라는 명칭을 제안하였다. 그의 주장은 국군 안에 자연히 국방군이 포함된다는 취지였다. 이 제안에 대해 거수투표가 진행되었다. 결과는 재적의원 161명 중 찬성 125명, 반대 12명. 이렇게 하여 대한민국 군대의 이름은 국군이 되었다. 국군의 공식 영어 이름은 'ROK Forces'다.

우리나라 사람들은 우리 언어를 '한국어'가 아니라 '국어'라고 부른다. 미국과 영국은 제 나라 언어를 '영어(English)'라 하고 프랑스인들은

'프랑스어(French)'라고 한다. 우리나라는 한국 역사를 '국사', 한국문학을 '국문학'이라고 한다. 일제 강점기 때 '조선어', '조선사', '조선문학'이라고 하던 것이 해방이 되면서 '국어' '국사' '국문학'으로 바뀐 것이다. 고종석 씨는 '국어'보다는 '한국어'라는 말을 더 선호하고 있다. 다음은 고종석의 주장이다.

> '국어'는 '한국 국민이 배우고 사용하는 한국어'인데 비해, '한국어'는 '외국인이 배우고 사용하는 한국어'라는 뉘앙스가 있다. 그런데 이 둘을 꼭 갈라놓아야 할까? 한국인이 쓰는 한국어를 지금처럼 꼭 국어라고 불러야 할까? (⋯) 나는 '국어'보다는 '한국어'라는 말을 선호한다. 딱히 국가주의가 아니라 할지라도 국어라는 말이 드러내는 자기중심주의나 주관주의는 정신적 미숙의 표지다. (고종석, 『말들의 풍경』, 2012, 138쪽)

'한국어'라는 말은 1948년 대한민국 정부가 수립된 다음부터 사용되기 시작했다. 일제 강점기 땐 '조선어'라고 하였다. 하지만 북한은 자기들 말을 지금도 여전히 '조선어'라고 부르고 있다. 남북분단이 지속되다 보니 언어의 동질성도 점점 멀어지고 있다. 이러한 추세가 오래 계속된다면 언어학 차원에서 한국어와 조선어는 방언관계에 있지만 정치적 이유로 서로 다른 이름을 가진 두 개의 언어로 고착될지도 모른다. 통일이 되면 북한에도 '조선어'가 아니라 '국어(한국어)'가 사용되어야 할 것이다. 마찬가지로 통일이 되면 이른바 '인민군'은 무장해제되고 '국군'이 통일 한국을 지켜나갈 것이다.

최근 일본은 평화헌법을 개정하여 전쟁할 수 있는 보통 나라로 나아가려고 한다. 만약 그렇게 된다면 자위대는 없어지고 일본에 새로운 군대가 창설될 것이다. 그 군대의 이름을 일본은 어떻게 명명할까? 참고로 일본은 자국의 언어 일본어를 '국어(國語, 고쿠고)'라고 부르고 '국어교육(國語教育)'이라는 단어를 사용하고 있다. 이를 바탕으로 유추해 본다면 자위대를 대치하는 새로운 일본 군대의 이름은 '국군'이 될 수도 있겠다는 생각이다.

대한민국
국방의 3대 딜레마

2016년 9월 9일 북한이 제5차 핵실험을 했을 때 TV 저녁 뉴스를 보면서 아내가 필자에게 물었다.

"북한이 또 핵실험했네. 국방부 발표를 보니 지난번하고 별로 달라 보이지 않네. 이번 국방부 대응이 지난번하고 다른 게 뭐야?"

필자는 제대로 답을 못 했다. 갑작스러운 질문이기도 했고 이 분야 전문가도 아니기 때문이기도 했다. 머뭇거리고 있으니 혼잣말도 아니고, 그렇다고 누가 들으라고 하는 말도 아닌 투로 아내가 말한다.

"국방부도 참 답답하겠네. (북핵 관련) 무슨 뾰족한 수가 없잖아."

평범한 전업 가정주부가 보는 북핵에 대한 인식 수준이라고 하겠다.

다음은 세계일보 박수찬 기자의 기사 내용 중 일부이다. 자칭 군사 전문 기자의 글이어서 옮겨본다.

> 군 당국의 강경발언은 북한이 도발을 감행할 때마다 나오는 단골 메뉴다. 하지만 대북 억제력에는 아무런 도움이 되지 않는다. (…) 군의 경고를 듣고 북한이 도발을 멈추지 않으면 군 당국의 경고성 발언은 더욱 강해진다. 새롭고 자극적이며 공포와 충격을 주는 표현을 찾다보니 발언 수위도 점점 올라간다. (2016.9.17.)
>
> 군 당국은 북한이 핵실험을 해도, 노동미사일을 발사해도, 장거리 미사일을 발사해도, SLBM을 발사해도 그 대응책은 똑같다. (2016.8.28.)

지금 우리나라 국방은 몇 가지 딜레마적 상황에 처해있다. 딜레마 (Dilemma)의 사전적 정의는 다음과 같다.

> '선택해야 할 두 가지 방안 중에서 어느 쪽을 선택해도 바람직하지 못한 결과가 나오게 되는 곤란한 상황'

지금 우리나라 국방은 세 가지 딜레마적 상황에 직면해 있다. 첫째, 북한 핵문제 해결의 딜레마적 상황이다. 북핵 위협에 대응하기 위하여 자위적 핵무장을 해야 한다, 하지 말아야 한다, 그리고 자위적 핵무장이 가능하다, 불가능하다는 상반된 주장이 제기되고 있다. 미국의 전술핵을 다시 한반도에 배치해야 한다는 주장도 있다. 하지만 자위적 핵무장 방안을 선택하기는 쉽지 않다. 그렇다고 재래식 무기만으로 대처하는 것도 근본적인 한계가 있다.

북한이 핵실험을 할 때마다 우리 정부에서 바쁜 부서는 외교부다. 물론 국방부도 바삐 돌아가지만 대북 무력시위나 경고성 발언을 주로 한다. 실질적인 행동은 외교부에서 유엔 등 국제사회를 통해 진행된다. 지금까지 외교적 노력으로 북핵문제를 해결하려고 했기 때문이다. 우리의 핵무장도 쉽지 않고 그렇다고 외교적 노력만 계속하기도 한계에 와 있다. 우리는 이렇게 지난 20년 동안 북핵문제에 대응해 왔다.

북핵 문제에 대한 우리 사회의 반응은 이해하기 어려운 면이 있다. 2016년 9월 9일 북한의 제5차 핵실험은 지금까지 중에서 가장 강력한 것으로서 정부는 '북한의 핵 위협이 증폭되었다'고 했다. 언론에서는 '최대의 안보 위협'이라고 하고, '5천만 국민의 생존권이 위협받는다'는 말도 한다. 하지만 국내 증시는 조용하였고 우리 국민들의 일상은 변함없었다. 주식은 폭락하지 않았고, 환율도 평상을 유지하였으며, 국민들은 생필품을 사재기하지 않았다. 국내 거주 외국인들이 철수하거나 외국 투자 자금이 해외로 빠져나간다는 소식도 들리지 않았다. 정부는 안보위협이라고 하는데 국민들과 외국인 투자자들은 조용하였다. 국민 반응과 외국인들의 평가만 본다면 북핵 위기가 진정한 우리의 안보 위협인지 여부도 헷갈리는 상황이다. 핵실험 할 때마다 증폭되는 북핵 위협하에서 우리 사회의 차분한 분위기가 바람직한지 여부에 대해서는 판단이 쉽지 않다.

둘째, 북핵 위기 하에서 우리의 재래식 군사력은 어떻게 증강해야 할까? 심각한 경제난을 겪고 있는 북한은 이미 오래 전부터 재래식 군사력 증강보다는 핵·미사일에 대한 투자를 집중하고 있다. 거듭되는 북한의 핵과 미사일 발사 시험에도 불구하고 우리의 뾰족한 대응능력이 없는 것을 보면 북한 군사력 건설의 '선택과 집중'은 그들 나름대로는 성공한 것으로 보인다. 그렇다면 대한민국은 군사력 건설에 선택과 집중을 하고 있을까? 최근 우리 군의 전차, 장갑차, 자주포 도입에 대해 일부 언론은 비판적 논평을 하기도 했다. 북한의 핵·미사일 능력은 계속 강화되고 있음에도 불구하고 우리 육군의 부사관 증원은 계속해야 하는 걸까?

미국과 소련의 군비 경쟁이 한창이던 냉전시기 내내 미국 국방부와 중앙정보부(CIA)는 소련의 군사력을 정확히 평가하기 위해 엄청난 노력과 투자를 하였다. 하지만 1990년 소련이 붕괴된 이후 밝혀진 내용을 보면 미 국방부와 CIA의 소련 군사력 평가가 실제보다 과장된 것으로 알려졌다. 그렇다면 지금 북한의 재래식 군사력은 어느 정도일까? 1997~98년 국제금융위기, 이른바 IMF 사태가 닥쳤을 때 우리 경제는 휘청하였고 1999년 국방예산은 0.4퍼센트 감소하였다. 국방예산이 줄어든 것은 건국 이후 처음이었다. 그 당시 국내외에서는 한국군의 군사력이 크게 약화될 것을 우려하였다. 이러한 우리의 사례를 북한에 적용해 보면, 북한은 수십 년째 IMF보다 더 심각한 경제위기에 계속 직면하고 있으며 따라서 군사력도 엄청나게 약화되었다고 하겠다. 자본주의 시장경제 체제였다면 북한의 군사력은 이미 와해되었을 것이다.

북한은 지난 20여 년간 군사력 건설에 '선택과 집중'을 하고 있는데 우리 군의 '선택과 집중'은 무엇일까? 무엇을 선택한다는 것은 다른 무엇을 버려야 하는 것을 의미한다. 북한이 대량살상무기 개발에 몰두한 이후 우리 군이 버린 것은 무엇일까? 앞으로 우리 군은 무엇을 버려야 할까?

셋째, 우리 군은 국방개혁의 필요성을 인식하고 있으나 제대로 된 국방개혁을 추진하지 못하고 있다. 역대 정부는 예외 없이 국방개혁을 추진해 왔다. 노태우 정부의 장기국방태세 발전방안(일명 818계획), 김영삼 정부의 21세기 국방연구위원회를 통한 개혁, 김대중 정부의 군 지휘구조 개편과 조직 통폐합 노력, 노무현 정부의 국방개혁 2020계획, 그리고 이명박 정부의 국방개혁 307계획 등이 그것이다. 이들 국방개혁의 공통점은 병력(인력)중심에서 기술 집약형 군으로 지향, 관료형 행정 군대에서 전투형 군대 만들기였다. 하지만 역대 정부가 국방개혁을 계속 강조해 오고 있는 것은 '국방개혁이 제대로 성공하지 못했다'는 것을 역설적으로 말해주는 것은 아닐까?

그동안 국방개혁이 제대로 이루어지지 못한 이유는 많은 사람들이 잘 알고 있다. 군의 조직보호주의, 각 군 간의 이해관계, 통치권 차원의 강력한 리더십 부재, 군만이 군을 잘 알고 있다는 배타주의, 그리고 타의에 의한 군 개혁에 대한 군의 거부감 등이 그것이다.

우리 군이 제대로 된 국방개혁을 해야 하는 이유는 북핵 위협이라는 외부적 요인뿐만 아니라 인구절벽과 재정절벽이 다가오기 때문이다. 인구절벽은 쓰나미같이 우리 사회의 모든 곳에 영향을 미치고 있다. 지금과 같은 병력 집약적 군 구조는 더 이상 유지할 수 없다. 의무복무 병사를 감축하고 부사관 증원을 하는 것이 과연 바람직한 정책대안인지 여부도 고민해야 한다. 우리 국방예산에서 차지하는 인건비 비중은 이미 1/3을 넘어서고 있다. 이 비율만 본다면 우리 군은 징병제가 아닌 모병제 국가와 유사한 수준이다. 부사관 증원이 20~30년 후 군인연금에 미치는 영향도 생각해 봐야 한다. 인생 100세 시대에 간부 증원은 현역 복무기간의 급여뿐만 아니라 전역 후 100세까지의 군인연금을 국방예산으로 보장해 주어야 함을 의미한다.

재정절벽도 다가오고 있다. 우리나라는 앞으로 과거와 같은 고도성장을 기대하기 어렵다. 우리의 성장잠재력, 즉 중장기 실질 경제성장률은 2~3퍼센트 수준으로 전망되고 있다. 복지(사회보장), 노동, 교육 등 포퓰리즘적 정부재정 지출은 크게 확대될 전망이다. 정부 재정당국으로서는 저성장으로 세입은 크게 늘어나지 않는데 돈 쓸 곳은 많은, 이른바 양쪽으로 조여 오는 '가위효과(Scissor's effect)'를 우려하고 있다. 따라서 국방예산이 앞으로 획기적으로 늘어날 것으로 기대할 수 없다. 국회나 정치권에서 논의되고 있는 재정관련 이슈들을 보면 국방비에는 관심이 없고 복지 지출에만 관심을 가지고 있다.

안타깝게도 우리 군을 실질적으로 도와줄 세력은 없다. 국군통수권자일지라도 국방예산 지원에 한계가 있고, 재정당국도 재정운영이 빠듯하기만 하다. 우리 국회와 정치권의 포퓰리즘적 성향을 되돌리기도 어렵다. 대통령 선거가 있을 때마다 복지 지출 소요는 늘어날 것이 뻔하다. 이러한 상황 하에서 해답을 찾아야 할 것은 우리 군밖에 없다.

해답은 스스로 '제대로 된 국방개혁'을 해 나가는 것이다. '작지만 강한(Slim but Strong) 군'으로 나갈 수밖에 없다. 여기서 '작다(Slim)'는 것은 전투력 발휘에 도움이 안 되는 군살은 빼는 것이다. '꼬리(Tail, 비전투부대)'는 작게 하고 '이빨(Teeth, 전투부대)'은 튼튼히 해야 한다. 이는 우리 군의 구조조정을 의미한다. 민간 기업이나 정부나 구조조정에는 고통과 반대와 갈등이 수반된다. 이를 감내할 수 있는 단호한 의지가 필요하다. 우리 군이 조용하다는 것은 제대로 된 구조조정을 하지 않고 있다는 것을 뜻하기도 한다. 북핵 위협이 가중되고 있는 이 때 군 개혁이 소란스럽게 진행되면 문제가 된다는 견해도 있다. 제대로 된 개혁이 필요한데 적당한 개혁에 머무를 수밖에 없는 딜레마적 상황이다.

절대 망할 것 같지 않았던 야후(Yahoo)는 지금 사실상 망한 것이나 다름없다. 야후가 가만히 있다가 망한 것은 절대 아니다. 회사 전망이 좋지 않다고 판단한 야후는 2012년부터 기업혁신을 강도 높게 추진하였다. 그러나 결국 망했다. 야후 혁신의 문제점은 여러 가지를 골고루 혁신하려고 한 데 있다. 식빵 위에 땅콩버터를 바르듯이 여러 분야에 걸쳐 얇게 개선하려고 하다 보니 제대로 된 혁신을 하지 못했다. 모든 것을 다 하려고 하다가 아무 것도 아니게 된 경우다. 우리의 국방개혁도 여러 가지를 다 하려고 하지 말고 '선택과 집중'을 해서 단기간에 가시적인 성과를 내었으면 좋겠다.

중국 화웨이는 1987년 설립된 지 불과 30년 만에 세계적인 통신장비 업체로 성장했다. 거대한 중국 내수시장에 의존하거나 선진국들의 기술 모방으로 거둔 성과가 아니다. 혁신과 스피드 그리고 도전정신이 성공의 비결이었다. 화웨이의 기업문화는 '늑대문화'로 비유한다. 창업주 런정페이는 다음과 같이 말했다. "늑대는 다친 다리가 도망치는

데 방해가 된다면 살기 위해 주저 없이 그 다리를 물어뜯어 버린다."

우리 군이 늑대라면 망설이지 않고 물어뜯어 내야 할 부분은 무엇일까?

전쟁할 수 없는 나라,
대한민국?

북한이 핵실험을 할 때마다 대북 선제타격이 거론되곤 한다. 우리가 북한을 선제타격하면 한반도가 전면전으로 빠져들지 않을까, 우려하는 목소리도 있다. 그렇다면 대한민국은 전쟁을 할 수 있는 나라인가, 'No'라고 생각한다. 대한민국은 전쟁을 할 수 없는 나라가 되어가고 있다. 이유는 세 가지다.

먼저, 북한 핵문제에 대한 우리 국민의 위협 인식이 심각하지 않다. 2016년 9월 북한의 5차 핵실험 이후 대통령은 '5천만 국민들의 생존이 달린 문제'라고 위협의 심각성을 이야기하였다. 국방부도 같은 평가였다. 중국을 제외한 국제사회도 북핵 문제는 반드시 해결해야 할 국제안보 위기로 인식하고 있다. 하지만 우리 국민들의 위협 인식은 그렇지 않다.

북한이 핵실험을 했을 때 우리 국민들은 차분했다. 주식은 폭락하지 않았으며, 환율은 요동치지 않았고, 외국인 투자가 빠져나갔다는 이야기도 없다. 국민들은 생필품 사재기도 하지 않았다. 세계에서 북한의 핵·미사일에 대해 전혀 불안해하지 않는 유일한 곳이 한국이라는 이야기가 농담으로만 들리지 않는다.

북핵 관련 대통령 및 정부의 인식과 국민 대다수의 인식에 이렇게 큰 간극이 있는 것을 어떻게 생각해야 할지 판단이 서지 않는다. 국민 일부의 생각이라고 한다면 '무지한 낙관론'이라고 비판도 할 텐데 대다수 국민들의 생각이라서 그럴 수도 없다.

대북 군사행동에는 국민적 공감대가 있어야 한다. 북핵 문제에 대한 지금과 같은 국민적 인식하에서 국군통수권자나 군은 대북 군사행동을 취하기 쉽지 않다. 설령 대북 군사행동을 감행하였더라도 그 후에 밀어닥칠 국민 여론이 우려스럽기만 하다.

둘째, 국내 정치적으로도 대북 군사행동이 사실상 불가능하다. 사드 배치를 둘러싸고 대한민국 국민들은 '찬성'과 '반대' 둘로 갈라졌다. 쉽게 결론이 날 수 있는 기술적 사안임에도 불구하고 정치적 입장에 따라 찬반 갈등이 계속되었다. 2016년 10월 1일 국군의 날 기념식에서 박근혜 대통령은 '북한 주민의 탈북'에 대해 언급하였다. 이에 대해 야당에서는 즉각 반대 입장이 쏟아졌다. 북한 관련 이슈가 터질 때마다 우리 정치권은 둘로 갈려져 '나는 옳고 너는 틀렸다'는 싸움을 계속한다.

흔히, 안보에는 여야가 없다고 하지만 절대로 그렇지 않다. 안보만큼 여야 간 생각이 다른 분야도 없다. 대통령은 국군 통수권자이자 정치인이다. 대북 군사행동을 한다면 어느 날 갑자기 진행될 것이다. 사전 당정 협조나 미리 야권의 이해를 구하는 과정은 있을 수 없다. 대통령의 결단에 의한 대북 군사행동 이후 우리 정치권은 둘로 쪼개져서 '잘했다', '못했다'로 격돌할 것이다. 야당은 대통령의 하야, 또는 탄핵까지 거론할지도 모를 일이다. 국회에서는 대북 군사행동에 대해 잘잘못을 따져보겠다고 할 것이다. 북핵 문제의 해결보다 더 심각하고 어려운 것이 우리 정치권으로부터의 공격일 수 있다. 핵문제보다 더 겁나고 다루기 힘든 것이 우리 정치권이다.

셋째, 중국 변수다. 대한민국은 '중국 앞에만 서면 한없이 작아지는 나라'다. 2012년 한·미 FTA 체결을 앞두고 극심한 반대 시위가 있었다. 당시 이명박 정부가 이것을 헤쳐 나가는 데 엄청난 에너지를 낭비하였다. 하지만 2015년 한·중 FTA 체결 때는 조용히 넘어갔다. 미국과 중국에 대한 우리 국민들의 잣대가 크게 다르다. 중국 어선들이 서해에서 집단으로 불법조업을 하더라도 우리 정부와 국민은 관대하기만 하다. 만약 일본 어선 몇 척이 동해상에서 불법 조업을 했다면 이를 규탄하는 수많은 시위가 전국 방방곡곡에서 벌떼처럼 일어났을 것이다. 중국과 일본에 대한 우리 국민들의 잣대가 전혀 다르다.

일본 정부와 국민들은 중국과 군사적으로 한 판 붙을 수 있다는 생각을 가지고 있다. 일본 정부가 중국에 대해 군사행동을 결정하면 일본 국민들은 정부를 지지할 것이다. 100년 전 일본은 중국을 침공하여 중국 대륙의 많은 땅을 지배한 적이 있다. 그러나 한국은 상황이 여의치 않으면 군사적으로 중국과 한판 붙을 수 있다는 생각을 감히 하지 못한다.

한국인에게는 중국을 두려워하는 유전자가 있다. 사드 배치에서 가장 큰 고려요소는 '중국 정부가 어떻게 생각하느냐'였다. 사드 배치를 반대하는 중국을 어떻게 하면 설득할 수 있을까가 정부의 고민이기도 했다. 우리 국민들은 북한의 위협보다 사드 배치에 반대하는 중국의 경제 보복을 더 걱정한다. 어느 날 중국 외교부 대변인이 한국의 대북 군사행동을 반대한다는 발언을 하면 국내적으로 정치 쟁점이 되면서 사드 배치 때보다 더 심각한 딜레마에 빠져들 것이다.

일본은 지금까지 '전쟁할 수 없는 나라'였다. 하지만 최근 아베정권은 헌법을 바꿔서라도 전쟁할 수 있는 보통국가를 향해 나아가고 있다. 일본과는 반대로 대한민국은 '전쟁할 수 없는 나라'로 점점 변해가고 있다.

5천 년 우리 역사에서 외세의 침략은 많이 받았지만 다른 나라를 공격해 본 적은 없다. 나라를 지킨 훌륭한 장수(將帥)들은 많았지만 다른 나라를 침략하여 영토를 넓힌 경우는 한 번도 없었다. 조선시대 효종 연간에 청나라를 공격하기 위한 북벌론(北伐論)은 허황된 말장난에 불과하였다. 이러한 역사를 두고 우리는 '평화를 사랑한 백의민족'이라고 자평하고 있다. 어쩌면 지금의 우리들은 조상들로부터 전쟁할 수 없는 DNA를 물려받았지 않았나, 생각될 지경이다.

북핵문제의 결정적인 순간이 닥쳤을 때 국민의 안보 불감증이 무섭고, 국내 정치권의 반대가 무섭고, 중국의 태도가 무서워 대북 군사행동을 주저하게 되는 상황이 오지 않는다고 확신할 수 없다. 호랑이가 토끼를 사냥할 때 혼신의 힘을 다한다. 전쟁이란 목숨 내걸고 해야 이길 수 있는 것이다. 적당한 용기를 가지고 대충 나서서는 절대로 안 된다. 대한민국은 목숨 내걸고 북한에게 한 방 먹일 수 있는 용기가 있는 나라일까?

2000년 개봉된 영화 〈공동경비구역 JSA〉의 한 장면이 생각난다. 북한 경비병 오경필 중사(송강호 분)가 남한 이수혁 병장(이병헌 분)에게 '총으로 사람 죽여 봤냐?'라고 물으면서 다음과 같이 말한다.

> 어이~ 이수혁 병장~
> 실전에서는 말이야~
> (총) 뽑는 속도 같은 건 중요하디 않아.
> 전투기술?
> 기린 거 없어.
> 얼마나 침착한가,
> 얼마나 빨리 판단하고
> 대담하게 행동하느냐~
> 기게 다야.

인구절벽 시대와
한국군

　우리나라에서 국방에 종사하는 사람은 모두 몇 명이나 될까? 여러 분야에서 많은 사람들이 국방을 위해 노력하고 있는데 대략 계산해 보자. 먼저 군인이다. 2017년 현재 우리 군의 병력은 약 62만 명이다. 군별로 보면 육군 48만 명, 해군 7만 명, 해병대 2만 9천 명, 공군 6만 5천 명이다. 계급별로 보면 장군 436명, 장교 7만 1천 명, 부사관 12만 4천 명, 병 41만 5천 명, 무관후보생 7천여 명이다.

　다음으로 군무원은 2만 6천 명, 상근예비역은 1만 6천 명, 그리고 공무원은 약 1천여 명이다. 공무원은 국방부 본부, 방위사업청, 국방홍보원, 교수요원 등이다. 그 외 민간조리원, 병영생활 전문상담관, 교육훈련전문 평가관 등 민간 근로자들이 약 3천 600여 명이다. 이들의 급여는 국방예산에 반영되어 있다. 각종 군 복지시설에 근무하는 민간근로자는 약 3,400여 명이다. 이들의 급여는 복지시설 수입에서 지급된다.

국방과학연구소에 근무하는 인원은 정확히 공개하기 어렵다. 수천 명 정도라고 해 두자. 방위산업체에 종사하는 사람은 약 3만 6천 명이다. 무기·장비 및 물자의 조달 원가에 이들의 인건비가 포함되어 있다.

이렇게 군인과 군 관련 종사자들을 모두 합치면 약 71만 명 수준이다. 예비군 310만 명은 여기에 포함시키지 않았다. 2016년 12월을 기준으로 주민등록인구수는 5,170만 명이다. 이를 나누어 보면 우리 국민의 1.37퍼센트가 국방에 종사하고 있는 것이다.

지금 우리나라 대학들은 위기에 처해 있다. 2014년 발표된 대학구조개혁추진계획의 핵심은 2023년까지 대학 정원 16만 명을 감축하는 것이다. 2023년이면 현재 56만 명 수준의 대학 입학정원은 절반 수준으로 줄어들고 2020년까지 대학 120여 개가 문을 닫을 수밖에 없는 상황이다. 학령인구의 감소 때문이다. 그렇다면 우리 군은 어떨까?

앞으로 우리 군은 2022년까지 상비 병력을 2017년 현재 62만 명에서 52만 2천 명 수준으로 약 17퍼센트 감축해 나갈 계획이다. 2022년까지 모두 10만 명, 매년 평균 1만 8천 명씩 감축해야 한다. 인구절벽 때문이기도 하고, 병력구조를 정예화하려는 목적도 있다. 국방개혁에 관한 법률은 제 25조 제1항에서 "국군의 상비병력 규모는 2020년까지 50만 명 수준으로 한다."고 명시하고 있다. 52.2만 명도 50만 명 수준에 들어가는 것으로 해석할 수 있을까?

문제는 앞으로 청년인구 감소를 고려할 때 우리 군이 52.2만 명 수준의 병력도 안정적으로 유지할 수 없다는 데 있다. 연도별 출생아 인원을 보면 다음과 같다^(2020년 이후는 추정치).

- 1981년: 87만 명
- 1991년: 71만 명
- 2001년: 55만 명^(100 기준)
- 2011년: 47만 명^(85.5)
- 2014년: 44만 명^(80.0)
- 2020년^(추정): 43만 명^(78.2)
- 2030년^(추정): 41만 명^(74.5)
- 2040년^(추정): 35만 명^(63.6)
- 2050년^(추정): 31만 명^(56.4)
- 2060년^(추정): 29만 명^(52.7)

2001년에 태어난 남아가 2020~2021년에 군 복무를 한다고 대략 가정했을 때 52.2만 명의 병력을 어렵사리 유지할 수는 있을 것이다. 문제는 상근예비역, 전환복무^(전투경찰, 의무소방대 등)와 대체복무^(산업기능 요원, 공익근무, 전문 연구 요원, 공중보건의 등) 요원의 규모를 얼마나 조정하느냐에 달려 있다. 이들의 숫자를 모두 합치면 대략 10만 명 수준이다. 매년 입영하는 인원은 그 절반쯤 된다. 국방부는 이러한 숫자를 줄이면 2020년 52.2만 명의 병력은 유지할 수 있는 것으로 판단하고 있다. 전환 및 대체복무 요원의 숫자를 줄이는 것이 가능한지, 가능하더라도 이에 수반되는 잠재적 문제들은 논외로 하자.

문제는 2020년 이후부터다. 2020년에 52만 명의 병력을 유지한다고 가정하고 인구 비율 감소율을 그대로 적용해 보면 우리 군은 2030년 50만, 2040년 43만, 2050년 37.8만, 2060년 35.4만 명 수준 이상의 병력을 유지할 수 없다. 대략 계산한 것으로 오차는 있겠지만 우리 군 병력을 매년 5천~7천 명 정도 지속적으로 줄여나가야 하며, 장기적으로는 40만 명 이하까지도 생각해야 한다. 군 구조개혁을 근본적으로 할 수밖에 없는 이유가 여기에 있다.

의무복무 병사를 줄여가는 대신에 간부 비율을 늘리는 방안도 있지만 인건비와 군인연금 등을 고려할 때 결코 바람직한 대안이 아니다. 병 복무기간을 늘리는 방안도 현실적으로 선택하기 어렵다. 국방개혁에 관한 법률은 제26조 제1항에서 간부 비율을 다음과 같이 명시하고 있다.

> 국군의 장교·준사관 및 부사관 등 간부의 규모는 2020년까지 기술집약형 군 구조 개편과 연계하여 연차적으로 각 군 상비 병력의 100분의 40 이상 수준으로 편성하여야 한다.

이 조항은 몇 가지 문제가 있다. 간부 비율이 법률로 정할 사항인지 의문시되고, 간부 비율을 40퍼센트로 설정한 근거가 미흡하며, 예산 부족으로 간부 증원이 현실적으로 쉽지 않다는 문제가 있다. 상비병력 규모(분모)가 줄어들면 간부 정원(분자)에 변함이 없더라도 간부 비율은 자동적으로 올라간다. 이 조항은 강행규정이라기보다는 선언적 조항으로 해석하는 것이 좋겠다.

그렇다면 대안은 무엇일까? 작지만 강한 군으로 나갈 수밖에 없다.

비전투부대의 기능은 과감히 민간 인력으로 대체하고 비전투부대에 근무하는 군인은 전투부대로 전환 배치하는 것이 바람직하다. 흔히 전투부대는 '이빨(Tooth)', 비전투부대는 '꼬리(Tail)'라고 한다. 꼬리를 짧게 하고 이빨을 튼튼하게 하는 것이다. 전투력 발휘에 도움이 되지 않는 군살은 과감히 다이어트하고, 창끝부대를 강화하는 것이다.

문제는 이러한 비전투 요원의 전투부대로 전환배치가 짧은 기간 내 쉽게 이루어질 수 없다는 데 있다. 예를 들어 보급부대에서 청소나 세탁을 하거나, 각종 군 복지시설에 근무하는 병력을 특수전부대로 전환 배치할 수는 없다. 중장기 계획을 수립하여 현재 비전투부대 근무 인원이 전역할 때 그 정원을 삭감하고 전투부대의 정원을 늘리는 방식을 고려할 수 있다.

하지만 비전투부대 인력을 감축하는 데는 병과별 이해관계가 개입한다. 비전투부대 병력이 감소되면 해당 병과의 장교와 장군 숫자도 덩달아 감소될 것이다. 당사자들로서는 엄청난 이해관계가 걸린 문제다. 해당 병과에서 반대할 것이다. 자동차 공장에서 A차종 생산에 배치되어 있는 근로자를 B차종 생산라인으로 전환투입하지 못하는 경우가 종종 일어난다. 경영진에서는 전환 배치하고 싶지만 노조가 반대한다.

기업에 노조 기득권이 있다면 군에는 병과 이기주의가 있다. 우리 군의 정원은 칸막이 구조다. 육·해·공군별로 정원이 정해져 있고 병과별로 다시 구분되어 있다. 이것을 쉽게 조정할 수 없는 관행이 고착화되어 있다.

우리나라는 세계에서 가장 노동시장의 유연성이 없는 것으로 알려져 있다. 기업 구조조정에는 반대와 갈등을 이겨나가는 과감한 추진력이 필요하다. 인구절벽 시대를 맞이하여 한국군의 구조조정이 시급하다. 병과별 정원 조정이 거의 불가능한 현재의 칸막이 식 병력 운영을 바꿔야 한다.

계엄법 개정 논의,
지금이 적기다

2016년 11월 박근혜 대통령의 하야를 외치는 촛불시위가 한창일 때 일부 정치인은 대통령이 계엄령을 선포할 가능성이 있다는 발언을 한 바 있다. 우리 국민들의 심리적 트라우마인 '계엄'을 이야기한 것이다. 당시 상황과 발언은 정치적 차원의 이슈였기 때문에 여기서는 언급하지 않기로 한다. '정치'를 제외한 '제도로서의 계엄'을 살펴보기로 한다.

오늘날 많은 국민들과 정치권, 그리고 행정부에서는 계엄에 대해 관심이 없다. 이 땅에 계엄이 또다시 필요한 상황이 벌어질 것이라고 생각하는 사람도 없다. 이때야말로 현 계엄 제도의 문제점과 개선방향을 논의해 보고 필요하다면 계엄법을 개정하는 노력이 필요하다.

지금의 계엄제도와 계엄법은 1백 년 전 일본의 계엄제도를 그대로 본받은 것이다. 계엄^(戒嚴)이란 단어부터, 경비계엄^(警備戒嚴), 비상계엄

(非常戒嚴)도 구 일본 계엄령(1882.8.5. 태정관 포고 제36호.)의 임전지경(臨戰地境)과 합위지경(合圍地境)에서 따온 것이다. 민주화되고 정보화된 오늘날 대한민국에 걸맞은 계엄제도의 발전을 모색해야 할 때가 바로 지금이다.

필자 또래와 그 윗세대들은 계엄을 경험하였다. 그리고 계엄에 대해 매우 부정적인 기억을 가지고 있다. 지난 계엄을 살펴보면 대한민국 현대사의 아픈 상흔과 굴곡진 모습을 만나게 된다. 계엄을 통하여 국가 긴급사태를 극복하고 공공의 안녕질서를 회복한 것은 다행이었지만 시행과정에서 착오나 문제점도 많았다. 계엄으로 인해 정치적 민주화가 더뎌지기도 했고 이를 극복하는 과정에서 정치적으로 더욱 성숙해지는 디딤돌이 되기도 했다.

1979년 10월 26일 박정희 대통령 시해사건이 발생하자 전국에 비상계엄이 선포되었다. 이렇게 선포된 계엄은 1980년 5월 광주 민주화운동이 훨씬 지난 1981년 1월 25일 0시를 기하여 해제되었다. 그 이후 지난 약 40년 동안 이 땅에 계엄은 없었다. 국민들에게 계엄은 다시 생각하기 싫은 불편한 과거의 기억으로만 남아 있다. 국가비상사태에 대비하여 계엄을 이야기하는 것은 시대착오적인, 쓸데없는 노력 같이 생각되기도 한다.

정부도 관심이 없기는 마찬가지다. 매년 을지연습 때 국방부를 중심으로 일주일 정도 계엄연습을 해 보는 정도다. 정부에서 계엄업무는 국방부 민정협력과가 국회업무를 주로 하면서 부수적으로 담당하고 있다. 합동참모본부에서는 민군작전부에 계엄과를 두어 계엄사령부와 관련된 제반 준비와 을지연습을 할 때 계엄업무를 지휘하고 계획하는 일을 담당하고 있다.

계엄이 시행되면 계엄사령부가 설치되고 계엄사령관이 계엄지역의 정부 부처를 지휘·감독하고, 국민의 기본권 일부를 제한하는 특별한 조치를 취할 수 있으며 계엄군이 치안 유지 활동을 하게 된다. 우리 현대사에 있어서 이러한 계엄이 몇 번 시행되었을까? 하나의 사건에서도 계엄이 여러 차례 선포 및 해제되기도 하고 계엄지역이 계속 조정되기도 하였기 때문에 계엄의 회수는 기준에 따라 다를 수 있다. 사건을 기준으로 계엄 선포 횟수를 보면 1948년 정부수립 이후 지금까지 계엄이 선포된 것은 여수·순천 사건부터 1980년 광주 민주화 운동에 이르기까지 모두 11회다^(표 참조). 잠시 경비계엄이 있었던 경우도 있었지만 모두 비상계엄이었다. 계엄이 가장 오래 지속된 경우는 6.25전쟁 때로서 약 25개월^(이어진 공비 소탕작전까지 포함할 경우 46개월)이었으며 계엄 기간이 가장 짧았던 것은 1964년 6.3 한·일협상 반대운동 때인 57일이었다. 계엄사령관은 예외 없이 육군 지휘관^(육군참모총장, 육군 군수사령관 등)이었다. 계엄지역을 보면 전국에 선포된 것이 6.25전쟁, 5.16군사정변, 10.26사건과 광주 민주화 운동 때 등 세 번이었고 나머지는 모두 지역계엄이었다.

　1948년 여수·순천사건 때 계엄은 여러 가지 문제가 있었다. 첫째, 대통령이 아닌 현지 지휘관이 계엄을 선포하였다. 여순사건은 1948년 10월 19일 당시 국방경비대 소속 남로당 계열 장교들과 제주 4.3사건 진압 명령에 반대한 일부 군인들이 여수에서 봉기하는 것으로 시작되었다. 사건 발생 3일 후인 10월 22일 제5여단 사령관 김백일 대령이 계엄을 선포하였다. 당시 제헌헌법 제64조는 "대통령은 법률이 정

[표] 우리나라 계엄 선포 사례

구분	계엄선포기간	계엄 종류	계엄사령관	계엄선포지역
여순 사건	1948.10.22.~1949.2.5	합의지경 (비상계엄)	육군총사령관	여수, 순천
제주 4.3사건	1948.11.12.~1948.12.31		제주도 9연대장	제주
6.25전쟁	1950.7.8.~1952.7.28	비상계엄	육군총참모장	전국
공비 토벌	1953.12.1.~1954.4.10	비상계엄	육군총참모장	경상도 전라도
4.19혁명	1960.4.19.~1960.7.16	비상계엄	육군참모총장	서울 부산 등 6개 도시
5.16군사정변	1961.5.16.~1962.12.5	경비→ 비상계엄	육군참모총장	전국
6.3시위 (한일협상 반대운동)	1964.6.3.~1964.7.29	비상→ 경비계엄	육군참모총장	서울
10월 유신	1972.10.17.~1972.12.13	비상계엄	육군참모총장	부산
부마민주항쟁	1979.10.18.~ (광주 민주화 운동으로 연결)	비상계엄	육군참모총장	부산
10.26사건	1979.10.27.~ (광주 민주화 운동으로 연결)	비상계엄	육군참모총장	전국 (제주도 제외)
5.18광주 민주화 운동	1980.5.17.~1981.1.24	비상계엄	육군참모총장	전국

하는 바에 의하여 계엄을 선포한다."고 규정하고 있다. 대통령이 아닌 현지 지휘관이 계엄을 선포한 것은 분명한 위헌이다. 그로부터 3일 후 이승만 대통령이 계엄을 다시 선포했지만 그 위헌성은 여전히 남아 있 다. 어떻게 현지 사령관이 계엄을 선포할 생각을 하였을까? 해방 직후 여서 당시 일부 군 지휘관들은 일제 법령의 사고에서 완전히 벗어나지

못하였기 때문으로 보인다. 구 일본 계엄령(1882.8.5.)에 의하면 '지역사령관이 계엄을 선고할 수' 있었다.

둘째, 대통령이 계엄을 선포할 때 근거할 하위법률 즉 계엄법이 존재하지 않았다. 계엄법은 1949년 10월 27일 국회를 통과하고 11월 24일 제정 공포되었다. 건국 직후 법령을 제대로 정비할 겨를이 없었던 것이다.

셋째, 계엄이 해제된 이후에도 일부 지역에서는 종전과 다름없는 계엄 상태와 작전이 지속되기도 하였다. 여순사건 때 계엄은 1949년 2월 5일 해제되었으나 실제 작전은 같은 해 말까지 계속되었다. 제주 4.3사건 때 계엄은 1948년 12월 말 해제되었으나 실제 작전은 다음 해 3월까지 이어졌다.

이렇게 우리나라 최초의 계엄은 그 선포와 해제, 그리고 해제 이후까지 심각한 문제점을 가지고 있다. 관련 법률의 미비, 계엄에 대한 사전 준비와 인식 부족, 법치국가에 대한 인식 결여, 그리고 신생국가로서의 위기대처 능력 부족 등이 복합적으로 작용한 결과였다.

여순 사건이 진정된 다음 해 6.25전쟁이 일어났다. 전쟁이 일어난지 2주가 지난 1950년 7월 8일 전라남북도를 제외한 전국에 비상계엄이 선포되었다. 2주간 계엄이 없었다는 점과 전라남북도를 제외한 것은 이해하기 힘들다.

6.25전쟁 때 계엄의 특징은 첫째, 계엄 해제 지역과 계엄 유지 지역간에 혼란이 있었다. 계엄이 선포된 지역에서 계엄이 해제되지 않고 1954년 이후에도 계엄이 지속되는 경우(예: 진주시, 신안군, 완도군)와 그 반

대의 경우 등 심각한 착오도 있었다.

둘째, 공비 소탕을 목적으로 비상계엄이 오랜 기간 발령되고 유지되었다. 일부 학자들은 공비소탕 목적의 비상계엄은 불법이라고 해석한다.

셋째, 6.25전쟁이 한창이던 1952년 5월 이승만 대통령은 부산정치파동을 일으키고 집권 연장을 위해 계엄을 정치적으로 이용하기도 했다. 이때 이승만 대통령은 국회의 계엄 해제 요구를 수용하지 않았다. 이는 계엄법뿐만 아니라 헌법 위반이라고 학자들은 지적하고 있다.

4.19혁명부터 계엄은 오로지 국내 소요를 진압하기 위한 목적으로 선포되었다. 6.25전쟁이 끝난 후 선포된 계엄은 모두 국내 정세에 기인하였으며 특히 5.16군사정변과 10월 유신 때는 헌법 기능을 정지시키는 고도의 정치적 행위하에서 계엄이 선포·시행되었다.

계엄법은 1949년 11월 급히 제정된 이후 1981년 4월 전부개정될 때까지 30년간 그 틀을 유지하였다. 그 후 몇 차례 일부개정이 있었지만 실질적인 내용에는 변화가 없이 지금에 이르고 있다. 그동안 계엄법을 개정하려는 시도가 없었던 것은 아니지만 큰 관심을 받지 못했다. 예를 들어 2013년 7월 김재원 의원이 계엄법 일부개정법률안을 대표 발의하였다가 이를 철회한 바 있다. 그 주요 내용은 다음과 같다.

① 계엄 선포기간을 6개월로 하고 연장이 필요한 경우에는 계엄 선포 규정을 준용하여 이를 연장할 수 있도록 한다.
② 계엄사령관이 계엄지역 행정기관과 사법기관을 지휘·감독할

때는 그 장(長)을 통하도록 한다.

③ 비상계엄지역에서 계엄사령관이 행사하는 특별조치법 중 헌법에서 규정하지 아니한 거주이전 및 단체행동에 대한 권한을 삭제하도록 한다.

④ 계엄이 해제되어 업무가 평상으로 돌아간 경우 군사법원이 재판을 할 수 없도록 한다.

이 개정안은 국회 소관 상임위원회인 국방위원회에서 제대로 된 논의 없이 자진 철회되었다. 개정의 시급성도 부족하였고 긁어 부스럼을 만들어 괜한 논쟁을 일으킬 수 있다는 우려 때문으로 보인다. 하지만 학계와 실무자들은 현행 계엄제도의 재검토와 계엄법의 개정 필요성을 간간히 제기해 왔다. 이를 정리하면 다음과 같다.

① 국가 위기관리 체계가 매우 정교하게 수립되어 있는 오늘날 계엄의 필요성과 실효성에 문제가 있다.

② 계엄의 발동 요건이 포괄적이고 광범위하다. 계엄선포권자의 자의적 판단에 의해 정치적 목적으로 이용할 가능성이 있다.

③ 계엄사령관의 권한을 제한하거나 구체화하는 것이 바람직하다. 비상계엄이 선포되면 "계엄사령관이 계엄지역의 모든 행정사무와 사법 사무를 관장"하는 것은 계엄사령관에게 과도하게 포괄위임한다는 문제와 현실적으로 계엄사령관이 이를 관장할 수 있겠느냐의 문제가 있다.

④ 계엄사령관과 국방장관과의 관계를 다시 정립하는 것이 필요하

다. 대통령의 계엄사령관에 대한 지휘권도 국방장관을 거치도록
하는 것이 바람직하다.

⑤ 정부부처와 계엄사령부의 기능과 역할을 합리적으로 분담하는
방안을 모색해야 한다. 오늘날 세분화되고 전문화된 정부부처
업무를 계엄사령부가 지휘·감독하기엔 능력과 인력이 턱없이
부족하다.

⑥ 계엄선포 이전과 해제 이후의 민간인의 행위에 대한 군사법원의
관할에 관한 문제 등 헌법과의 관계에서 현행 계엄법은 몇 가지
중대한 법리적 문제가 있다.

대통령이 국방장관을 거치지 않고 군을 지휘·감독한다면 어떻게
될까? 계엄이 발령되면 이러한 경우가 발생한다. 계엄법 제6조에서는
"전국을 계엄지역으로 하는 경우와 대통령이 직접 지휘·감독할 필요
가 있는 경우에는 (계엄사령관은) 대통령의 지휘·감독을 받는다."라고 규
정되어 있다. 이 때 국무총리도 계엄사령관에 대한 지휘·감독권이 없
는 것으로 해석한다. 계엄이란 대통령의 고도의 정치적 판단에 의한
통치 행위로 보아 국방장관을 거치지 않도록 한 것으로 보인다. 하지
만 대통령이 국무총리와 국방장관을 거치지 않고 계엄사령관을 지휘·
감독하는 것이 현실적으로 가능한지, 가능하더라도 효과적인 지휘가
될지 의문이다. 계엄보다 더 위중한 전면전 상황하에서도 대통령의 군
통수권은 국방장관을 통해 각급 지휘관으로 하달된다.

백번 양보해서 대통령이 계엄사령관을 직접 지휘한다고 하자. 계엄
사령관이 병력을 출동해야 할 상황에서 국방장관이 이에 동의하지 않

거나 제대로 된 지원을 하지 않을 경우 대통령과 국방장관 사이에 심각한 갈등 관계가 초래된다. 한국적인 분위기로 볼 때 대통령과 계엄사령관의 지휘관계에서 국방장관이 소외될 경우 예상되는 어색한 관계는 논외로 하더라도 지휘의 효율성이 의문스럽다. 계엄사령부에 대한 국방장관의 지원과 협조가 원활이 이루어질 것인가도 우려된다.

계엄이 마지막으로 해제된 1981년 이후 우리나라의 정치, 행정, 사법, 군사제도는 현저히 발전되었다. 대통령과 국회의 역학 관계도 크게 변화하였으며 국민들의 정치의식은 크게 성숙하였다. 인터넷, SNS 등 정보통신기술의 발달로 사회 모든 부문의 정보가 실시간으로 유통되고 있다. 우리 군도 문민통제하에서 '국민의 군대'로 평가 받고 있다. 이제 국민적 이해와 공감대 없이는 계엄의 선포와 유지가 불가능한 시대가 되었다. 정부 기능도 전문화·복잡화되어 계엄사령부가 정부부처를 지휘·감독하는 것이 가능한지 여부도 의문스럽다.

이제 지난 40여 년간 제도적 변화가 없었던 계엄제도를 다시 점검해 볼 필요가 있다. 지금의 계엄법은 멀리는 일제 강점기 때의 틀을 크게 벗어나지 못했을 뿐만 아니라 엄청나게 변화한 대한민국의 시대적 상황에도 맞지 않다. 지금과 같이 잘 정비된 국가 위기관리 제도하에서 계엄의 역할도 재정립되어야 한다. 정부부처와 계엄사령부와의 기능과 역할을 합리적으로 분담하는 방안도 모색해야 할 때이다. 계엄사령부가 행정기관을 지휘·감독하기보다는 협업관계로 나갈 수밖에 없을 것이다.

계엄이 필요한 상황이 닥쳐서 이를 논의하면 이미 늦다. 계엄이 불

필요하다고 생각하고 아무도 관심을 가지지 않는 이때야말로 계엄법을 논의하기 가장 좋을 시기다.

다시 생각해 보는
상부지휘구조 개편

지금으로부터 6년 전, 국방부의 가장 큰 이슈는 무엇이었을까? 2011년으로 돌아가 보자.

"우리 군은 비대하고 허약하며 행정화되어 있습니다."

2011년 당시 김관진 국방장관의 말이다. 2011년 한 해 동안 국방부의 화두는 '상부지휘구조 개편'이었다. 북한의 연평도 포격도발(2010.11.23.) 사건이 발생한 지 2주 만인 12월 4일 김관진 국방장관이 취임하였다. 그 다음 해 3월 8일 국방부는 2030년까지의 국방개혁방향을 담은 '307계획'을 발표하였다. 3월 7일 확정되었다고 해서 307계획이라 이름 붙였다.

307계획 중 핵심은 상부지휘구조 개편이었다. 김관진 장관의 철학과 의지가 담긴 것이었다. '김관진 표 국방개혁'이라고 해도 되겠다. 김관진 장관은 상부지휘구조를 개편하지 않고서는 비대화·행정화된 우리 군의 문제를 해결할 수 없다는 신념을 가지고 있었다.

2011년 5월 4일 서울 대방동 공군회관에서 국회 국방 담당 기자들을 초청한 〈국방개혁 307계획〉에 대한 설명회가 열렸다. 다음은 이날 김관진 국방 장관의 발언 내용 중 일부다.

전쟁을 하면 이기는 나라도 있고 지는 나라도 있다. 강대국이라고 해서 반드시 이기는 것도 아니고 약소국이라고 해서 항상 지는 것도 아니다. 중요한 점은 군 개혁을 빨리 한 국가의 군대가 승리하는 것이 역사의 교훈이다.

독일은 제1차 세계대전에 패한 후 베르사유 조약에 의거 군대를 10만 명 수준으로 제한해야만 했다. 그 이후 독일은 전 군의 간부화, 기갑 위주 전력 양성 등 군 개혁을 추진하였고, 제2차 세계대전 직전에 병력 규모를 갑자기 확대해서 세계대전을 일으킬 정도의 군사력이 되었다.

이러한 독일의 군 개혁은 이를 추진한 장군의 이름을 따서 젝트 (Seekt. 1866~1936) 개혁이라고도 한다. 제2차 세계대전 초기에 (독일군에 계속 밀린) 30만 명의 영국군은 대서양으로 침몰할 상황에서 (프랑스 해안가) 덩케르크에서 간신히 철수할 수 있었다. 그 이후 영국 수상 처칠은 육군참모총장의 군사적 조언을 받았고 육군총장은 해·공군 참모총장과 매일 토의를 통하여 어떻게 하면 독일군의 공격을 방어할 것인가를 논의하였다. 이것이 오늘날 합동참모회의로 발전되게 된 것이다.

현재 우리 군은 상부구조가 비대해져 있다. 현재의 군 구조는 머리는 크고, 배가 나오고, 팔·다리는 허약한 상태다. 우리가 추진하고자 하는 국방개혁은 ① 합참 중심의 합동성을 강화하고, ② 각 군 참모총장을 합참의장의 군령 지휘권에 포함시키고, ③ 군단 이하 부대의 참모진을 보강하는 것을 핵심으로 하고 있다.

2011년 8월 4일 한국국방연구원 주최 국방개혁 토론회가 코리아나호텔에서 열렸다. 주제는 '국방개혁의 성공 조건과 과제'였다. 다음은 이 토론회 때 김관진 국방장관님의 축사 내용 중 일부다.

우리 군이 국방개혁을 하려는 이유는 세 가지 때문이다.

첫째, 2015년 전시작전통제권이 전환됨에 따라 합동작전 중심의 지휘체제를 만들어 나가야 한다.

둘째, (1990년) 8.18 군 구조개혁 이후 지금까지 약 20년 동안 우리 군은 지휘권이 군정-군령으로 이원화됨에 따라 폐해를 경험하였는바 이번에 이를 시정해야 한다. 각 군 총장에게 작전권을 부여함으로써 일사불란한 지휘체제를 갖춰야 한다.

셋째, 각 군 본부와 작전사령부를 통합함으로써 비대화된 상부지휘구조를 슬림화시키고 군단 중심의 전술제대 능력을 강화시켜야 한다.

유럽의 군사 선진국들은 대부분 군정-군령이 통합된 합동군형 지휘구조를 채택하고 있다. 이렇게 개혁해야만 우리 군이 더욱 강해지고 국민의 신뢰를 받을 수 있을 것이다.

2011년 6월 1일 오후 전쟁기념관 3층 뮤지엄웨딩홀에서 '군 상부지휘구조 개편 대 토론회'가 열렸다. 예상보다 많은 300여 명이 참석하였고, 찬반이 뚜렷하게 갈리는 열띤 토론으로 진행되었다. 다음은 이날 토론회 때 김관진 당시 국방장관의 인사말 중 일부다.

지난해(2010) 천안함 사건과 연평도 포격도발 등으로 우리 군의 취약점을 다시 돌아보는 계기가 되었다. 지난 1968년 1.21사태가 발생한 후, 고 박정희 대통령께서는 우리 군의 군제(軍制)의 재검토를 지시한 바 있었다. 그 이후 8.18계획으로 군정·군령이 이원화되었는데 이로 인한 문제점을 이제는 개선할 때가 되었다.

우리 군의 행정화와 비대화는 그대로 알고 넘어갈 수 없다. 이를 고쳐나가야 하는 것이 국민의 준엄한 명령이다. 2015년 전시작전통제권이 우리 군으로 전환되면 한미연합사령부가 해체되고 합참 중심의 작전 수행 및 합동지휘 구조를 만들어 나가야 한다.

우리 군의 상부지휘구조를 개편하고 슬림화 하여 유능한 조직으로 만들어 시너지 효과를 높여야 한다. 우리 군을 선진 일류 군으로 만들어서 어떠한 안보환경에도 대처할 수 있는 강한 군대로 만들어야 한다. 변화하지 않으면 시대를 앞서가는 강군이 될 수 없다.

이러한 지휘구조개편 계획은 실패로 돌아갔다. 국군조직법 등 관련 법률개정안이 국회를 통과하지 못했기 때문이다. 이명박 정부는 출범 초에는 상부지휘구조를 개편할 계획이 없었다. 이명박 정부 때도 국방 개혁실이 있었고 국방개혁계획이 있었다. 노무현 정부 때부터 있었던 것이다. 하지만 국방개혁계획 어디에도 상부지휘구조 개편 내용은 없었다. 김관진 장관이 취임하고 나서야 국방개혁의 핵심 어젠다가 되었다. 국방부가 307계획을 발표한 2011년 3월, 이명박 정부는 임기 2년을 남겨두고 있었다. 시간이 얼마 없었다.

307계획이 발표되자마자 상부지휘구조 개편에 대해 의견이 봇물처럼 터져 나오기 시작했다. 수많은 설명회와 토론회가 이어졌다. 하지만 군 내·외부 의견은 찬반으로 갈렸다. 육군과 해·공군의 현역과 예비역 장교들의 생각이 달랐고, 재향군인회와 성우회(예비역 장성 모임)의 입장도 서로 달랐다. 국회 국방위원들의 생각도 달랐다. '찬성' 아니면 '반대'였고 절충안은 있을 수 없었다.

국방장관과 국방개혁실장 등 관계자들이 수없이 국방위원들을 찾아다니며 당위성을 설명하였지만 역부족이었다. 2011년 11월 21일 국회 국방위(법률안소위)의 공청회가 열렸다. 이 공청회는 '의견을 들어보고 결정하겠다.'는 것이 아니라 '결정하지 못하겠으니 의견이나 들어보자'는 취지였다.

해가 바뀌어 2012년으로 들어오면서 상부지휘구조에 대한 뜨거운 논쟁은 식어가기 시작했다. 국회 국방위원회는 관련 법률 개정안을 처리할 생각이 없었다. 추진동력이 급속히 떨어지는 순간이었다. 그해 12월에는 대통령 선거가 기다리고 있었다. 5년 단위 정권의 마지막 해에 이를 추진하기란 역부족이었다. 이명박 정부의 가장 큰, 그러나 뒤늦은 국방개혁 어젠다 중의 하나였던 상부지휘구조 개편 계획은 이렇게 무산되었다.

그로부터 대략 6년여의 세월이 흘렀다. 박근혜 정부 들어와서는 어느 누구도 상부지휘구조 개편 이야기를 하지 않았다. 상부지휘구조 개편은 위헌 가능성이 있다는 당시의 지적이 있었는데 2017년 정치권의 개헌 논의 과정에서 이 사안은 끼워주지도 않는 분위기다. 6년 전에 결론을 내지 못했던 뜨거운 이슈였건만 이제는 다시 생각하고 싶지 않은 지나간 이슈가 되었다. 국방장관으로서 상부지휘구조 개편에 혼신의 노력을 다했던 김관진 국방장관은 청와대 안보실장으로 자리를 옮겼지만 더 이상 이 문제를 거론하지 않았다.

언젠가 이 사안을 다시 추진한다고 해도 성공가능성은 없어 보인다. 상부지휘구조 개편에 대해서는 수많은 국방부 자료, 논문, 언론보도, 국회 속기록, 책자 등이 남아있다. 6년이 지난 지금, 김관진 국방장관이 국방개혁 차원에서 상부지휘구조를 개편하고자 한 초심을 다시 생각해 보게 된다.

첫째, 우리 군은 행정화, 비대화되어 있다. 머리는 크고, 배는 나오고, 팔다리는 허약한 군대다.

둘째, 육·해·공군 참모총장은 실제 전투에서 지휘하지 않는 반쪽짜리 지휘관이다. 계룡대의 각 군 본부는 지·해·공 작전의 최고 전문가 집단임에도 불구하고 그 역할을 제대로 할 수 없다.

둘째 이슈는 이명박 정부 때 찬반양론으로 갈라져 무승부였다. 첫째 이슈는 지금까지 진행형이다. 상부지휘구조를 개편하지 않더라도 행정화된 우리 군을 전투 지향적 군대로 변모시키고 있는지 되돌아보게 된다. 우리 군에서 비대화된 부분이 있다면 과감히 다이어트(군살빼기)하는 노력을 게을리하지 않았는지, 팔다리는 튼튼한, 그래서 날씬하지만 강한 군대(Slim but Strong Forces)로 변하고 있는지 되돌아보게 된다.

한국군의 검은 백조와
회색 코뿔소

18세기 서구인들은 오스트레일리아 대륙에서 '검은 백조(Black Swan)'를 발견했다. '백조는 흰색'이라는 수천 년 동안의 경험법칙이 한순간에 완전히 무너졌다. 그 후 검은 백조는 충격적인 대사건을 상징하는 개념이 되었다. 검은 백조의 특징은 세 가지다. 첫째, 일반적인 기대 영역 밖에 존재하는 극단치다. 둘째, 가능성은 낮지만 일단 발생하면 엄청난 충격을 가져온다. 셋째, 예측은 곤란하지만 사건이 일어난 다음에서야 설명과 해석이 가능하다.

검은 백조의 대표적인 사례는 9.11테러다. 사건이 발생할 때까지 아무도 예견하지 못했고, 사건이 발생하자 세계는 엄청난 충격을 받았으며, 사후적으로 많은 것을 설명할 수 있었다. 과거의 경험이 전혀 도움이 되지 않았다. 이러한 사건이 절대 일어나지 않을 것이라고 생각했기 때문에 사건이 발생한 것이다. 9.11테러와 같은 것이 일어날 것이라고 생각했다면 다양한 대책을 마련하여 사건 발생을 미리 예방했을 것이다.

아프리카 초원에 '회색 코뿔소(Grey Rhino)'가 보인다. 관광객들은 반갑다는 듯이 코뿔소를 배경으로 사진을 찍기 시작한다. 더 멋있게 찍으려고 코뿔소에 다가가는 사람도 있다. 그런데 갑자기 코뿔소가 사람을 향해 돌진해 오기 시작한다. 몸무게 2톤에 가까운 코뿔소가 시속 60킬로미터로 달려오면 아무도 피할 수 없다. 순간적으로 몸은 굳어 버린다. 나무 위로 올라가도 잠시 피할 뿐이다. 자동차로 도망쳐도 초원에서는 코뿔소보다 빨리 달릴 수 없다. 위험(코뿔소의 돌진)을 인식하는 경고 시스템에 무언가 고장이 났기 때문이다.

1997년 세계 금융위기가 회색 코뿔소의 대표적인 사례다. 각종 수치를 통해 위험이 예견되었음에도 불구하고 누구도 말하지 않았고 아무도 대책을 마련하지 않고 있다가 파국에 이르게 되었다. 회색 코뿔소에 받히는 과정은 다음과 같다.

(1) 현실 부정: 설마 코뿔소가 내게 다가오지는 않겠지….
(2) 시간 끌기: 코뿔소를 배경으로 사진 한 장만 더 찍고 가자.
(3) 공황 상태: 우와~ 코뿔소가 나를 향해 달려오네…. 이 일을 어쩌지….
(4) 파국: 코뿔소와 충돌, 그 결과는 ???

검은 백조는 예측 자체가 어려우니 피할 수 없다. 따라서 위기가 발생한 후 사후관리가 중요하다. 하지만 회색 코뿔소는 다가오는 게 보여서 충분히 피할 수 있지만 피하지 못하는 상황이다. 위기를 경고하는 시스템에 무슨 문제가 있는지 점검해야 한다. 우리 주위의 많은 사건 사고들은 '검은 백조'와 '회색 코뿔소'로 설명할 수 있다. 우리 군에도 검은 백조와 회색 코뿔소가 있다.

먼저 한국군의 검은 백조 이야기다. 2010년 3월 26일 밤 9시 22분 백령도 인근 해상을 초계 중이던 천안함이 북한의 어뢰에 맞아 두 동강 나면서 순식간에 침몰했다. 승조원 104명 중 46명이 사망하고 58명이 구조되었다.

우리 군에서 이 사건이 일어나리라고 생각한 사람은 아무도 없었다. 한국군은 북한의 다양한 국지도발에 대비한다고 했지만 북한의 어뢰 공격은 전혀 예상하지 못했다. 예상했다면 대비했을 것이고 그러한 사건이 일어나지도 않았을 것이다. 이 사건으로 우리 군과 대한민국은 엄청난 충격을 받았다. 북한의 소행으로 밝혀진 다음에서야 북한이 이런 짓도 충분히 할 수 있겠다는 해석을 하게 되었다.

검은 백조는 미리 예측할 수 없기 때문에 피하기 어렵다. 따라서 사후 위기관리가 매우 중요하다. 천안함 사건이 발생한 다음 감사원은 2010년 5월 약 한 달간에 걸쳐 청와대, 국방부, 합참, 해군본부, 해군작전사령부 등에 대해 강도 높은 감사를 하였다. 그 결과 2명이 전역, 15명이 인사조치와 징계를 받았다. 감사원 감사 결과 주요 지적 사항은 다음과 같다. (『천안함 피격 사건 백서』, 대한민국 정부, 2011.3.26. 참조)

상황 보고 및 전파 부실로, 제2함대 사령부는 천안함으로부터 침몰 원인이 "어뢰피격으로 판단된다."는 보고를 받고도 이러한 사실을 합참 등 상급기관에 제대로 보고하지 않아 초기 대처에 혼선을 초래했다. 그리고 합참에서는 제2함대사로부터 사건 당일 21:45경 천안함 침몰 상황을 보고 받고도 합참의장에게 22:11, 국방부 장관에게 22:14에야 보고하는 등 보고가 지연되었으며⁽⁽…⁾⁾ 위기대응 조치 부실로, 사건 발생 이후 국방부에서 의무적으로 위기관리반을 소집하여야 하는데도 위기관리반을 소집하지 않았을 뿐만 아니라 소집한 것처럼 국방부 장관 등에 보고하였으며 일부 부대에서는 위기조치기구의 요원들이 응소하지 않거나 허위 또는 지연 응소하는 등 기강이 해이했다.

다음은 『천안함 피격 사건 백서』⁽²⁰¹¹·³·²⁶·⁾ 56~57쪽 내용 중 일부다.

북한 잠수정이 우리 영해에 침투하여 천안함에 어뢰를 발사하고 도주하는 동안 우리 군의 위기관리 시스템에 따른 대응 및 조치는 전반적으로 미흡하였다.

1. 사건 초기 피격상황에 대한 보고 및 전파가 제대로 이루어지지 않아 대응조치에 혼선을 초래했다. ⁽…⁾
2. 피격 직후 우리 군의 체계적인 조치는 미흡했다. ⁽…⁾
3. 공보전략의 부재는 해명에 급급한 언론 대응방식으로 국민의 불신을 초래했다.

제1장: 전쟁할 수 없는 나라, 대한민국?

다음으로 한국군과 회색 코뿔소 이야기를 해 보자. 1950년 발발한 6.25전쟁은 대한민국에 있어서 회색 코뿔소였다. 전면전은 아무런 징후 없이 도발할 수 없다. 많은 인력과 대규모 물자·장비를 오랜 기간에 걸쳐 준비하고 이동해야 하기 때문이다. 북한의 전면 도발 징후를 몰랐다고 해도 문제고, 알고서도 무시했다면 더 큰 문제다. 6.25전쟁이 끝난 후 이승만 대통령을 비롯하여 우리 국민들은 6.25전쟁 직전 우리 군의 무방비를 따지고 책임을 묻는 노력을 하지 않았다. 다음은 김동춘의『전쟁과 사회』(돌베개, 2000) 71쪽 내용이다.

> 1949년 6월부터 1950년 6월 24일까지 약 1,195건의 북한 전쟁 준비 관련 정보가 맥아더 사령부로부터 국무장관에 전달되었다고 한다. 매일 3건의 정보가 전달된 셈이다. 그리고 1950년 3월 이후에는 병력 이동, 38선 주변 주민의 소개(疏開) 등 전쟁의 임박을 알리는 매우 구체적인 정보가 포함되어 있었다. 당시 육사교장이던 이한림과 전쟁 발발 직후 3군 사령관이 된 정일권 등 군부 핵심도 미 정보기관의 지속적인 전쟁 위험 보고에도 불구하고 워싱턴 당국이 이를 묵살했다는 점을 분명히 기억하고 있다.

70여 년 전 일어난 6.25전쟁 이야기는 이쯤 하고, 최근 우리 군의 회색 코뿔소를 살펴보자. 2012년 7월 21일 조선일보 1면에 다음과 같은 기사가 실렸다.

– 950억 투입 신형 전투복······ 병사들 더워 못 입겠다.

― 신형 전투복은 입으면 사우나

― 일상생활 때 금세 땀 차, 해·공군은 소매도 못 걷게 해

이 보도가 나간 다음 국방부는 난리가 났다. 국방부는 그날 오전 정례 기자 브리핑 때 '신형 전투복을 재검토하겠다.'는 입장을 발표했다. 그로부터 3일 후인 7월 24일 국회 국방위원회는 전체회의를 열어 이 사안을 따졌다. 국방부와 육군은 잘못되었음을 시인했고 여름용 전투복을 추가로 지급하는 방안을 검토하겠다고 약속했다. 그리고 그 다음 주 육·해·공군 본부가 있는 계룡대에서 각 군 군수 관계자들이 참가한 가운데 군수분야 브레인스토밍을 위한 대토론회가 열렸다. 신형 전투복 개발의 문제점을 계기로 군수분야 전반을 다시 원점에서 재검토해보자는 취지였다.

돌이켜 보면 이 문제는 하루아침에 생겨난 것이 아니었다. 전투복을 새로이 개발하면서 부대시험도 했다. 그 과정에서 여름철엔 더워서 착용이 힘들다는 병사들의 의견이 있었지만 받아들여지지 않았다. 사계절용으로, 여름에도 소매를 걷지 않고 착용한다는 개발개념을 바꿀 수 없다는 이유 때문이었다. 이러한 불만이 해소되지 않은 채 전투복 개발이 마무리되어 대량 보급에 들어갔다.

그 후 국방부 인터넷 홈페이지와 병영문화 자문회의 등에서 전투복에 대한 불만이 간헐적으로 제기되었다. 심지어 제대한 병사들까지 "요즘 군복 더워서 미친다."는 이야기를 인터넷에 퍼트리고 다녔다. 그래도 국방부와 육군은 이를 수용하지 않았다. 그러다 조선일보 1면 기사 한 방에 모든 것이 정리되었다. 국방부와 육군은 신형전투복 개발

의 문제점을 인정했고, 하계용 전투복을 따로 보급하겠다고 발표했다.

우리 군은 2011년 사계절 전투복만 3착 지급하던 것을 2013년부터는 사계절 전투복 2착과 하계 전투복 1착을 지급하고 있다. 2017년부터는 하계 전투복을 1착씩 더 지급하고 있다.

통증은 신체의 조기경보 시스템이다. 사람이 통증을 느끼지 못한다면 병이 깊어져도 치료에 나서지 않을 것이고 바로 죽음으로 이어질 수 있다. 조직이나 집단도 마찬가지다. 내·외부의 불만은 조직에 대한 조기 경보라고 하겠다. 사람이 통증을 느끼면 바로 원인 파악과 치료에 나서듯이 조직은 불만이나 민원이 제기되면 바로 대책 마련에 나서야 한다. 이렇게 본다면 사계절 전투복에 관한 한 우리 군의 조기 경보 시스템은 마비되었다고 하겠다.

문제가 잠재하고 있음에도 불구하고 아무런 대책을 마련하지 않는 것은 전형적인 회색 코뿔소 현상이다. 조직의 위험 경보 시스템에 고장이 발생한다면 다음과 같은 이유 때문이다. 첫째, 문제가 예견되는 상황에서 누군가 이를 강하게 주장할 수 있는 분위기가 마련되어 있기 않기 때문이다. 문제가 있다고 큰소리로 외치는 사람이 '또라이'로 치부될 수 있다면 아무도 나서지 않을 것이다. 윗사람(리더)은 부하직원의 이야기를 자유롭게 듣고 문제의 해결책을 함께 찾아가려는 자세가 필요하다. 다음과 같은 생각을 하는 리더가 많다면 그 조직은 문제가 있다.

– 내가 너보다 많이 경험했고, 더 많이 알고 있어….

— 답·정·너 <small>(답은 정해서 있어, 너는 대답만 해)</small>

부하 직원들이 자유롭게 이야기할 수 있고 독선적인 리더는 퇴출시키는 조직 분위기가 중요하다.

둘째, 집단 사고의 문제점이다. 집단 사고는 똑똑한 사람들이 모여 멍청한 의사결정을 하는 것을 말한다. 조폭이 그 대표적인 경우다. 그들은 자기가 속한 집단만 최고로 생각한다. 내부적으로는 충성과 상명하복을 강조하고, 대외적으로는 다른 사람의 개입을 거부하는 폐쇄성을 가진다. 조직 내에서 다른 목소리를 용납하지 않는다. 엉뚱한 소리 하는 사람은 처벌하거나 왕따 시키려는 집단 충성심이 작용한다.

조직이 집단 사고에 빠지면 좋은 정보는 확대 해석하고 나쁜 정보는 축소하거나 무시하려고 한다<small>(정보 수집과 분석의 편향성)</small>. 이렇게 되면 조직 전체의 의사결정의 질이 떨어지고 뻔히 보이는 위험도 피하지 못하고 파국으로 치닫기도 한다.

지금 우리 군에서 검은 백조가 나타난다면 천안함 사건 때와는 다른, 제대로 된 위기관리를 할 수 있을까? 지금 우리 군의 회색 코뿔소는 무엇일까? 문제임에도 불구하고 애써 무시하여 문제 삼지 않고 있는 문제는 없을까?

대한민국 국방부
Ministry of National Defense

제2장

우리 정부에서 가장
오래된 부처,
국방부

적은 수의 군대는 많은 수의 군대를 이길 수 있지만
부패한 군대는 건강한 군대를 이길 수 없다.
부정과 부패가 총칼을 든 적보다 더 무서운 존재다.
−미상−

국방부는
가장 오래된 부처

국방부는 정부조직법에 근거한 중앙부처다. 합동참모본부와 각 군은 국군조직법에 따라 만들어진 군부대다. 우리나라 법률 제1호는 1948년 제정된 정부조직법이다. 국방부는 이 법에 의해 1948년 12월, 1실 5국으로 처음 출범하였으며 그때 정원은 24명이었다. 정부 수립 이후 지금까지 정부조직이 수많이 개편되었지만 명칭 변경 없이 오늘에 이르고 있는 부(部)는 국방부와 법무부뿐이다. '국방'과 '법무' 기능은 국가 존립과 직접 관련이 되면서 다른 정부기능과 분명한 차별성이 있기 때문이라고 본다.

국방부가 대략 지금과 같은 모습과 규모를 갖추게 된 것은 1991년부터다. 이 때 2차관보, 2실, 20국(관), 79개 과였으며 정원은 1,080명이었다. 우리나라의 경우 정부가 바뀔 때마다 중앙부처의 통폐합과 신설이 계속되어 왔다. 예를 들면 박근혜 정부 들어와서 미래창조과학부 등 14개 부처가 신설되었고, 국토해양부 등 12개 부처가 폐지되었다. 미국과 일본의 경우 대통령이나 총리대신이 바뀐다고 해서 연방(중앙) 정부 조직을 우리처럼 크게 뜯어 고치지 않는다. 정부의 연속성을 중시하고 조직보다는 일하는 행태와 방식을 중시하는 문화적 차이라고 짐작된다. 우리나라는 무슨 문제가 생기면 조직부터 손을 보려는 경향이 있다. 세월호 사건도 하나의 사례라고 하겠다. 그런 의미에서 우리 사회는 제도주의적 접근(Institutionalism)을 강조하고 있다고 하겠다.

국방부라는 명칭에는 변함이 없었지만 내부를 들어다 보면 많은 변화가 있었다. 대표적인 것이 무기 획득 관련 조직이다. 1980년대 국방부에서 획득 업무는 방산차관보실에서 담당하였고 방산1국, 방산2국, 방산3국으로 구성되어 있었다. 그 후 방위사업실로 바뀌었다가(1997) 획득실로 개편(1998)되었으며, 지난 2006년 1월 1일 방위사업청이 개청되면서 지금과 같은 모습이 되었다. 정부가 바뀔 때마다 획득 관련 조직이 크게 변화했다는 것은 획득업무에 문제가 있었고 이를 개선해 보고자 하는 인식이 조직 안팎에서 꾸준히 제기되었기 때문이다.

국방부의 70개 과·팀 중에서 국방부 마음대로 폐지하거나 이름을 바꿀 수 없는 경우도 있다. 예를 들면, 여성정책과를 없애면 여성계가 가만히 있지 않는다. 국방부 조직에서 '환경'을 빼버리면 국방부가 환경에 소홀히 한다는 비난이 쇄도한다. 국방개혁, 규제개혁, 인권 등의 단어를 국방부 조직에서 삭제하면 개혁과 인권에 무심하다고 국민들은 생각한다.

정부 중앙부처 중에서 국방부가 제일 큰 조직은 아니다. 본부 정원을 기준으로 할 때 국토해양부(1,212명, 91개과)와 행정안전부(1,149명, 64개과)가 국방부(935명)보다 직원이 더 많다. 국방부에는 차관이 한 명이다. 2017년 현재 중앙부처 중에서 차관이 두 명 있는 이른바 '복수차관제'를 운영하고 있는 곳은 다음 8개 부처다.

- 기획재정부, 국토해양부, 외교부, 행정안전부(이상 2005년 2월부터 운영)
- 교육과학기술부, 농림수산식품부, 지식경제부, 문화체육관광부 (이상 2008년 2월부터 운영)

바람직한가의 판단은 차치하고, 방위사업청의 일부 기능과 조직을 국방부 본부로 흡수하는 조직개편이 있지 않는 한, 국방부가 가장 직원이 많은 중앙부처가 될 수 없고, 복수차관제도 가능하지 않을 것이다.

지난 70여 년 동안 명칭 변경 없이 조직이 계속 유지되는 것은 국방부의 강점이라면 강점이다. 정권 교체라는 외부적 요인에 의해 조직의 존망이 좌우되지 않기 때문이다. 방위사업청과 비교해 보면 쉽게 차이를 느낄 수 있다. 대통령 선거가 끝나고 정권인수위원회가 구성되면 방위사업청 관계자들은 청 조직의 변화 여부에 대해 초미의 관심을 가지곤 한다. 방위사업청 직원들은 조직이 일을 제대로 못하면 청 존재가 위협받을 수 있다는 인식을 가지고 있다.

부문의 공사(公私)를 막론하고 외부로부터의 위협이 조직의 존립에 영향을 줄 수 있다고 생각할 때 조직 구성원들은 단결하기 마련이다. 모 그룹에서 심심하면 위기를 강조하고 있는 것도 내부 결속력과 목표지향적인 조직 분위기를 다잡기 위한 것이라고 본다.

하지만 국방부 직원들은 국방부가 잘못해도 국방부는 없앨 수도 없고 없어지지도 않는다는 생각을 은연중에 가지고 있다. 민간기업의 경우 사건 사고가 발생하거나 제품에 문제가 있으면 매출액과 이익이 급감한다. 심하면 회사 문을 닫아야 하는 경우도 생긴다. 하지만 국방부는 그렇지 않다.

2010년 3월 천안함 사건이 발생한 직후 당시 이명박 대통령은 국방부를 방문하여 군 주요 지휘관들과 대책을 논의하면서 우리 군이 제대로 된 대응을 하지 못한다고 지적했다. 이 사건의 재발 방지를 위해 국방예산은 늘어났다. 2010년 11월 북한의 연평도 포격도발 이후 국방부는 국회에서 질타를 받았지만 국회는 국방예산을 증액시켜 주었다. 군 총기사고가 일어나면 대책마련비도 추가 책정한다. 군 의료사고가 발생해도 국방부의 보건 관련 조직은 없어지지 않을 뿐만 아니라 오히려 군 의료 예산은 증액되곤 하였다. 조직이나 개인이나 '사고 나면 돈 들어간다.'는 것은 우리 국방부도 예외가 아니다.

배다른 형제 같은
국방부와 방위사업청

어느 날 갑자기 아버지가 처음 보는 아이를 데려와서 말했다.

"오늘부터 이 얘가 네 동생이다, 사이좋게 지내라."

형은 황당하기만 했고 전혀 동생 같지 않았다. 배다른 동생을 데려온 아버지가 밉기만 했다. 세월이 가면서 조금씩 친해지기는 했지만 그래도 어딘지 모르게 어색하기만 하다. 동생은 자존심도 강하고 어떤 땐 형보다 똑똑하기도 하다. 경우에 따라서는 동생이 더 힘이 셀 때도 있다. 형은 마음 한구석에 다음과 같이 생각하고 있을지도 모른다.

"이 애는 진정한 내 동생이 아니다. 이러한 불편하고 비정상적인 형제 사이는 언젠가는 청산해야 한다."

동생은 내심 이렇게 생각하고 있을지도 모른다.

"내가 무슨 죄가 있냐? 그동안 형이 일을 제대로만 했다면 내가 오늘날 이렇게 있지 않았을 것이다. 형이나 똑바로 해라."

국방부(형)와 방위사업청(동생)의 관계를 비유적으로 표현해 본 것이다. 방위사업청은 지난 2006년 1월 출범하였다. 2016년으로 개청 10년을 맞았다. 지난 10년의 세월을 돌이켜 보면 국방부와 방위사업청의 관계는 애증이 교차하는 사이였다. 서로 배다른 형제 같이 어색하기도 하고, 심술궂은 시누이와 못마땅한 올케 사이 같기도 하다. 서로 떼려야 뗄 수 없는 운명공동체이기도 하면서 사랑과 미움으로 얼룩진 사이라고 할 수 있다.

2017년도 국방예산은 40조 3,347억 원이다. 하지만 이 숫자는 정부나 국회 예산문서 어디에도 없다. 기획재정부나 국회 예산서를 보면 한 줄로 국방예산이 명시된 것이 없다. 어떻게 이런 일이 생길까? 방위사업청 때문이다.

많은 나라의 경우 '국방부 소관 예산=국방비'라고 볼 수 있다. 하지만 우리나라의 경우 국방부 소관 예산과 방위사업청 소관 예산을 사후적으로 합산해야 국방예산의 전체 규모가 된다. 이렇게 더한 수치는 기재부와 국회의 예산서에 나와 있지 않다.

국가재정법 제31조에 의하면 모든 중앙행정기관의 장은 예산요구안을 기획재정부 장관에게 제출하게 되어 있다. 부(部)와 청(廳)은 이 법에서 말하는 중앙행정기관이다. 따라서 병무청(장)과 방위사업청(장)은 국방부(장관)를 거치지 않고 바로 기획재정부(장관)에 예산요구안을 제출하고 있다. 그리고 기획재정부와 국회는 예산을 중앙행정기관별로 편성하기 때문에 국방부 소관 예산이 바로 우리나라 국방비가 되지 않는다. 사정을 잘 알지 못하는 외국에서 국방부 예산만을 우리나라 국방비라고 본다면 국방비의 1/3은 누락하게 되는 것이다. 이러한 현상은 2006년 방위사업청이 개청되면서부터 발생하였다.

지금까지 관례를 보면 병무청(장)은 기획재정부에 예산요구안을 제출하기에 앞서 국방부(장관)에게 정식 보고뿐만 아니라 참고 보고도 하지 않는다. 국가재정법상 보고할 의무가 없기도 하고, 국방부도 병무청 예산에 별로 관심이 없다. 하지만 방위사업청의 경우는 다르다. 국방부에서 방위사업청에 예산편성 지침을 내리고, 방위사업청(장)이 기획재정부(장관)에 예산요구안을 제출하기까지 여러 차례 국방부(장관)에 사전 보고한다. 하지만 이는 국가재정법상 의무사항은 아니다. 다만 방위사업관리규정 제65조에 보면 방위력개선사업분야의 예산요구서를 기획재정부에 제출할 때 국방부 장관에게 보고하고 제출하도록 되어 있다. 하지만 이는 법정 사항은 아니라 방위사업청 훈령의 내용이다. 보고의 주체도 방위사업청장이 아니라 방위사업청 재정정보화기획관(국장)으로 되어 있다.

참고로 검찰청은 중앙행정기관이지만 검찰청 예산만큼은 법무부 예산에 포함시켜 기획재정부와 국회에 제출한다. 청 단위 기관으로서 이렇게 하는 것은 검찰청이 유일하다. 국회 예산결산 심의 과정에서 이 문제가 가끔 지적되기도 한다. 즉, 검찰청도 다른 청 단위 기관과 마찬가지로 법무부와는 별도로 예산안을 기획재정부와 국회에 제출하라는 주장이 그것이다. 그러나 정부에서는 그렇게 하지 않고 있다. 만약 그렇게 되면 검찰총장이 국회 예산/결산 심의 과정에 출석해야 하는 상황이 벌어진다. 검찰총장이 국회에 출석하면 국회의원들은 검찰총장에게 수사가 진행되고 있는 사안에 대해 질의 내지는 질타를 할 것이고 정치적 쟁점화가 될 가능성이 있다. 사안에 따라서는 여당이건 야당이건 간에 서로 불편한 상황이 될 수 있기 때문에 정치권과 국회, 정부에서도 검찰청 예산의 독립성을 강하게 주장하지 않고 있는 분위기다.

방위사업청에 대한 국방부의 통제를 강화하기 위해 검찰청의 사례와 같이 방위사업청 예산도 국방부 소관 예산에 포함시켜 기획재정부에 제출해야 하는 것이 바람직하다는 제도 개선 의견이 제기된 바도 있다. 하지만 국가재정법의 원칙에 예외를 만들 수는 없다는 주장이 기획재정부 내부에서 강하게 제기되어 현실화되지 못했다. 검찰청 예산 편성은 여전히 예외이지만….

2005 회계연도까지는 '국방예산=국방부 소관 예산' 등식이 성립되었다. 하지만 2006년 1월 방위사업청이 개청되고부터는 '국방예산=국방부소관 예산+방위사업청 소관 예산'으로 바뀌었다. 그렇다면 병무청 소관 예산을 국방예산에 포함시키지 않는 이유는 무엇일까?

병무청은 지난 1970년 8월 국방부에서 독립하여 외청으로 독립했다. 그 전까지 병무청은 국방부 병무국이었다. 2017년 병무청 예산은 2,201억 원이다. 병무청 예산을 국방비에 포함시켜야 하는지 여부에 대해서는 정답이 없다. 정부가 정하기 나름이다. 한때 국방비에 병무청 예산까지를 포함하여 '방위비'라는 개념을 사용하도 했다. 즉 '방위비=국방비+병무예산'의 등식이었다. 방위비와 국방비는 그게 그 말 같기도 하고 영어로 번역한다면 차이도 없을 것 같다. 하지만 언제부턴가 '방위비'라는 개념마저도 사라짐으로써 병무청 예산은 국방예산과 영영 멀어지고 말았다.

병무청이 국방부 내부조직이었다가 외청이 된 것은 지금으로부터 약 46년 전이다. 방위사업청은 개청된 지 10년이 지났지만 세월이 더 흐르고 정책결정자들이 여러 번 바뀌면 방위사업청 예산을 국방예산에 포함하여 계산해 보지도 않는 날이 올까?

2017년 국방부 소관 예산 중에서도 인건비(법정부담금 포함) 14조 9,805억 원을 뺀 나머지 예산(13조 1,572억 원)과 방위사업청 소관 예산(12조 1,970억 원)이 엇비슷한 규모다. 국방부를 '형'이라고 하고 방위사업청을 '동생'이라고 보면 동생의 살림살이가 형의 그것만큼 된다. 내용적으로 보아도 방위사업청 소관 예산에 굵직굵직한 사업이 많기 때문에 언론의 관심이 더 많다. 각 부처에서 익년도 예산 요구안을 기획재정부에 제출하거나 정부 예산안이 국회에 제출되면 출입기자들에게 예산요구안 또는 예산안 내용을 브리핑한다. 국방부에서 예산(요구)안을 브리핑할 때 기자들의 관심과 질문은 대부분 방위사업청에 집중된다. 언론은 대규모 무기 도입 사업에 예산이 얼마나 반영되었는지에 관심이 많다. 국방부 예산 중에서 언론이 관심 가지는 것은 아마도 병사 봉급 인상률 정도다. 형의 살림살이는 자잘한 것이 많은 반면 동생의 살림살이는 굵직굵직한 것들이 많다.

국방부 소관 예산은 대부분 각 군 및 기관으로 배정된다. 국방부 본부에서 직접 집행하는 것은 전군지원비 정도다. 하지만 방위사업청 예산은 오롯이 방위사업청에서 집행한다. 살림살이(예산 편성과 집행)를 꾸려나가는 입장에서 형보다 동생의 파워가 더 세다고 하겠다.

형(국방부)보다 덩치(조직 규모)도 크고, 돈(예산)과 파워(알짜배기 사업)도 많이 가지고 있는 동생(방위사업청)임에는 분명하다. 하지만 정권이 바뀔 때마다 방위사업청의 고민은 깊어진다. 새로운 정부가 들어설 때마다 정부조직 개편 과정에서 방위사업청 조직도 손봐야 한다는 주장이 제기되기 때문이다.

하지만 10년 전 방위사업청이 개청된 것은 국방부가 무기도입 업무에서 잘못한 부분이 분명히 있었기 때문이라는 사실을 잊어서는 안 된다. 지금의 동생이 문제가 없는 것은 아니지만 옛날 형도 문제가 많았다.

국방부와 방위사업청 직원의
출신 구분

　국토교통부의 전신인 건설교통부는 1994년 건설부와 교통부가 합쳐진 것이다. 그 후 2008년 국토해양부로 바뀌었다가 2013년 지금의 국토교통부가 되었다. 건설교통부 시절 모든 직원들은 '삽'이 아니면 '바퀴' 둘 중 하나였다. 애써 말하지 않아도 누가 건설부 출신(삽)인지, 누가 교통부 출신(바퀴)인지를 알고 있었다. 인사철마다 "이번엔 바퀴(또는 삽)가 승진을 더 많이 했고, 삽(또는 바퀴)이 물먹었다"는 소문이 돌기도 했다. 이러한 출신 구분은 2008년 국토해양부로 바뀔 때까지 10여 년 이상 지속되었다.

　국민은행과 주택은행은 2001년 11월 통합되었다. 그 후 20년 가까운 세월이 흘렀지만 지금도 국민은행에서는 옛 국민은행 출신을 '1채널', 옛 주택은행 출신을 '2채널'이라고 한다. 조직이 물리적으로 통합되더라도 화학적 융합은 또 다른 차원임을 말해주는 사례다.

정치권에 '계파'가 존재한다면 모든 조직에는 '출신' 구분이 있다. 이러한 구분은 조직에 몸담고 있는 한 영원히 따라다닌다. 그렇다면, 국방부와 방위사업청은 어떨까? 먼저 국방부 본부 직원의 출신을 구분해 보자. 우선, 현역 장교와 일반직 공무원으로 크게 구분할 수 있다. 장교들은 육군, 해군(해병대), 공군에서 국방부에 파견 근무하고 있다. 대략 2~3년 정도 국방부 근무 후 자군으로 복귀한다. 일반직 공무원은 고시 출신과 비고시 출신, 그리고 특별채용(예비역 장교, 전문직) 등으로 대별할 수 있다.

이렇게 출신을 구분하는 실익은 출신에 따라 가치관과 일하는 방식이 확연히 다르다는 데 있다. 장교와 일반직 공무원 간의 차이도 크고, 장교 중에서도 군별 출신에 따라, 그리고 공무원 중에서는 고시출신 여부 등에 따라 서로 생각하는 것뿐만 아니라 일하는 스타일도 다르다.

외부에서 보면 국방부는 일사분란하게 움직인다고 볼 수 있다. 다른 중앙부처와 군의 중간쯤 되는 조직 분위기 때문이다. 그러나 출신별 구성의 다양성 때문에 조직 응집도와 충성도가 낮은 면도 있다. 예를 들어 국·과 단위 조직을 신설할 경우 다른 정부부처의 경우 똘똘 뭉쳐 목표를 관철하려는 성향을 보인다. 하지만 국방부는 그렇지 않은 경우가 종종 있다. 현역 장교의 경우 몇 년 내 자군으로 복귀할 운명이고, 공무원의 경우 그 자리가 반드시 공무원 몫이 된다는 보장이 없기 때문에 모두들 전력투구를 하지 않는다. 신분과 이해관계가 다르다 보니 모두가 한 방향으로 집결하는 정도가 약하다.

공무원은 특정 부처에 배치 받으면 별다른 일이 없는 한 퇴직 때까지 계속 근무한다. 소속 부처가 평생직장인 셈이다. 따라서 국가 공무원들로만 구성된 중앙부처에서 상하관계가 매우 엄격하다. 평생직장에서는 한 번 찍히면 살아남기 어렵다. 그러나 국방부의 경우 2~3년마다 자군으로 복귀하는 현역 장교들이 많기 때문에 다른 중앙부처와는 분위기가 다르다.

다음으로 방위사업청 직원들의 출신을 구분해 보자. 여기에는 소개할 수 있는 통계가 있다. (『방위사업청 백서』, 2015년)

- 방위사업청 총원 1,608명,
- 공무원 863명 (54%)
- 군인 745명 (46%)

군인의 군별 구성은 육군 304명(41%), 해군 213명(29%), 공군 228명(30%)이다(2015년 기준). 육·해·공군이 4:3:3으로 구성되어 있다.

방위사업청도 현역 장교와 일반직 공무원으로 구성되어 있는 것은 국방부와 같다. 현역의 경우 순환형과 전문형(폐쇄형)으로 나뉜다. 일반직 공무원의 경우는 좀 더 복잡하다. 1) 과거 조달본부 시절 군무원에서 공무원으로 신분 전환된 경우, 2) 국방부에서 넘어온 공무원, 3) 다른 중앙부처에서 옮겨 온 공무원, 4) 현역에서 전역하고 공무원으로 신분을 전환한 경우, 그리고 4) 방위사업청 출범 후 새로이 채용된 경우 등이 그것이다. 정부 중앙행정관서 중에서 이렇게 신분 구성이 다양한 것은 방위사업청 외에는 없다고 해도 과언이 아닐 것이다.

방위사업청 본부는 국방부 획득 조직, 계약관리본부는 과거 국방조달본부 조직, 그리고 사업관리본부는 각 군의 무기 도입 사업 부서들에 그 뿌리를 두고 있다. 2006년 1월 방위사업청이 개청될 당시 이 부서들은 원래 뿌리를 두고 있었던 조직의 출신들로 주로 충원하였다. 업무의 연속성 때문이다. 개청 이후 10년의 세월이 지나면서 출신을 섞는 노력이 계속 있었지만 청 본부는 공무원들로, 사업관리본부는 현역으로 주로 구성되어 있다.

　한편 국방부와 방위사업청 직원들의 조직 충성도에는 차이가 있다. 먼저 업무의 성격을 생각해 보자. 국방부는 흔히 '작은 정부'라고 할 정도로 업무가 다양하면서 이질적이다. 정책, 인사, 예산, 군수, 시설, 정보화, 법무, 보건복지 등이 그것이다. 이들 기능들은 정부중앙부처에서는 외교부, 인사혁신처, 기획재정부, 국토해양부, 미래창조과학부, 법무부 등과 연결된다. 업무가 이질적이니 조직이 조금만 멀어도 협조할 사안도 적고, 심하면 누가 무엇을 하고 있는지 관심도 없다. 구성원의 출신이 다양하고 업무가 이질적이면서도 방대하다보니 생겨나는 현상이라고 하겠다.

　방위사업청은 '방위사업' 한 가지에만 전념하고 있다. 기획, 예산, 사업관리, 계약, 규격 등 다양한 업무가 있지만 통합사업 관리라는 측면에서 서로 연결되어 있고, 현재 진행되고 있는 400여 개 사업에 대해 공통되게 적용되는 규정도 있다. 어느 한 부서에서 문제가 발생하여 언론에 터지면 청 전체가 위기감을 느끼는 것도 국방부와는 다른 점이다. 방위사업청은 일 잘못하면 조직의 존재에 위기로 작용할 수 있다는 인식을 가지고 있는 반면, 국방부는 위기의식을 느끼는 정도가 매우 약하다. '국방부 조직은 없어지지 않는다.'는 인식을 암묵적으로 가지고 있기 때문이다.

국회 보좌관들에게 물어보면 '국방부보다는 방위사업청 직원들이 대 국회 업무를 더욱 적극적으로 한다.'라는 말을 종종 들을 수 있다. 조직이 추구하는 바를 적극적으로 관철하려는 노력을 방위사업청이 더 잘한다는 것이다. 국방부는 '해 보다가 아니면 말고' 식인데, 방위사업청은 청 존재를 위해 필요하다면 적극적으로 대쉬한다는 것이다.

국방부에 근무하는 현역은 2~3년 근무 후 자군으로 복귀한다. 기회가 닿으면 다시 국방부에 근무하기도 한다. 국방부에 근무하는 것이 진급에 도움이 되는 경우가 많다. 하지만 방위사업청의 경우는 다르다. 획득전문인력으로 지정된 방위사업청 현역은 전체의 83%인 521명이다. 이를 제외한 군인은 일반형이라고 하며 방위사업청 현역 전체의 17%인 124명이다(2015년 기준). 방위사업청 근무 현역의 80퍼센트가 원칙적으로 자군으로 복귀하지 않는다.

일반직 공무원의 경우 국방부와 방위사업청 간의 교환 근무를 확대해야 한다는 의견도 많았다. 결론부터 말하자면 이것도 사실상 실현되지 못하고 있다. 방위사업청도 국방부와 같은 중앙행정기관으로서 상호 인사교류가 제도적으로 쉽지 않다. 국방부와 방위사업청 공무원들도 서로 인사교류를 망설인다. 혹시나 국방부(또는 방위사업청)으로 가서(교환 근무) 인사상 불이익을 받지는 않을까, 출신을 따져서 왕따 당하지는 않을까 등을 우려한다. 방위사업청 공무원의 승진 속도와 국방부의 그것이 서로 다른 것도 걸림돌로 작용한다.

방위사업청에 근무하는 현역 장교들은 고민이 많다. 방산 비리 사건이 터질 때마다 비리집단에 근무하는 것으로 보는 주변의 차가운 시선이 마음을 무겁게 한다. 업무에 대한 자긍심도 줄어들고 있다. 열심히 하다가 조금만 잘못하면 처벌받는다. 오히려 열심히 일 안 하거나 책임 회피하면서 일하는 것이 처벌받지 않는 방법이다.

현역 장교이지만 방위사업청에만 근무해야 하는 폐쇄성 인사제도로 인하여 자군으로 복귀할 수 없는 경우가 대부분이다. 그러다 보니 진급 기회도 적다. 오로지 방위사업청에만 근무하다보니 국방부나 각 군에 근무하여 업무시야를 넓히고 개인 능력을 발전시킬 기회도 없다. 전역 후 방위사업체 취업 제한이 엄격하다. '연금 받으니 살 만하지 않으냐'라고 하면 할 말은 없다. 하지만 연령정년과 계급정년 등으로 젊은 나이에 전역하여 사회에 나오면 뾰족이 할 수 있는 일이 없다. 이러한 이유로 유능한 장교가 방위사업청 근무를 꺼려하는 것은 우리나라 방위사업의 미래까지 어둡게 하고 있다.

병무청은 1970년 창설되었다. 그 이전엔 국방부 병무국이었다. 병무청이 창설되면서 국방부 직할로 있었던 시·도 지방병무청도 병무청으로 함께 이관되었다. 그리고 약 50년의 세월이 흐르면서 병무청 업무는 독자성을 강화하는 가운데 국방부와는 정책적 협의만을 하고 있다. 다른 중앙부처를 보면 소속 청에 대해 인사권을 확실히 행사하는 경우를 종종 볼 수 있다. 예를 들면 기획재정부의 경우 산하 조달청이나 관세청의 고위직 인사에 영향력을 행사하기도 한다. 하지만 국방부(장관)는 병무청과 방위사업청 인사에 개입하려고 하지도 않고, 병무청과 방위사업청도 국방부가 그렇게 하지 않을 것이라고 생각한다.

여러 가지 이유들로 인해 방위사업청 개청 이후 10년의 세월이 지나면서 이제 국방부와 방위사업청은 인사(人事)에 있어서 완전히 남남같이 되어 버렸다. '인사가 만사(萬事)'라고 한다면 만사에서 남남처럼 살아가고 있는 것이다. 배다른 형제 같은 방위사업청과 국방부 및 육·해·공군과의 관계를 혁신하는 방법은 과감한 인사교류뿐이다. 방위사업청과 국방부 일반직 공무원끼리 인사교류를 확대해서 교환 근무자에게 승진의 기회를 더 많이 주어야 한다. 방위사업청에 근무하는 장교들도 각 군 본부에서 근무하게 하고 진급에도 혜택을 주어야 한다. 이렇게 몇 년만 지속하면 서로에 대한 이해의 폭이 넓어지고 업무협조가 보다 원활해지면서 방위사업의 발전도 기대할 수 있다.

중세 유럽 합스부르크 가문은 근친결혼을 많이 했다. 자기들끼리 결혼하여 피의 순수성을 지키려는 생각이었다. 하지만 바로 이 때문에 그 후손들은 심각한 유전적 질병에 시달렸다. 이종교배는 유전적 다양성을 보장하며 잡종 강세라는 장점을 가지고 있다. 조직도 출신 성분이 다양하면 튼튼한 조직이 된다.

방산비리=빙산의 일각?

"용산고등학교 갑시다."

방위사업청 직원들이 방위사업청 갈 때 택시 기사에게 하던 말이다. 목적지를 방위사업청이라고 하면 택시운전사가 도착할 때까지 방위사업청을 계속 욕하는 경우가 종종 있기 때문이다. 용산고등학교와 방위사업청 정문은 약 500미터 떨어져 있었다. 2017년 1월 방위사업청이 정부 과천청사로 이전하면서 이런 일은 더 이상 생기지 않게 되었다. "과천청사 갑시다." 하면 되니까. 방위사업청이 택시기사들로부터 욕먹어야 할 정도로 부패한 조직일까? 택시기사들이 그러하다면 일반 시민들의 생각도 비슷하지 않을까? 군납과 방산 비리가 그 정도로 심각한 걸까?

2013년 국제투명성기구(TI)의 발표에 의하면 우리나라의 국방분야 부패지수는 '양호'한 수준이었다. 우리나라는 국방 분야 '부패위험이 낮은 나라'에 속하며, 일본보다도 부패위험도가 낮았다. 2015년 발표에 의하면 부패정도가 '보통' 수준으로 조사되었다. 다음은 2013년 1월 '한국투명성기구'가 배포한 보도자료 내용 중 일부다.

영국 투명성 기구는 세계 82개국의 국방 분야 반부패지수를 조사한 결과를 발표하였다. 이 조사결과에 의하면 조사대상 국가 중 70%는 국방 분야의 부패문제를 해결하는 데 실패한 것으로 나타났다.(…)

우리나라는 오스트리아, 노르웨이, 스웨덴, 대만, 영국, 미국과 더불어 국방 분야의 부패 위험 지수가 낮은 국가로 분류되었다.(…)

※ 국가별 평가 점수

O A(부패위험이 제일 낮은 나라): 호주, 독일

O B(부패위험이 낮은 나라): 대한민국, 오스트리아, 노르웨이, 스웨덴, 대만, 영국, 미국

O C(부패위험이 중간 수준인 나라): 일본, 프랑스 등 16개국(세부내용 생략)

O D(부패위험이 높은 나라): 이스라엘, 싱가포르 등 30개국(세부 내용 생략)

O E(부패위험이 너무 높은 나라): 18개국(세부 내용 생략)

O F(부패위험이 위기 수준인 나라): 알제리, 이집트 등 8개국(세부 내용 생략)

한편 국제투명성 기구가 2015년 발표한 국방부문 정부 반부패지수 평가 결과는 다음과 같다.

○ A(부패가 극히 낮음): 뉴질랜드, 영국

○ B(낮음): 호주, 독일, 일본, 미국, 싱가포르, 캐나다, 대만

○ C(보통): 한국, 이탈리아, 프랑스, 멕시코, 아르헨티나

○ D(높음): 인도, 인도네시아, 러시아 등

○ E(매우 높음): 브라질, 중국, 사우디 등

○ F(심각): 이라크, 모로코, 이집트 등

국제투명성 기구는 우리나라 국방 분야 반부패지수가 높지 않다고 평가하고 있는데, 국내에서는 군납과 방산비리 등으로 비리의 온상인 양 여론의 질타를 받고 있다. 이렇게 상반되는 평가를 어떻게 해석해야 할까? 다음 두 가지 해석이 가능하겠다.

① 국제투명성 기구의 평가가 타당하다. 최근 방산비리는 과장된 것으로 빙산의 일각에 불과하다. 공직자 비리사건이 하나 터지면 비리의혹 → 수사착수 → 입건 → 심문 → 구속 → 기소 → 재판(구형) → 선고 순으로 진행되는 데 각 단계마다 언론에 보도된다. 하나의 사건이 적어도 5~8번 뉴스를 타는 것이다. 구체적으로 기억하지 않는 대다수 국민들은 방산비리가 여러 건 빈발하는 것으로 생각하게 된다.

② 국제투명성 기구의 평가는 몇 가지 제도적 장치만을 평가한 것에 불과하다. 잊을 만하면 방산비리가 발생하고 있으며 시급히 뿌리 뽑아야 한다. 특히, 방산 비리는 이적행위로 처벌해야 한다.

방위사업청은 2006년 개청 이후 지난 10년 동안 청렴성 제고를 위해 많은 노력을 해 왔다. 방위사업청은 '신뢰받는 방위사업 추진'을 3대 정책 목표의 하나로 정하고 이를 위해 다음 세 가지 전략을 추진하고 있다.

(1) 방위사업의 전문성 강화
(2) 국민 신뢰 소통 노력 강화
(3) 방위사업 청렴문화 확산

특히 (3) '방위사업 청렴문화 확산'을 위해 방위사업청은 다음과 같은 제도적 장치를 마련하고 있다.

- 직무감찰, 현직 검사 상주
- 옴부즈맨 제도
- 일상 감사, 주요단계 감사, 주요 사업 감사, 자발적 클리닉 감사
- 청렴 슬로건 선정(투명한 방위사업, 튼튼한 대한민국)
- 청렴 마일리지 제도
- 청렴 이행 서약제
- 청렴 실천 성공 사례 만들기
- 클린 서포터즈 청렴 콘서트 실시
- 정책실명제
- 청렴식권제
- 반부패 자율 협력을 위한 기관 연대

- 퇴직 공무원 재취업 심사제, 취업제한 기관 공시
- 결재 기록서 관리, 사업관리 이력서 유지
- 관계자들의 의사결정 참여 수준 명시
- 결재 전에 문서 등록, 보존
- 종이 문서 5년간 보존 후 전자화 하여 영구 보존
- 계약서에 청렴계약 특수조건 명시
- 재산등록 대상자 확대(4급에서 5급 이상, 대령 이상에서 중령까지 확대)
- 방위사업청 공무원 행동강령
- 익명 신고제도, 친절/불친절 신고제, 공익 신고제, 예산 낭비 신고제

　대략 정리해 본 것인데도 20여 개에 달한다. 이를 보면 방위사업청은 청렴성 제고를 위해 사람이 생각할 수 있는 모든 제도적 장치들은 다 마련하고 있다고 해도 과언이 아니다. 이 중에서 '결재 전에 문서 등록 및 보존' 제도를 소개한다. 모든 문서는 기안자가 기안하여 최종결재권자(또는 전결권자)의 결재가 있으면 문서로서의 효력이 발생하며, 그 후에 문서 등록과 보존 절차를 취한다. 정부이건 기업이건 동일하다. 하지만 방위사업청에서는 실무자가 기안하여 결재 올라가기 전에 문서 등록을 하고 나서야 과장, 국장에게 결재를 올린다. 중간 결재권자가 실무자가 올린 기안 문서를 마음에 들 때까지 계속 반려하거나, 말로 수정 지시한 후 다시 결재 올리라는 등의 문제를 차단하기 위한 것이다. 일반 행정부서나 사기업에도 이런 혁신적인 제도를 찾아보기 힘들다.

방위사업청의 사업관리 인원은 약 600여 명인데 이들을 모니터링하는 요원들은 그 절반쯤 된다. 검찰, 감사원, 국군기무사령부, 국방조사본부 요원들이 방위사업청 직원들의 일하는 것을 사전, 사후 감시하고 있다. 방산비리는 방위사업청 직원들에 대한 불신으로 이어지고 사건이 터질 때마다 이들을 감시 감독하는 인원들은 점점 늘어나고 있다.

여기서 몇 가지 의문이 생긴다. 지금의 방산 비리는 정말 심각한 수준일까? 심각하다면 무슨 대책을 마련해야 할까? 위에서 소개한 바와 같이 수십 가지의 제도적 장치들이 이미 마련되어 있는데 또다시 새로운 부패 방지 제도를 도입하면 효과가 있을까? 새로운 대책을 마련하면 빤짝 효과가 있다가 나중에 또다시 비리행위가 터질까? 제도적 노력이 한계에 왔다면 더 이상 무슨 노력을 해야 할까?

이와 관련하여 세 가지를 이야기하고자 한다. 첫째, 방위사업청 출범 이후 방산비리의 형태가 근본적으로 바뀌었다. 과거 무기 도입 업무에서 발생했던 비리는 고위층이 개입된 '권력형 비리'이거나 '정보 비대칭형 비리'가 주를 이루었다. 하지만 방위사업청 개청 이후 발생하는 비리는 '실무형 비리'가 주를 이루고 있다. 혹자는 이를 두고 '생계형 비리'라고 했다가 언론으로부터 질타를 받기도 했다. 방위사업청이 개청되지 않았더라도 국방부가 권력형 비리를 차단하였을 것이라는 추정도 가능하다. 하지만 방위사업청이 출범한 이후 획득체제가 많이 제도화되는 가운데 권력형 비리가 사라진 것은 분명한 성과라고 하겠다.

둘째, 비리가 발생할 때마다 새로운 처방을 마련하는 것도 좋지만 현재의 제도와 시스템을 다듬고 보완하는 것이 더욱 중요하다. 비리에 연루된 공직자들이 감옥에 가고, 가정파탄이나 본인의 자살로까지 이어지는 경우를 보기도 한다. 하지만 "자신은 걸리지 않겠지…"라는 주관적 오류에 빠져 번번이 비리 사건이 터지곤 한다.

사형제도가 있어도 흉악범죄는 발생한다. 하지만 사형제도에 문제가 있다고 볼 수 없다. 우리는 부패란 일어나서는 안 되는 것으로 생각하는 경향이 있다. 하지만 부패는 항상 일어나는 것으로서 이를 막기 위한 시스템적 노력이 필요하다. 시스템이 효과적으로 작동하고 있는지 꾸준히 점검해야 한다. 방에 모기가 있는 것을 탓할 것이 아니라 끊임없이 모기장을 점검해야 한다.

셋째, 우리 사회가 지금까지 '받는 뇌물'에 관심을 가져왔다면 이제부터 '주는 뇌물'에도 관심을 가져야 한다. 뇌물을 받는 사람이 공무원이라면 주는 사람은 기업이다. 우리나라가 주는 뇌물에 취약한 이유는 기업의 소유와 경영이 제대로 분리되지 않았기 때문이다. 우리나라에서 그룹 회장이 회계조작, 배임, 업무상 횡령 등으로 실형을 선고받고 구속되었다가 풀려나면 다시 경영에 복귀한다. 외국에서는 상상하기 힘든 일이다. 미국이나 유럽의 경우 경영진이 비리 혐의로 유죄판결을 받으면 다시는 경영에 나서지 못한다. 새로운 경영진이 들어서기 때문에 회사 이름은 바뀌지 않더라도 완전히 새로운 회사로 탈바꿈한다. 전문경영인 체제하에서는 과감히 뇌물 주는 행태를 하기 어렵다.

하지만 우리나라에서는 이러한 경우를 볼 수 없다. 소유와 경영이 분리되지 않은 지배구조 때문이다. 방위사업 분야 대기업이건 무기 중

제2장: 우리 정부에서 가장 오래된 부처, 국방부

개 오퍼상이건 간에 군 관계자에게 거액의 뇌물을 주는 경우는 소유와 경영이 분리되지 않았다는 공통점을 가지고 있다. 자기 회사이기 때문에 자기 책임으로 과감히 뇌물을 주기도 하고, 어쩌다 형사 처벌을 받더라도 경영에서 물러나는 일이 없다.

군납과 방산 비리는 '빙산의 일각'이다. 우리나라에서 '빙산의 일각' 하면 부정적인 의미를 가지고 있다. 물밑에 큰 문제가 잠재해 있다고 보는 것이다. 부분의 문제를 전체의 현상으로 일반화하려는 뜻이 내포되어 있다. 하지만 독일에서는 '그것은 일각이고 빙산 전체가 그런 것은 아니다'라는 의미다. 부분의 문제를 전체로 확대 해석하지 않는다는 것이다.

방산 비리가 터질 때마다 청와대와 국회에서는 당장 해결책을 내놓으라고 다그친다. 언론에서도 빠른 해결책이 뭐냐고 취재 차원에서 물어온다. 그러다 시간이 흐르면 언제 그런 일이 있었느냐는 듯이 무관심하거나 잊어버리기까지 한다. 우리나라 공공정책에 있어서 흔히 볼 수 있는 '냄비 현상'이다. 방산비리가 터지더라도 빨리빨리 대책을 내놓으라고 다그치지 말고, 그렇다고 시간이 흐르면 잊어버리는 일도 하지 말자.

역대
국방부 장관

국방부는 1948년 정부 출범 때부터 같은 이름으로 지금에 이르고 있다. 정부 출범부터 2017년까지 68년간 모두 44명의 국방부 장관이 있었다. 장관 평균 재직기간은 1년 6개월이다. 국방부 청사 2층에는 역대 국방장관 43명의 사진이 걸려있다. 사진 밑에는 장관 재직기간과 생년월일이 적혀져 있고, 고인일 경우 사망연월일도 적혀져 있다. 역대 국방장관의 출신을 보면 다음과 같다.

- 육군 출신: 32명
- 해군 출신: 2명(5대 손원일, 39대 윤광웅)
- 해병 출신: 1명(15대 김성은)
- 공군 출신: 3명(7대 김정열, 22대 주영복, 32대 이양호)
- 민간인 출신: 6명(2대 신성모, 3대 이기붕, 5대 김용우, 9·11대 현석호, 10대 권중돈)

장군 출신이 아닌 민간인 출신 국방장관은 모두 5.16군사정변 이전에 재직하였다. 1961년 5.16군사정변 이후에 민간인 출신이 국방장관에 임명된 경우는 한 명도 없다. 5.16군사정변 이후 임명된 국방장관 33명 중에서 30명이 육군 출신이었으며 해·공군 출신은 22대 주영복(공군 출신), 32대 이양호(공군), 39대 윤광웅(해군) 장관 등 세 명이었다. 군 출신이 아니면서 국방장관을 지낸 6명은 모두 제1, 2 공화국 때 임명되었다. 5.16군사정변을 계기로 '국방장관=육군 장군 출신'이라는 등식이 고착화되었다.

국방장관을 가장 오래 재직한 분은 15대 김성은 장관으로서 1963년 3월 16일부터 1968년 2월 27일까지 만 5년에서 17일 부족한 기간 동안 장관직을 수행하였다. 그 다음으로 가장 오래 장관직에 있었던 분은 43대 김관진 장관이다. 재직기간은 2010년 12월 4일부터 2014년 6월 29일까지 약 43개월이다. 이명박 정부 때 연평도 포격도발 사건으로 전임 김태영 장관이 물러나면서 그 후임으로 임명되었다. 박근혜 정부의 초대 국방장관은 김병관 씨가 될 뻔하였다. 하지만 그는 국방장관 후보자로 지명은 받았지만 국회 인사청문회를 넘지 못하였다. 그 이후 김관진 국방장관이 계속 국방장관직을 수행하게 되었다. 현석호 장관은 9대와 11대 국방장관을 두 번 역임하였다. 국방장관을 두 번 이상 지낸 유일한 경우이다.

북한 핵문제는 언제부터 '문제'가 되었을까? 1992~93년 북한의 NPT 탈퇴선언부터라고 보는 것이 일반적이다. 이때 국방장관(29대)은 최세창 장관이었다. 그 후 국방장관이 15번 바뀌었지만 북핵문제는 해결은커녕 더욱 심각해지고 있다.

국방장관직에 가장 짧게 있었던 분은 12대 장도영 장관으로서 재직 기간은 16일이다. 5.16군사정변 직후인 1961년 5월 20일에 임명되어 6월 6일까지 장관직을 수행하였다. 그 뒤를 이은 13대 송요찬 장관은 29일 재직하였다. 이 두 분은 5.16군사정변 이후 정치적 불안정 때문에 장관으로서는 단명하였지만 그 후엔 한 달을 넘기지 못하고 장관직에서 물러난 경우는 없다.

역대 국방장관들의 면면을 살펴보면 우리나라 현대사의 몇몇 단면들을 볼 수 있다. 정부 수립 이후 제3공화국까지 특히 그러하다. 먼저 이범석 초대 국방장관은 1948년 8월 15일 취임하였다. 이날은 대한민국 정부 수립일이다. 이범석 장관은 광복군 참모장 출신으로서 국방장관을 지낸 후 초대 국무총리와 내무부 장관을 역임하였다. 총리를 지낸 후 내무부 장관을 했다는 것은 요즘으로서는 이해하기 어렵다.

제2대 신성모 장관은 내무부 장관(1948.12~1951.5)으로 재직하다가 1949년 3월 국방장관에 임명되었다. 그가 국방장관일 때 6.25전쟁이 터졌다. 전쟁 직전 그는 북진통일하겠다는 등 헛소리를 해서 미국으로부터 불신을 받기도 했다. 전쟁 발발의 책임이 국방장관에게 있다고는 할 수 없겠지만 요즘 같아서는 정치적 책임이라도 물어서 대통령이 국방장관을 경질할 만도 했다. 하지만 신 장관은 전쟁이 일어나고도 1년 가까이 더 국방장관직에 있었다.

제3대 이기붕 장관은 순수한 정치인으로서 국방장관을 지냈는데 개인적으로 비극적 최후를 마쳤다. 6.25전쟁이 한창일 때 이승만 대통령에 의해 국방장관에 임명되었다. 그 당시로서는 국방장관은 정치인이어야 한다는 생각이 많았던 걸로 보인다. 그가 국방장관을 지낸 다음 서울시장, 국회의장을 역임한 후 1960년 부통령이었을 때 4.19혁명이 일어났다. 혁명이 나자 부통령직을 사임하고 경무대에 피신해 있다가 4월 28일 새벽 당시 육군 장교였던 장남 이강석이 쏜 권총에 일가족이 자살하였다. 그는 해방 직후 이승만 대통령의 비서로 정치적 기반을 굳혔다. 그 후 이승만 대통령의 지시로 자유당을 창당하고 이승만의 종신집권을 위해 사사오입 개헌을 강행하는 등 한국 현대사의 굴곡진 부분에 깊이 관여한 정치인이었다.

제4대 국방장관은 신태영 장관으로서 육군참모총장 출신이었다. 광복군 참모장 출신인 이범석 초대 국방장관을 제외하면 신태영 장관이 최초의 군출신 국방장관이다. 6.25전쟁 동안 세 명의 국방장관이 있었는데 두 명은 민간인 출신이고 한 명은 군 출신인 신태영 장관이다. 그는 휴전협정을 체결하고 전쟁을 마무리하였다.

제5대 국방장관은 초대 해군참모총장이었던 손원일 제독이다. 우리 해군의 214급 잠수함 1호기가 이분의 성명을 딴 것이다. 1961년 5.16 군사정변이 일어났을 때 국방장관은 현석호 장관이었다. 그는 군 경력이 전혀 없는 정치인(민의원) 출신이었다. 장관에 임명된 지 불과 3개월하고 보름 만에 5.16군사정변이 일어났다. 정변이 일어난 지 이틀 만에 국방장관에서 물러났다. 그 이후 잠시 수감되었다가 풀려난 후 장면, 박순천 등과 함께 민주당 창당에 참여하는 등 철저한 정치인이었다.

그 뒤를 이은 제12대 국방장관은 장도영 장관이다. 5.16군사정변 당시 육군참모총장이었던 그는 정변이 일어나고 4일 후에 장관에 임명되었고, 그로부터 보름 후 국가재건최고회의 의장으로 자리를 옮기게 된다. 5.16군사정변 직전 육군참모총장이었던 그는 정변에 적극적으로 찬성도 반대도 하지 않는 모호한 태도를 취함으로써 군사정변에 도움을 주었다는 의혹을 사기도 하였다.

10.26사건^(박정희 대통령 시해 사건) 당시 국방장관은 제 21대 노재현 장관이었다. 그가 국방장관에서 물러난 1979년 12월 14일은 12.12사태 이틀 후였다. 그 뒤를 이은 사람은 공군 출신 22대 주영복 장관이었다. 신군부가 육군이 아닌 공군 출신을 국방장관으로 임명한 것에 눈길이 간다.

24대 이기백 장관은 합참의장 자격으로 당시 전두환 대통령을 수행하여 버마^(현 미얀마)를 방문하였을 때 1983년 10월 9일 아웅산 묘역 폭탄테러에서 크게 다쳤다. 그 후 1985년 1월 국방장관으로 임명되어 약 1년 반 재직하였다.

30대 권영해 장관은 국방장관에서 물러난 후 한국야구위원회 사무총장을 지냈다가 국가안전기획부장^(현 국정원장)을 지냈다. 이른바 총풍 사건으로 기소되기도 했다. 국방장관에서 물러난 이유로 친동생이 율곡^(당시 전력증강 사업)비리에 연루되었다는 설도 있다.

32대 이양호 장관은 공군 출신이다. 미모의 무기 중개상이자 로비스트였던 린다 김 사건으로 불명예스럽게 국방장관직에서 물러났다. 34대 천용택 장관은 15대 국회의원이었다가 장관에 임명되었다. 나중에 국가정보원장으로 재직하였다가 16대 국회의원을 지냈다. 35대 조성태 장관은 17대 국회의원^(비례대표)을 지냈다.

장관^(국무위원) 후보자에 대한 국회 인사청문회 제도는 2005년 시작되었다. 이 제도 덕분에 장관이 하루아침에 경질되는 사례는 없어졌다. 아니, 불가능하게 되었다. 후임 장관이 내정되고 국회인사청문회 절차를 거치는 약 2~3주 동안 현직 장관은 업무 마무리와 떠날 준비를 할 수 있게 된 것이다.

차관은 인사청문회 대상이 아니다. 따라서 청와대 발표에 의해 하루아침에 물러나는 차관도 더러 있었다. 몇 년 전 K국방차관은 해외 출장 중에 경질되었다는 연락을 받고 계획된 일정을 취소하고 급거 귀국한 사례가 있었다. 출국할 때는 차관이었으나 귀국하여 인천공항에 들어설 때는 이미 차관이 아니었다.

국회 국방위원회의 인사청문회를 거쳐 최초로 임명된 국방장관은 40대 김장수 장관이다. 그는 장관직에서 물러난 후 한나라당 비례대표 6번으로 18대 국회의원을 지냈으며 19대 총선에는 출마하지 않았다. 그리고 박근혜 정부 초대 청와대 초대 안보실장을 역임하였고 2017년 현재 주중대사로 재직하고 있다.

42대 김태영 장관 때 천안함 피격 사건(2010.3월)과 연평도 포격도발 사건(2010.11월)이 일어났다. 연평도 포격도발 사건에 대한 책임을 지고 장관직에서 물러났다. 43대 김관진 장관은 장관 교체의 시급성을 고려하여 국회에서 인사청문회 절차를 매우 신속하게 처리하여 준 덕분으로 연평도 포격 사건 발생 후 불과 11일 만에 국방장관에 취임할 수 있었다. 2011년 1월 그의 지휘하에 아덴만 여명작전이 성공적으로 수행되었다. 장관 취임 후 불과 한 달여 만에 일어난 쾌거였다. 천안함 사건과 연평도 포격도발 사건으로 침체된 군 분위기를 쇄신하는 기회가 되었다.

흔히 장관이 되면 기분 좋은 순간이 딱 두 번 있다고 한다. 청와대에서 장관으로 내정하겠다는 소식을 들었을 때와 장관에서 물러나라는 이야기를 들었을 때가 그것이다. 그만큼 장관직이 힘들고 책임이 막중하다는 의미다. 국방장관은 살인적인 일정과 방대한 업무를 소화해야 한다. 62만 명의 국군을 통솔해야 할 뿐만 아니라 120여만 명의 북한군 동향까지 예의 주시해야 한다. 국방장관은 몇몇 부처 장관보다 몇 배나 업무 강도가 높다. 같은 장관이라고 하더라도 업무량과 범위가 천차만별이다. 동일 노동에 대해 동일 임금을 지급한다는 원칙(equal pay for equal work)을 적용한다면 국방장관은 일부 부처 장관보다 몇 배의 봉급을 받아야 한다.

몇몇 국방장관은 다음과 같은 말을 하기도 했다. "방위사업청이 생긴 덕분에 내(장관) 업무가 훨씬 수월해졌다. 무기 도입 업무까지 내가 챙겨야 했다면 어떻게 일을 할 수 있을까, 라는 생각이 들 정도다."

정부 수립 이후 지금까지 대한민국이 이룬 기적은 많다. '한강의 기적'으로 대표되는 경제 성장과 정치적 민주화가 대표적인 사례다. 이 두 기적이 없었다면 오늘날과 같은 자랑스러운 대한민국이 존재하지 않았을 것이다. 여기에 한 가지 기적을 더 추가한다면 바로 '군의 정치적 중립'이다. 지금은 당연한 것 같이 여기고 있지만 한때 우리 군이 정치적으로 중립적이지 못했던 시절이 있었다. 한국 현대사의 굴곡진 부분마다 군이 정치에 개입했던 경우가 있었다. 하지만 오늘날 우리 사회에서 군의 정치적 중립을 의심하는 사람은 없다. 이것이 기적이 아니라면 무엇이 기적이겠는가?

제2차 세계대전 이후 식민지에서 해방된 많은 신생국들 중에서 유혈사태 없이 군의 정치적 중립을 이룩한 나라는 그리 많지 않다. 중동과 북아프리카 일부 국가들이 군의 정치적 개입을 차단하려는 시민운동 과정에서 유혈사태가 벌어진 것을 잘 알고 있다. 군이 정치에 개입하여 인권이 침해당하고 경제는 제대로 발전하지 못하여 나라 전체가 불행에 빠진 경우를 동남아 지역에서도 찾아 볼 수 있다.

우리 군이 정치적 중립을 지키지 않았다면 대한민국은 지금과 같은 진정한 민주화를 이루지 못했을 것이다. 군의 정치적 중립이 민주화의 토대가 되었고, 민주화 덕분에 국민 모두가 저마다의 창의와 능력을 발휘하여 우리 경제가 오늘날같이 발전할 수 있었다고 한다면 결코 지나친 이야기가 아니다.

제1·2·3 공화국을 거쳐 오면서 국방장관이 정치적 소용돌이에 휘말렸던 때가 있었다. 하지만 1980년대를 지나면서 점차 국방장관은 국방에만 전념하는 순수한 정무직 공무원으로 자리 잡고 있다. 시대마다 요구되는 소명이라는 것이 있다면 오늘날 우리 군의 소명은 무엇일까? 우리 아버지 또는 선배세대 때 우리 군 소명을 '군의 정치적 중립'이라고 한다면 이제 그 소명은 달성되었다.

국방부
민원

2014년 4월 16일 세월호 침몰 현장이 TV를 통해 생방송되고 있을 때 국방부 콜센터(1577-9090)에는 다음과 같은 내용의 전화가 쇄도하였다.

"육군 시누크 헬기 여러 대를 동원하여 쇠줄로 세월호를 들어 올려라."
"우리 해군 UDT들은 뭐하고 있나?"
"장비가 좋은 군이 왜 구출작전에 직접 나서지 않는가?"

우리는 전화번호가 궁금할 땐 114, 생활정보가 궁금할 땐 120으로 전화를 건다. 국방부와 군에 물어보고 싶을 때는 1577-9090(국방국방)으로 전화하면 된다. 국방부 민원팀이 2013년 7월부터 운영하고 있는 '국방 민원 콜센터'다. 국방부뿐만 아니라 군 관련 전화민원의 95퍼센트 이상을 이곳에서 처리하고 있다.

이곳에는 전화상담 여직원 9명이 일하고 있다. DMZ 부대를 군사적 대치의 최전방이라고 한다면 이들은 국방정책과 국민이 만나는 '국방행정의 최전방'에서 근무하고 있다. 외교부(3210-0404, 영사업무), 병무청(1588-9090) 콜센터의 경우 각각 50명, 70명, 그리고 서울시 다산콜센터(120)에는 540명이 근무하고 있는 것과 비교해 보면 국방콜센터는 극히 소수 인력으로 군 관련 민원전화의 대부분을 처리하고 있는 것이다.

병무청도 2002년부터 콜센터를 만들어 현재 모범적으로 운영하고 있다. 하지만 병무행정에 대한 민원은 비교적 정형화된 것이 많은 반면, 국방 콜센터에 걸려오는 민원 전화의 내용은 훨씬 복잡하고 다양하다. 주로 민원이 많은 것은 군인연금, 급여, 소득세 신고, 원천징수, 복지시설 이용, 현충원 안장 등이다. 예비군 훈련이 시작되는 3월부터는 이에 대한 문의가 급증한다.

콜센터 상담원(주로 여직원)들은 시간선택제 공무원을 포함하여 9명이 일과 중에 늘 전화 상담을 하고 있다. 직급도 높지 않고 비정규직들도 많지만 이들은 방대한 국방업무를 꿰뚫고 있다. 상담을 제대로 하기 위해 별도의 민원 데이터베이스를 구축하고 군인연금, 급여 관리 정보 체계 등에 접근하는 권한을 부여해서 빨리 제대로 된 답변을 찾는다. 이들이 답변하지 못하는 것은 5퍼센트에 불과하다. 이 경우는 해당 부서로 연결해 준다.

콜센터 직원들의 근무 애로사항은 이루 말할 수 없다. 가장 큰 어려움은 하루 종일 제대로 쉬지도 못하고 전화를 끊임없이 받아야 하는 것이다. 콜센터 요원들이 출근해서 퇴근 때까지 헤드폰을 끼고 PC 모니터로 민원 데이터베이스를 보면서 전화상담을 계속한다. 개인별로 하루에 약 50~80건을 상담하는데 한 건당 길게는 20~30분이 소요되기도 한다. 오후가 되면 청력은 떨어지고 눈도 침침해진다. 점심시간에도 전화는 계속 걸려오기 때문에 번갈아 점심을 해결한다.

둘째, 온갖 종류의 민원전화들이 걸려온다. 민원인들은 전화기 너머 여성 목소리가 들리면 반말부터 하는 경우가 허다하다. 욕설과 폭언을 하는 사람도 있다. 국방부에 전화했더니 상담원이 "군을 모르는 여자."라고 호통치면서 "남자직원 바꿔."라고 하는 경우도 있다. "상담원은 빠지고 책임자 바꿔~", "국방장관 만나고 싶다." 등 높은 사람과 대화하려는 경우도 있다. 그냥 황당한 내용들도 있다. 예를 들면 "북한 김정은을 만나고 싶다.", "인기 여성 탤런트 박○○ 양의 아버지가 군인인데 그분을 좀 만나고 싶다." 등….

일반 국민들은 그렇다 치더라도 의외로 군 간부들도 콜센터에 전화를 많이 걸어온다. 예를 들면 다음과 같다.

"요즘 군 간부 휴가 금지기간인가요?" "개인 해외여행을 예약했는데 안보 위기상황으로 취소할 수밖에 없는데, 위약금을 국방부가 물어줘야 한다."
"우리 부대 업무용 PC가 고장 났는데, 어떻게 좀 해 달라."

셋째, 군 관련 각종 사건 사고가 발생하면 콜센터에는 불만의 전화가 폭주한다. 콜센터 여직원들이 국민들의 질타를 대신 들어야 하는 위치에 있다. 2013년 여군 오○○ 대위 사망사건, 2014년 윤○○ 일병

사망사건이 보도되었을 때 군을 질책하는 전화가 엄청나게 걸려왔다. 군내 총기 및 구타사건 등이 언론에 나가면 아들 군대 보낸 부모들이 분개하여 전화를 걸어온다. 엄마들은 울면서 전화하는 경우도 있다. 이 경우 콜센터 상담원들은 "죄송합니다. 앞으로 더 잘하겠습니다."라는 취지의 모범답안을 만들어 반복하여 답변해야 한다. 북한이 핵실험을 하면 이에 대한 답변도 준비해야 한다.

전화상담원은 대표적인 감정노동자(Emotional Laborer)다. 상대방을 직접 볼 수 없다는 점을 악용하여 이른바 '갑질'하는 전화가 많다. 민원인으로부터 심한 욕설을 듣기라도 하면 젊은 여성 직원들은 심리적 충격을 받기도 한다. 그래도 마음 추스를 여유도 없이 전화는 계속 걸려온다.

생활 속 갑질이 사회적 문제가 되는 가운데 한 편의점 가맹점주는 점원들에게 다음과 같은 지침을 주고 있다고 한다.

  - 욕설하는 고객들에게 사과하지 말라.
  - 막무가내 손님에게 당당히 맞서라.
  - 올바른 서비스를 했는데도 부당한 요구와 욕설을 하는 고객에게 절대 사과하지 마라.
  - 노답(해결방법이 없을 때)인 경우는 경찰 신고와 맞쌍욕을 허락한다.

감정노동자의 스트레스는 경험이 쌓인다고 해결되는 것이 아니다. 우리 군에서 민원 전화를 유지해야 하고, 국민들의 군에 대한 불만을 누군가는 들어줘야 한다면 그 일을 국방민원 콜센터 여직원들이 담당하고 있는 것이다.

대한민국 국민이라면 누구나 정부에 민원을 제기할 수 있다. 국방부도 예외가 아니다. 국민신문고(www.epeople.go.kr)나 국방부 홈페이지에 접속하여 쉽게 민원을 제기할 수 있다. 정부에서 민원이 가장 많은 부처 순위는 경찰청, 고용노동부, 국토해양부, 그리고 국방부 순이다. 국방부에는 매년 약 5만여 건의 민원이 접수되고 있다. 하루 평균 180여 건(주5일 기준)이다. 민원의 약 90퍼센트가 인터넷으로 접수되고 나머지는 우편 또는 방문민원이다.

민원의 대부분은 확인증명(46%), 인사업무(19%), 비위 및 민폐(8%) 순이다. 군별로 보면 육군 54%, 국방부 12%, 국직부대 12%, 해군 10%, 공군 9% 순으로 많다(2015년 기준). 민원의 내용도 다양한데 그중에서 특이한 내용 몇 가지를 소개해 본다.

○ 국방부 깃발의 붉은색을 푸른색으로 바꿔야 한다. 구소련의 붉은 군대도 망했고, 해병대는 붉은 명찰로 인해 각종 사고가 빈발하고 있다. 붉은악마라는 응원단도 있듯이 붉은색은 악마의 색채이므로 국방부 깃발로 사용하는 붉은색을 하늘 천사의 청색으로 바꿔주기 바란다.

○ 군대 급식에서 채식주의자를 배려해야 한다. 군 입대 예정자로서 본인의 신념에 의해 채식만을 하고 있는 채식주의자이다. 미군은 채식주의자를 배려하여 뷔페식으로 다양한 식단을 제공하고 있다. 우리 군의 채식 식단 제공현황과 앞으로 국방부에서 군

의 채식 식단 문제를 어떻게 해결할지 답변을 바란다.

○ 욕설과 폭행 등 인격 모독을 하는 간부를 처벌해 달라. 결혼 13년 된 직업군인의 아내이다. 남편이 소속부대 간부로부터 욕설과 폭행 등 인격 모독을 당했다. 이는 초등학교 딸이 풋살 활동 체험을 위해 부대에 갔다가 목격한 것이다. 명확한 사실 확인과 함께 관련자의 처벌을 원한다.

○ 어머니 소원이므로 헬기를 한 번 타게 해주세요. 최근 제 모친이 TV를 보시다가 헬기를 한 번 타 보고 싶다고 말씀하시는데 민간인으로 헬기를 탈 수 있는 방법이 없어 국방부에 도움을 청한다.

○ 국립현충원에 부사관 묘역을 조성해 달라. 현재 국립현충원에 부사관 묘역이 따로 없고 일반 사병과 함께 묘역을 사용하고 있다. 부사관의 권위와 사기 진작을 고려하여 부사관에 걸맞은 묘역 조정이 필요하다.

○ 이혼한 모친이 2년 전 부친으로부터 아들을 데려와 양육하여 군에 보냈다. 그러나 아들 면회를 갔다가 모친에게 친권이 없다는 이유로 군부대에서는 아들의 외박을 불허하였다. 아들이 성인임에도 불구하고 단지 친권 지정이 되지 않았다는 이유만으로 외박을 불허하는 것은 이해할 수 없다.

○ 국군의 날 행사 때 특전사의 무술시범 중 기와 벽돌을 머리로 격파하는 것은 시정되어야 한다. 두뇌에 심각한 상해는 물론 그 후손까지 불구로 만들 수 있다. 대외적으로 군인은 무식하다고 비쳐질 수도 있다. 미군은 오히려 두개골 충격을 최소화하는 노력을 하고 있다.

다음은 2014년 4월 2일 서울시 광진구에 사는 김 모 씨가 보낸 민원 내용 중 일부다.

저의 집은 강원도 철원입니다. 저는 서울에 살고 있어서 가끔 휴가 때나 고향에 가곤 합니다. 철원 고향집에서 폭탄이 발견된 건 약 7~8년 된 거 같네요. 처음에 근처 부대에 신고를 했는데 군인 분이 나오셨거든요. 그리고 나서 한 번 더 나오셔서 바로 수거해 가신다고 했거든요. 그래서 그런가보다 했는데 작년 추석 때 우연찮게 그때 폭탄이 생각나서 아버지에게 물어봤죠.

그런데 (인근 부대에서 폭탄을) 아직 안 가져갔더군요. 그 군인 분이 하시는 말씀이, 아버지에게 "곧 수거할 터니 잘 덮어두라"고 했다고 하더군요. 그래서 아버지께서는 (폭탄을) 상자에 담아서 창고 옆 어디다 묻어두셨다고 했는데 지금은 생각이 안 나신다고 합니다. 시간이 많이 지난 뒤라 요번에 부대에 신고를 했죠. 부대에서 관계관이 나오긴 했는데 (폭탄을) 찾지 못했습니다. 부대에서는 폭탄이 있는 것을 가져갈 수 있지만 찾지는 못한다고 하더군요. 그럼 저희가 찾아서 그걸 신고라도 해야 한다는 건가요? 그러다가 폭탄이 터지기라고 하면 어떻게 하라고 하는 건지.

국방부
구 청사 이야기

국방부 주소는 서울시 용산구 용산동 3가 1번지 또는 용산구 이태원로 22번지다. 국방부 청사는 1948년 정부 출범 때 후암동에 위치하였다. 6.25전쟁이 발발하면서 부산으로 잠시 피난 갔다 후암동으로 다시 돌아왔다. 1970년 용산 삼각지에 국방부 청사를 신축하여 이전하게 된다. 그 후 국방부 구 청사(별관)는 2012년까지 43년 간 국방부 본부 사무실과 국방장관 집무실로 사용되었고, 1979년 12.12사태 때 총격전 등 한국 현대사의 아픈 순간을 경험하기도 한 우리 군으로서는 역사적인 건물이다.

구 청사 건물은 1966년 터파기를 시작하여 1970년 지하 1층, 지상 10층으로 완공되었다. 설계는 당시 국내 최대인 '종합건축사무소'가 맡았고, 시공은 대림산업에서 했다. 건평은 8,300평, 공사비는 13억 원이었다. 당시 중앙청(1996년 철거) 건평(1만 평)과 비슷한 시기에 완공된 광화문 정부종합청사의 공사비(21억 원)와 비교할 때 독립 정부청사로서는 최대 규모, 최대 공사비라고 하겠다. 이 건물 완공으로 후암동에 있던 국방부가 이곳으로 이사를 하였다. 『대림산업 60년사』는 다음과 같이 기록하고 있다.

> 고속 엘리베이터, 자가 발전 설비, 냉난방 및 환기시설, 전자동 제어장치, 화재경보 장치 등 최신 설비를 갖춤으로써 최고급 빌딩이라는 평판을 들었다. 특히 당시로서는 보기 드문 무량판 공법에 의해 시공된 복도를 고급 대리석으로 마감하여 건물 내부의 중후함과 세련미를 갖춘 것으로 평가를 받았다.

여기에서 '무량판(無梁板)' 공법이란 대들보(梁)가 없는(無) 건물로 지었다는 의미다. 건물은 보(Beam)가 있는 것과 없는 것으로 대별할 수 있다. 보가 없이 슬래브와 지붕만으로 하중을 견디도록 한 구조가 무량판 공법이다. 이렇게 건물을 지으면 보를 설치하기 위한 30~50cm 수직 공간을 별도로 확보하지 않아도 되므로 층고(層高)를 줄일 수 있는 장점이 있다. 하지만 보가 없기 때문에 기둥 주변의 슬래브를 보강해야 한다. 슬래브를 두껍게 하다 보니 층간 소음에서 3~5dB 정도 유리하다. 국내 민간 건축에서 무량판 구조를 시도한 것은 1975년 압구정동 현대아파트가 처음이다. 이렇게 현대식으로 짓다보니 완공 직후 1970년 11월 26일 국회 예산결산위원회에서 최치환 공화당 의원이 "새 국방부 청사가 미국 펜타곤을 뺨칠 정도로 호화청사"라고 지적하기도 했다.

국방부 구 청사의 겉모습은 매우 권위주의적이다. 주위보다 지대가 약간 높은 곳에 위치하여 아래를 내려다보면서 육중한 육면체의 위압적인 외양을 갖추고 있다. 건물 설계자 이호진은 "시절이 시절인 만큼 국민을 호령하는 군부의 권위를 외형으로 표현해야 했다. 견고하고 웅장한 인상을 주는 좌우 대칭의 박스형 건물을 고지대에 앉힌 것도 이런 이유 때문이다"라고 말한 바 있다.

건물 외양이 권위주의적인 것은 2003년 신축된 국방부 신관 건물도 마찬가지이다. 건물은 건물주의 생각을 담게 마련이고 설계자는 건물주의 의도를 생각하지 않을 수 없다. 1960년대 말에 지은 국방부 구 청사나 2000년대 지은 신청사나 겉모습이 권위주의적이라는 것은 세월이 흘러도 건물주의 생각이 별로 달라진 것이 없다는 것을 말해주고 있다.

국방부 구 청사의 중앙에서 정면 북쪽으로 가상의 선을 그으면 세종로를 지나 청와대와 만난다는 이야기가 있다. 필자가 서울 지도를 가지고 직접 선을 그어보니 틀린 말은 아니었다. 상당히 정확하기 때문에 우연히 그렇게 된 것은 아닐 것 같고 설계자의 의도가 그러했을 것이다.

구 청사는 북쪽을 바라보고 있다. 청와대를 향하려는 목적인지, 북한만 바라보겠다는 것인지는 알 수 없지만 접근도로가 건물부지 북쪽에 위치하고 있기 때문에 북향으로 설계했을 수도 있겠다. 2003년에 완공된 국방부 본관은 남향이다. 따라서 구 청사와 본관은 서로 등을 마주하고 있는 형국이다. 국방부 청사는 TV 뉴스에 종종 등장한다. 구 청사는 삼각지와 이태원을 연결하는 도로에서 일반 국민들도 쉽게 볼 수 있다. 하지만 지금의 국방부 본청은 시민들이 쉽게 볼 수 있는 곳이 아니다. 용산 국립박물관에서 북쪽으로 쳐다보면 국방부 본청을 멀리서나마 볼 수 있다.

2003년 10월 13일 지금의 국방부 본관이 준공되어 10월 31일 입주하면서 그때까지 사용하던 국방부 구 청사는 별관이라고 이름이 바뀌었다(이하 '별관'이라 함). 장관실 등 국방부 본부 조직의 절반이 본관으로 이사 가고 별관에는 나머지 절반이 잔류하였다. 이때부터 본관 건물이 TV 뉴스에 나오는 국방부 청사가 되었다. 그러다 본관의 절반을 사용하던 합참이 새로 청사를 지어 이전하자 2012년 11월 별관에 있던 국방부 본부 조직들이 모두 본관으로 이사함으로써 두 건물에 나뉘어졌던 국방부가 10년 만에 하나의 건물로 합치게 되었다.

이렇게 텅 비게 된 별관 건물은 2013년부터 2016년까지 총공사비 486억 원을 들여 리모델링 공사를 하여 오늘에 이르고 있다. 12.12사태 때 총격전으로 별관 건물 1층 복도 벽에 총알자국이 남아 있었는데, 리모델링 작업으로 완전히 사라졌다.

1983년 5월 18일 수요일 밤 국방부 구 청사(별관)에 큰 화재가 발생했다. 당시 필자는 군수국(지금의 군수관리관실) 장비과(현 장비관리과) 사무관이었다. 불은 밤 11시 30분경 9층에서 시작되었다. 다음날(5.19) 아침 출근하려는데 "삼각지 정부 청사에서 큰 화재가 났다"는 뉴스를 들었다. 출근하면서 지금의 전쟁기념관(당시엔 전쟁기념관이 없었고 육군본부가 위치하였음) 쪽에서 건물을 올려다보니 화재는 진압되었지만 9층 이상 외벽이 시꺼멓게 되었고 건물 주변에는 소방차들과 화재진압 흔적들로 전쟁터 같았다. 지하1층 현관을 통해 건물로 들어오는데 바닥에는 온통 물로 흥건하였다. 밤새 서울시내 소방차란 소방차는 모두 물을 뿌리고 간 모양이다. 모든 직원들은 신발과 양말을 벗어 두 손에 들고 바지를 걷고 첨벙첨벙 물길을 걸어 계단으로 올라가야 했다. 엘리베이터는 이미 가동중지 상태였다. 물은 위층에서 아래로 끝없이 계곡물마냥 계단을 타고 흘러내리고 있었다. 밤새 소방차들이 얼마나 많은 물을 뿌렸는지 짐작할 수 있었다. 당시 군수국 장비과는 5층이었다. 5월 중순이었건만 맨발로 물길을 걸어 5층까지 올라오는데 물이 얼음같이 차가웠다는 기억이 아직도 생생하다.

9층에서 시작된 불은 9층과 10층을 전소시켰다. 건물의 1/5이 완전히 타버린 것이다. 8층 이하 사무실들은 평온하였다. 궁금한 나머지 화재가 난 9층 계단 입구를 가보니 헌병이 현장보전 목적으로 출입을 통제하고 있었다. 출입을 통제하지 않아도 들어갈 수 없을 정도로 지옥 같은 상황이었다. 헌병의 어깨 너머로 보이는 9층은 매캐한 연기와 함께 천장이 내려앉는 등 깜깜한 폐허가 되어 있었다. 당시 모든 사무실은 철제 캐비닛을 사용했고 비밀문서는 이중 캐비닛에 보관했다. 나중에 들은 이야기에 의하면 9, 10층 철제 캐비닛 속의 종이문서는 그대로 재가 되어있었다고 한다. 합참의 많은 서류가 재로 변한 것이다. 당시엔 전자문서가 없었던 때였다.

화재는 한밤중에 9층 합참의 모 장군 부속실에서 발생하였다. 당시엔 물을 끓일 때 전기 곤로를 사용했다. 부속실 여직원이 퇴근하면서 전기 곤로를 꽂아 두고 주전자를 올려둔 채로 퇴근하였는데 그것이 과열되어 불이 난 것이다. 그 이후 건물 안전진단을 하고, 9, 10층은 내부 리모델링을 하여 사무실로 다시 사용하였다.

발화점이 되었던 부속실의 여직원과 방화 담당 직원은 형사처벌을 받았다. 당시 그 부속실의 장군은 장관으로부터 경고장을 받았다. 부속실을 제대로 관리하지 못한 책임을 물은 것이다. 장관실에서 경고장 수여식이 있었다. 장관이 경고장을 들고 서 있고, 그 앞에 장군이 거수경례를 하고 경고장을 받을 준비를 하였다. 행사담당 장교가 경고장 문구의 낭독을 끝내자 장관이 경고장을 손으로 전달하지 않고 그냥 바닥에 내던졌다. 그 장군은 바닥에 떨어진 경고장을 주워 나갔다.

이 화재사건 이후 국방부는 지금까지도 화재 트라우마가 남아 있고 불조심에 신경 쓰는 분위기다. 국방부 영내에는 국방예산으로 구입한 소방차가 상시 대기하고 있다.

국방부와
용산 삼각지

"국방부는 다른 데로 이전할 계획이 없나요? 다른 데로 이사 갔으면 좋겠는데…."

필자가 국방부 군사시설기획관(2007~2009)이었던 어느 해 여름, 용산 구청장을 만나러 갔을 때 구청장이 던진 첫마디였다. 국방부 영내 건물 신축 허가 건을 협의하기 위한 방문이었다. 구청장의 이러한 무례하고 당돌한 예상 밖의 질문에 순간적으로 말문이 막힐 지경이었다. 필자가 공격성 발언을 했다.

"아니~ 구청장님, 무슨 말씀을 그렇게 하십니까? 국방부는 이전할 계획이 없습니다. 그리고 용산구에 나라를 지키는 국방부가 위치하고 있다는 것은 영광이라면 영광이라고 해야 합니다."

"우린 그런 것에 관심 없어요. 용산구에는 국방부 땅(군용지)과 미군부대가 많고 서울역에서 한강철교까지 이어지는 철도부지도 넓어서 지방세 수입에 도움이 되지 않아요. 용산에 세금 안 내는 국유지가 너무 많아요."

"어떻게 구청 세수만을 생각하십니까? 용산공원만 해도 그렇습니다. 의정부, 동두천 등 경기북부의 반환받는 미군기지는 국방부가 돈 받고 해당 지자체 등에 매각합니다. 그런데 용산에 있는 주한미군이 평택으로 이전하더라도 용산 미군기지는 중앙정부가 돈을 들여 민족공원으로 조성할 계획입니다. 용산구민으로 보면 돈으로 따질 수 없는 큰 혜택입니다. 정말 감사하게 생각해야 합니다."

"미군기지 때문에 용산이 얼마나 피해를 보고 있는데…. 그건(중앙정부의 비용부담은) 당연한 것입니다. 아무튼 용산구 입장에서는 국방부가 빨리 다른 데로 옮겨 갔으면 좋겠습니다."

민선 지자체장으로서 중앙정부를 무시하는 듯한 태도와 자기 지역구만 생각하는 근시안적 태도에 화가 날 지경이었다.

1970년 국방부 구 청사가 완공되었을 때 주변에서 가장 높고 큰 건물이었고 멀리 서울역이 보였다고 한다. 삼각지에서 이태원으로 이어지는 큰길을 사이에 두고 남쪽에는 국방부 청사가, 북쪽에는 육군본부가 위치하고 있었다. 일제 강점기 때 일본군이 용산 일대에 주둔한 것을 보면 이곳의 지세가 무(武) 또는 군(軍)과 떼려야 뗄 수 없는 운명인 모양이다. 육군본부가 1992년 계룡대로 이전하면서 옛 육군본부 자리는 지금 전쟁기념관이 위치하고 있다. 육본이 삼각지에 있을 때 국방부나 육군본부 장교들이 업무협조를 할 때는 큰길 하나만 건너면 되었다. 세종시 공무원들이 세종시로 내려가는 것을 싫어했듯이 당시 육군본부도 계룡대로 이전하는 것을 반대했다. 혹자는 "육본이 계룡대로 가면 나라가 망한다."라는 이야기까지 했다고 하니, 그 반대 감정을 짐작하고도 남음이 있다. 육본이 계룡대로 이사 간 지 벌써 20여 년이 지났음에도 불구하고 대한민국은 망하지 않았고, 육군은 더욱 성장했다.

국방부 앞 삼각지는 지금은 '사거리'가 되었지만 한때 '돌아가는 삼각지 로터리'가 있었다. 지하철 6호선 삼각지역 지하 2층에는 철거되기 전 입체교차로의 사진이 크게 걸려있고 그 밑에 배호의 〈돌아가는 삼각지〉 노래 가사와 곡, 그리고 그 유래에 관한 설명이 친절하게 붙어 있다.

기록에 의하면 삼각지 입체교차로는 1967년 2월에 착공하여 불과 11개월 만인 같은 해 12월 30일 준공되었다. 준공식에는 박정희 대통령, 육영수 여사. 박지만 군(당시 국민학생), 김현옥 서울시장, 그리고 김성은 국방장관 등이 참석했다고 하니 서울의 명물이었던 모양이다. 그 당시 국방부는 후암동에 있었는데 국방장관까지 준공식에 참석한 사연이 궁금하다. 국방부 구 청사는 1970년에 준공되었다고 하니 설계와 공사기간을 고려할 때 1967년에는 이미 건물공사가 한창이었을 것이다. 머지않아 국방부가 삼각지로 이사 올 예정이었기 때문에 이곳 입체교차로 준공식에 국방부 장관이 참석했을 걸로 짐작해 본다.

서울의 발전을 상징하는 명물이었던 이 입체교차로는 교통량이 폭주하면서 1980년대 후반부터 교차로로서의 기능을 발휘하기는커녕 출퇴근 때는 교통 체증을 일으키는 애물단지가 되었다. 80년대 초반엔 출퇴근 때 국방부 헌병이 입체교차로 위에까지 나가 교통정리를 하곤 했다. 교통체증 문제와 지하철 4호선 공사가 겹치면서 1994년 서울시는 입체교차로를 철거하기에 이르렀고 삼각지는 지금의 모습이 되었다. '삼각지 로터리'로 유명했건만 로터리가 없어지면서부터 지금은 어느 누구도 '삼각지' 뒤에 '로터리'라는 말을 붙이지 않는다.

'삼각지 로터리' 하면 가수 배호 이야기를 빼놓을 수 없다. 한국의 '엘비스 프레슬리'라고도 하는 그는 1971년 29세의 나이로 요절했다. 그가 대중 스타로 우뚝 올라선 것은 1967년 〈돌아가는 삼각지〉 노래를 발표하면서였다. 이 노래는 5개월 연속 '방송 인기가요 1위'라는 당시로서는 대기록을 세웠고 그 이후 발표된 40여 곡도 연속 히트를 치게 된다.

배호의 〈돌아가는 삼각지〉는 용산 삼각지 입체교차로와는 전혀 관련이 없다. 이 노래 가사에서 삼각지는 연인을 만나지 못하고 되돌아간다는 일반적인 의미의 삼각지를 뜻한다. 이 노래가 1966년 작사되었고 이듬해 삼각지 입체교차로가 착공 및 준공되었다는 사실이 이를 뒷받침하고 있다. 그러나 서로 비슷한 시기에 이 노래도 유명해지고 용산 삼각지 로터리도 서울의 명물이 되면서 배호의 노래와 입체교차로를 함께 연결 지어 생각하게 되는 사람들이 많아졌다.

입체교차로는 철거되었지만 배호와 그의 노래를 그리워하는 사람들을 기억하여 용산구청은 2000년 삼각지 이면도로를 배호길^(배호路)로 지정하고 2001년도엔 삼각지 사거리에 배호의 '돌아가는 삼각지 노래비'를 세우게 된다. 지하철 4·6호선 삼각지역 14번 출구에서 멀지 않은 곳이다.

이것이 우리나라 대중가수 노래비로서는 처음이고 대중가수 이름이 길 이름이 된 것도 최초라고 한다. 그 후 배호의 노래비는 세 군데 더 건립되었다. 2002년 경기도 양주군 장흥면 신세기 공원에 있는 배호 묘지에 '두메산골 노래비'가, 2003년 경주시 현곡면에 '마지막 잎새 노래비'가, 그리고 2003년 강릉시 주문진에 '파도 노래비'가 건립되었다.

배호가 세상을 떠난 지 그리고 입체교차로가 철거된 지 40여 년이 지난 지금 용산 삼각지에서 배호의 노래비를 아는 사람은 많지 않다. 모든 세상사가 그러하듯이 이 노래비 역시 관심 가지고 보는 이에게만 보인다. 노래비는 크기도 자그마하고 위치도 그리 뽐내는 곳에 있지 않아서 아무리 지나다녀도 관심 없는 사람에게는 안 보이고 관심 주는 사람에게만 보인다. 이 노래비에는 다음과 같이 새겨져 있다.

〈노래비 앞면〉
제목: 돌아가는 삼각지
이인천, 배상태 작사, 배상태 작곡, 배호 노래

삼각지 로터리에 궂은비는 오는데
잃어버린 그 사람을 그리워하며
비에 젖어 한숨 쉬는 외로운 사나이가

서글퍼 찾아와 울고 가는 삼각지

삼각지 로터리를 헤매 도는 이 발길
떠나버린 그 사람을 그리워하며
눈물 젖어 불러보는 외로운 사나이가
남몰래 찾아왔다 돌아가는 삼각지

〈노래비 뒷면〉
1967년 12월 개통된 삼각지 고가차도
우리나라 최초의 입체교차로로 서울시 교통발전을 상징해 왔습니다.
1994년 7월 8일을 기해 고가차도가 철거되고
이제 지하철이라는 편리한 교통수단이 들어섰지만
그 당시 유행했던 노래 〈돌아가는 삼각지〉는
아직도 우리의 기억 속에 남아 즐겨 불리고 있습니다.
후일 무심코 지나치다 떠오르는 그때 그 시절을
소중히 간직하고자 문화와 예술을 사랑하는
용산구민의 뜻을 담아 이 자리에 노래비를 세웁니다.

건립연월일 : 2000년 11월 7일
건립주체 : 서울특별시 용산구청

지방세 한 푼 내지 않는다고 하여 국방부가 용산을 떠나 주면 좋겠다고 생각한 용산구청장과의 오래전 대화 내용이 아직도 기억에서 지워지지 않고 있고 생각할 때마다 불쾌감마저 생겨난다. 그 일로 용산구청을 생각하면 정나미가 떨어지곤 했는데 '돌아가는 삼각지 노래비'를 세운 용산구청의 마음 씀씀이를 생각하면 마음이 달라지곤 한다.

국방부와
용산의 역사

용산에 위치한 국방부 영내에는 국방부만 있는 것이 아니다. 합동참모본부, 국방부 근무지원단, 고등군사법원, 국방부 조사본부, 국방전산원, 주한미군기지이전사업단(일부), 국방시설본부, 국방부 어린이집, 국방컨벤션 등 여러 부대와 기관이 함께 위치하고 있다. 국방타운이라고 해도 좋을 듯싶다. 이곳의 여러 건물들은 6.25전쟁이 끝나고부터 시차를 두고 하나씩 건립되었다. 간헐적으로 짓다보니 체계적인 마스터플랜 없이 빈 땅에 건물이 계속 들어서게 된 모습이다. 하기사 60년 전에 국방부 영내가 이렇게 될지 예측이나 하였겠는가?

건물이 다양하다보니 공사비의 출처도 다양하다. 국방부 신청사와 합참 청사는 국방예산(방위력개선비)으로, 근무지원단 병영시설은 민간투자사업(BTL)으로, 국방컨벤션 빌딩(옛 국방회관)과 시설본부 건물은 기부대 양여 방식으로 각각 건립되었다.

국방부 영내에 어린이집을 지을 때도 관계자들이 고심을 많이 했다. 보안이 요구되는 군사시설보호구역 안에 어린이집을 건설하는 것이 타당한가에서부터 평시 학부모와 어린이들의 출입 문제, 유사시 어린이집의 안전에 이르기까지 많은 토의가 있었다. 약 10년 전 어린이 정원 100명 규모로 지었다가 다시 증축하여 지금은 정원 200명 규모의 큰 어린이집이 되었다. 운영을 너무 잘한다고 전국적으로 소문이 나서 주요 정부기관의 보육관계자들뿐만 아니라 어린이집을 만들고자 하는 전국 각급 부대의 관계자들도 견학을 오곤 한다.

국방부가 용산에 위치하게 된 사연은 100여 년 전으로 거슬러 올라간다. 1884년 청·일 전쟁 때 일본군 숙영지였다가 1904년 러·일 전쟁을 계기로 일본군이 본격적으로 이곳에 주둔하기 시작하였다. 일제 강점기 때 용산에는 총독관저, 일본군 20사단, 조선주둔군 사령부, 공병대, 위수감옥 등이 있었다.

1910년 경술국치(庚戌國恥, 일명 한일합병) 이후 1913년 일제가 토지조사 사업을 하면서 이 일대를 국유지로 지정하였다. 1945년 해방이 되면서 미군이 용산에 잠시 주둔하였다가 미군정이 끝나면서 미군은 군사고문단 500명만 남겨두고 1949년 한국에서 철수하게 된다. 1950년 6.25전쟁이 발발하자 다시 한반도에 전개된 미군은 서울 시내에 넓은 땅이 필요하였고, 마침 국유지이면서 일본군 병영시설이 남아 있었던 이곳에 주둔하게 되었다. 1953년 전쟁이 끝나면서 본격적으로 미군기지가 되었다. 1957년 일본 도쿄에 있던 유엔군사령부가 이곳으로 이전하면서 이곳은 지금 주한미군사령부, 한미 연합군사령부, 유엔군사령부가 함께 위치하고 있다.

100년 전 일본은 한반도에 영구 주둔할 생각이었으므로 용산 병영 시설도 잘 지은 건물들이 많다. 용산 미군기지 안에는 일제가 만든 군사 시설로서 아직도 남아 있는 것이 있다. 국방부 영내에는 최근까지 구 일본군 헌병대 건물이 있었다. 문화유산으로 남겨두어야 한다는 의견도 없지 않았지만 지금의 국방부 근무지원단 공사를 하면서 2009년 철거되었다. 주한미군도 이곳에 주둔하면서 일제가 지은 건물을 그대로 사용하기도 했고, 몇몇 건물들을 제대로 잘 지었다. 한미연합사령부 건물과 드래곤힐 호텔 등이 그것이다. 미군이 용산 기지 안에 건물을 지을 때도 영구히 주둔할 것으로 생각했을 것이다.

용산 미군기지는 당연히 삼각지 주변 상권에도 영향을 크게 미쳤다. 그중에서 삼각지 일대 화랑을 빼놓을 수 없다. 지금 이곳에는 크고 작은 화랑 30여 개가 있고, 한때 '서울의 몽마르트'라는 별명도 가지고 있었다. 이곳에 화랑이 모이게 된 것은 역시 6.25전쟁 때로 거슬러 올라간다. 전쟁 때문에 용산에 미군들이 많이 근무하게 되면서 그들에게 초상화나 풍경화를 그려주던 화가들이 삼각지 일대에 자리하게 된다. 1970년 발표된 고 박완서 선생님의 데뷔작 『나목』에 보면 미군 상대로 먹고 살아가는 무명화가들의 애잔한 모습과 당시의 황폐한 사회상이 잘 묘사되어 있다.

삼각지 화랑들은 영세하고 허름하기도 하지만 그들이 다루는 작품은 모두 개성이 있다. 소매보다는 주로 도매상이기 때문에 전국으로 작품을 보내기도 한다. 인사동이나 청담동처럼 고급 화랑은 아니지만 대중적이고 상업적인 작품을 주로 취급하고 있다. 작다고 무시할 수 없는 화랑들이다. 화랑마다 무명화가들이 그림을 대주며 생계와 예술을 이어가고 있다. 이곳에서 활동하고 있는 100여 명의 화가들은 대부분 무명이지만 끝없이 기성 화단으로의 진출을 꿈꾸고 있다. 실력도 실력이지만 개인전 등을 자주 열어서 작품을 알려야 하는데 돈 없고 배경 없는 무명화가로서는 쉽지 않다고 한다.

말이 나온 김에 6.25전쟁 발발 직후 미군이 용산 지역을 폭격한 것에 대해 이야기하지 않을 수 없다. 1950년 6월 25일 새벽 4시 북한은 기습 남침을 감행했다. 이승만 대통령 내외가 비서관 한 명과 함께 특별열차로 서울역을 떠난 것은 6월 27일 새벽 3시였다. 대한민국 정부가 수원을 거쳐 대전으로 옮겨간 것은 같은 날 오후였다. 한강 인도교와 3개의 철도교량이 파괴된 것은 6월 28일 오전 2시 15분. 다음날 새벽 북한 인민군 탱크가 서울시내로 들어왔다.

이렇게 서울을 점령한 북한 인민군은 7월 3일 아침, 파괴된 한강 교량의 복구를 완료하였다. 7월 초부터 미국의 대형 폭격기가 용산 일대를 폭격하기 시작했다. 폭격의 목적은 세 가지였다. 첫째, 용산의 철도시설 조차장과 공작창을 파괴하여 북한 인민군이 철도를 사용하지 못하게 하는 것이었다. 둘째, 용산구 용문동에 있었던 조선서적 인쇄주식회사 공장을 파괴하기 위한 목적이었다. 오늘날 조폐공사와 같은 역할을 했던 이 공장은 북한군이 경제를 혼란시킬 목적으로 남한 지폐를 발권하는 데 이용하였기 때문에 그냥 둘 수 없었다. 셋째, 효창공원 언덕(지금의 숙명여대 인근)에 설치되어 있던 북한 인민군의 곡사포 진지를 파괴하기 위해서였다.

다음은『서울 도시 계획 이야기』(손정목 지음. 한울 펴냄. 2003)의 49~50쪽 내용이다.

마포 용산 일대에는 조선서적 인쇄공장을 닮은 대규모 공장이 너무나 많았다. 따라서 마포에 있던 서울형무소 건물과 형무소 벽돌 공장, 청파동 3가에 있는 선린상업학교, 효창동에 있던 철도 관사 등의 건물을 향해 (미군의) 대형폭탄이 마구 퍼부어졌다. 건물을 바로 맞힌 폭탄보다는 이웃한 개인집에 떨어진 폭탄이 더 많았다.

국방부 정훈국 전사편찬위원회가 1951년 10월에 발행한『한국동란 1년지』일지편, 그리고 국방부 전사편찬위원회가 1979년에 발행한『한국전쟁사』2권에 실린 연표에도 1950년 7월 16일란에 "B-29 편대 50기 이상 서울 조차장 폭격"이라고 짤막하게 기술되어 있다. (…)

이 폭격은 당시 용산에 거주했던 모든 주민은 물론이고 서울시내 거주자 모두에게 잊을 수 없는 것이었다. 폭격 개시 시각은 오후 2시경, 폭격 시간은 아마 40분에서 1시간 이상이었을 것이다. 그리고 피해지역은 이촌동에서 후암동까지, 서쪽으로는 원효로를 지나 마포구 도화동, 공덕동까지 이르렀다.

일제 시대 대표적 건물의 하나였던 용산 역사 건물, 용산에 있었던 철도국, 용산·마포의 두 구청도 모두 이때의 폭격으로 소실되었다. 아마 이 폭격 당시 용산·마포에 거주했던 사람은 모두가 죽음을 각오했을 것이다. 수많은 건물이 파괴되었고 많은 사망자를 낸 대폭격이었다.

이 7월 16일의 (미군)폭격으로 용산역 구내의 철도시설 중 많은 부분이 철저히 파괴되었다. 그러나 이 폭격이 있고 난 후에도 그 수가 훨씬 줄기는 했지만 (북한)군수물자를 실은 화물열차는 여전히 용산역을 출발하여 한강철교를 건넜다.

국방부 정훈국이 1953년 발행한 『한국동란 1년지』 제 4부 통계편에서는 한국전쟁 당시 미군폭격 때문에 사망한 서울 시민은 4,250명, 부상자는 2,413명이었다고 집계하고 있다. 그리고 구별 내역을 보면 용산구의 사망자가 1,587명으로 37.3%, 부상자가 842명으로 34.9%를 차지하고 있다. 용산구의 사망자 1,587명, 부상자 842명의 거의 전원은 바로 7월 16일 오후에 있었던 대폭격의 결과였던 것이다.

지금 용산에는 엄청난 개발계획이 진행되고 있다. 머지않아 미군기지가 평택으로 이사 가고 나면 이곳은 국가공원으로 바뀔 것이다. 용산 기지 주변에 있는 수송대 부지 등(이른바 산재부지)은 고밀도로 개발되어 오피스 빌딩이 들어설 것이다. 숙대입구역 근처 캠프 코이너에는 미국 대사관 건물이 크게 들어서고 광화문에 있는 대사관이 이곳으로 이전할 예정이다. 용산이 천지개벽하고 있지만 국방부는 이곳에 계속 위치할 것이다. 통일 이후까지….

용산은 한국 근현대사의 축소판이다. 다음은 『지나치게 산문적인 거리』(이광호, 난다 펴냄, 2014)에 소개된 용산 답사 코스다.

○ 1코스: 용산의 서쪽

삼각지 사거리→삼각지 고가→오리온 제과→효창공원→남영역
→청파동→용산전자상가→용산역→서부 이촌동→한강철교

○ 2코스: 용산의 동쪽

삼각지 화랑거리→전쟁기념관→녹사평역→미군부대 담장→해방
촌→경리단길→해밀톤 호텔→후커 힐→이슬람 사원→앤티크 가
구거리→남산

○ 3코스: 용산의 남쪽

꼼데가르송 거리→한남동 언덕→동부 이촌동→한강변 다리→용
산 가족공원→국립중앙박물관→신용산역

흥부 집 살림살이 같은
국방예산

현실 세계에서는 전략이 예산을 조정하는 것이 아니라 예산이 전략을 조정한다.

−리처드 체니 전 미국 국방장관−

흥부 집 살림살이와
한국군

전래소설 '흥부전'에서 흥부의 자식은 몇 명이었을까? 판본에 따라 다르겠지만 25명이라는 것이 정설이다. 놀부는 동생 흥부를 이렇게 구박하였다.

"너는 먹을 것도 없는 주제에 자식새끼만 많이 낳았다."

가계 살림살이 측면에서 보면 놀부의 주장도 일리가 있다. 변변한 벌이도 없었던 흥부는 식구만 많아서 가족 모두가 가난하게 살았다. 이를 해결하기 위해서는 흥부가 제대로 된 직업을 가져야 했는데 이는 기대하기 어려운 일이었다. 흥부의 다음번 선택은 자식들의 숫자를 줄이는 것이다. 기왕에 태어난 자식을 어떻게 할 수는 없다고 하더라도 빨리 시집·장가보내는 것이 남은 식구들이라도 제대로 밥 굶지 않고 살 수 있는 방법이다.

대한민국 군대는 가난한 흥부 집과 비슷한 처지는 아닌지 생각해
보곤 한다. 우리 군이 흥부 집만큼 찢어지게 가난하지는 않지만, 가장
의 수입(국방예산)이 제한된 상태에서 식구(병력)가 많아 평균적인 삶의 질
이 떨어져 있다는 것은 공통점이다.

대한민국 국군 62만 명에게 봉급 주고(인건비), 먹이고(급식비), 입히는
데(피복비) 들어가는 예산항목을 '병력운영비'라고 한다. 2017년 병력운
영비는 17조 1,464억 원으로서 전체 국방예산의 42.5퍼센트에 달한다.
그중 인건비(급여+법정부담금)는 14조 9,804억 원으로서 병력운영비의 87
퍼센트를 차지하고 있다. 급식비는 1조 6,320억 원, 피복비는 5,340억
원으로 상대적으로 비중이 낮다. 문제는 인건비가 국방예산의 37퍼센
트를 차지한다는 점이다. 참고로 국방비에서 차지하는 인건비 비율을
보면 미국의 경우 약 26퍼센트, 일본 42퍼센트, 영국 25퍼센트 수준이
다. 이 비율만 놓고 보면 우리나라는 징병제보다는 모병제에 가까운
인건비 구조를 가지고 있다.

2012년부터 2017년까지 국방예산은 22퍼센트 증가하였는데, 인건
비는 27퍼센트 증가하였다. 국방비가 늘어나는 것보다 인건비가 더 많
이 증가하고 있다. 인건비의 절대 규모뿐만 아니라 국방비에서 차지하
는 비율도 늘어나고 있다. 인건비는 대표적인 경직성 경비다. 인건비
가 늘어나는 것은 국방예산의 경직성을 높이고 미래를 위한 투자(전력증
강)를 제대로 할 수 없다는 것을 의미한다.

2017년도 국방예산은 전년대비 1조 5,352억 원, 4.0퍼센트 증가하

제3장: 흥부 집 살림살이 같은 국방예산

였다(일반회계 기준). 인건비의 전년대비 증가액은 7,089억 원으로서 국방

예산 증가분의 46퍼센트가 인건비 상승에 들어갔다. 전형적인 인력집

약형 군대의 모습이다.

2017년도 국방예산 구성 내역

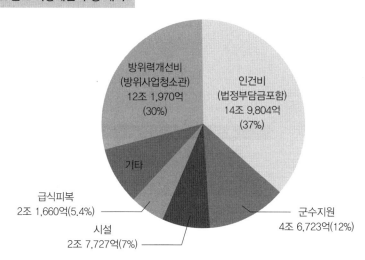

2017년도 국방예산 중 인건비 현황

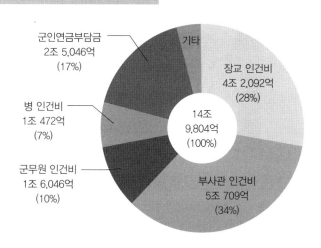

매년 10조 원이 넘는 인건비가 어디로 지출되는지 세부 항목을 살펴보면 다음과 같다.

- 장교 인건비: 4조 2,092억 원(인건비의 28%)
- 부사관 인건비: 5조 709억 원(34%)
- 병 인건비: 1조 472억 원(9%)
- 군무원 인건비: 1조 6,046억 원(11%)
- 군인연금 부담금: 2조 5,046억 원(17%)

그림: 페이스북에 올라와 있는 병사들의 값싼 인건비를 풍자한 그림이다

이 간단한 예산통계가 주는 의미를 살펴보면 첫째, 부사관 인건비가 5조 709억 원으로서 가장 많다. 국방비에서 차지하는 인건비 비중을 줄이려고 한다면 부사관을 감축하지 않고서는 불가능하다. 지난 5년간 인건비 증가의 주된 원인은 부사관 증원이었다. 부사관 증원을 계속한다면 인건비 부담은 계속 늘어날 것이 분명하다.

둘째, 병 인건비는 전체 인건비의 9%에 불과하다. 매년 병 봉급을 크게 인상해 왔지만 의무복무 병사에게 지급되는 급여는 상대적으로 많지 않다. 의무복무 병사를 지금보다 절반으로 감축하더라도 절감되는 인건비는 5천억 원 수준으로서 국방예산의 1.2퍼센트에 불과하다. 병 감축은 국방예산 절감에 별로 도움이 되지 않는다. 병 감축으로 부족한 병력을 부사관 증원으로 대신하겠다는 것은 인건비 부담을 가중시키는 결과를 가져온다. 간부 증원으로 숙련도는 높일 수는 있겠지만 예산 측면에서는 바람직하지 않다.

셋째, 군무원의 인건비도 1조 6,046억 원으로서 상당한 규모이다. 이를 줄일 수 있는 방법을 찾아보아야 한다. 그동안 군무원이 일반직 공무원에 비해 직급이 높고 하는 일에 비해 상대적으로 높은 급여를 받아간다는 지적이 있었다. 일도 많지 않고 업무 강도도 높지 않아 편안히 근무하면서 봉급 받는 군무원도 적지 않다. 군무원 전체가 그렇다는 것은 아니지만 구조조정의 필요성은 있다.

이렇게 국방비 대비 인건비 비율이 37퍼센트에 달하는 원인은 인건비(분자)가 국방비(분모) 증가율보다 높았거나, 국방비가 충분히 늘어나지 않았기 때문이다.

우리 국방예산의 배분방식은 보면 먼저 방위사업청 소관 방위력개선비(무기 및 장비 구입비)가 국방예산의 30퍼센트를 차지한다. 30퍼센트 배분이라는 것은 거의 불문율처럼 되어 있다. 나머지 70퍼센트는 국방부 소관 전력운영비다. 이 중 병력운영비(인건비, 급식 피복비)가 60퍼센트이며, 나머지 40퍼센트의 돈을 가지고 군수지원, 장병 보건·복지 향상, 군 시설 건설, 교육훈련 등의 사업에 배분하고 있다. 이러다 보니 군수지원, 군 의료, 병영시설, 예비군 지원 등에 충분한 예산이 돌아가지 않고 있다. 우리 군의 생활수준이 예전보다 나아지기는 했지만 사회 평균수준을 밑도는 현상(특히 군 보건, 복지, 의료 등)에서 좀체 벗어나지 못하고 있다. 군수에 아직도 열악한 분야가 많이 있고 예비군이 구식 소총으로 무장하고 있는 후진성도 엄연히 존재하고 있다.

아들을 군에 보낸 중년 남성들이 종종 이런 말을 한다. "군대가 내가 군 생활 하던 때와 별반 달라진 것이 없다." 이런 이야기가 나오는 이유는 경직성 경비인 인건비에 많은 예산이 배정되다 보니 군 전반적인 수준이 사회의 그것과는 격차가 점점 벌어지고 있기 때문이다. 봉급 주고(급여), 먹고 입는 데(급식, 피복) 국방부 소관 예산의 70퍼센트가 지출되다 보니 나머지가 열악한 수준에서 쉽게 벗어나지 못하고 있다. 전형적인 흥부 집안의 살림살이라고 하겠다.

오래 전부터 우리 군도 국방개혁을 추진하면서 '작지만 강한 군대', '병력집약형에서 자원집약형 군대로의 전환', '정예강군 육성' 등을 정책 목표로 내걸어 왔다. 이는 지금과 같은 병력 구조에서 탈피해야 한다는 정책 방향을 웅변하고 있다. 하지만 정책의 수립과 실천은 전혀 다른 차원의 문제다. 현재 국방부는 간부 비율을 증가시켜 병력구조를

제3장: 흥부 집 살림살이 같은 국방예산

정예화하고자 한다. 이를 위해 육·해·공군의 간부 비율을 2025년까지 40퍼센트 이상 유지하는 것을 목표로 하고 있다. 이를 추진하는 과정에서 국방예산이 충분히 뒷받침되지 않는다면 인건비의 부담을 가중시키면서 군수, 복지, 시설, 교육훈련 등 다른 분야를 더욱 열악하게 하는 결과가 우려된다. 군 정예화를 해놓고 결국은 모두가 가난하게 사는 흥부 집 같은 상황이 벌어질 수도 있다는 것이다.

그렇다면 앞으로의 정책적 대안은 무엇일까? 첫째, 인건비 증가를 억제하기 위한 중장기 계획(예 국방인건비 10개년 계획)이라도 만들어야 한다. 사람을 줄이는 문제는 하루아침에 이루어질 수 없다. 현재의 장교, 부사관, 군무원 정원을 감축하더라도 지금 있는 사람을 내보낼 수는 없다. 현직자가 전역 또는 퇴직하면 그 정원을 삭감하는 방식으로 현직자에게 피해가 되지 않으면서 감축하는 노력을 해야 한다. 그러기 위해서는 최소한 10개년 계획이라도 만들어 장기적으로 착실히 실천해야 한다.

둘째, 부사관 증원은 근본적으로 검토해 볼 필요가 있다. 현재 육군 위주로 진행되고 있는 부사관 증원 계획이 육군의 전투력 증강에 얼마나 기여할지 생각해 보아야 한다. 북한이 핵·미사일 개발에 집중하고 있는 이때 부사관 증원이 전략적으로 얼마나 도움이 되는지도 평가해 보아야 한다. 북핵 위협이 가시화되고 있는 이때 간부 비율을 40퍼센트까지 올리겠다는 수치가 얼마나 합리적 근거가 있는지, 그리고 이 수치에 우리가 올인 해도 되는지 의문이다. 만약 부사관 증원이 필요하다면 비전투 분야의 부사관을 전투 부대로 전환 배치하는 방법은 없는지 찾아보아야 한다. 지금 당장 전환 배치하지 못하더라도 중장기적으로 부사관 재배치 계획이라도 수립해야 한다.

셋째, 인건비 감축은 군 구조 개혁의 문제다. 기업에서 인건비 감축 노력은 '구조조정(Restructuring)'을 의미한다. 모든 구조조정에는 고통과 갈등이 수반된다. 갈등이 없는 구조조정은 '화끈한 개혁'이 아니라 '적당한 개선'에 불과하다. 구조조정이 성공하기 위해서는 분명한 목표와 계획을 가지고 일관되게 실천해야 한다. 국방부는 몇 년 전 전화 교환 군무원 300여 명을 감축하기로 결정하였다. 전자식 교환기 시대에 전화교환수는 필요 없다는 판단이었다. 어렵사리 각 군의 협조를 얻었지만 군무원 감축은 쉽지 않았다. 지금 있는 군무원의 신분을 보장해 주면서 잡음이 나지 않도록 추진하다 보니 인원 감축 계획의 실천은 지지부진하기만 하다.

흥부는 박씨를 물어다준 제비 덕분에 부자가 될 수 있었다. 국방비가 획기적으로 늘어난다면 병력 감축을 고민하지 않고 문제를 해결할 수 있다. 하지만 우리에게는 국방예산을 획기적으로 늘려 줄 제비를 기대할 수 없다. 포퓰리즘이 만연한 우리나라 정치 상황에서 대다수 정치인들과 국민들은 국방예산보다는 보건, 복지, 교육, 그리고 SOC(사회간접자본) 등 지역구 사업 예산에 관심이 있을 뿐이다. 결론은 우리 국방부와 군이 스스로 답을 찾아야 한다.

적정국방비는
적정한 개념인가?

6.25전쟁 때 우리나라 국방예산은 얼마였을까? 관련 통계를 찾아보았다.

- 1950년: 1억 4,904만 원
- 1951년: 9,293만 원(전년대비 30% 감소)
- 1952년: 9억 8,279만 원(GDP대비 11.8%, 전년대비 10.6배 증가)
- 1953년: 37억 3,860만 원(GDP대비 12.1%, 전년대비 3.8배 증가)

지금으로부터 60여 년 전 통계이므로 국가 경제규모, 물가, 정부 재정 등을 고려할 때 지금과 비교하는 것은 한계가 있다. 6.25전쟁이 한창일 때 우리 국방비는 GDP대비 12퍼센트 수준이었음을 알 수 있다. 6.25전쟁 때 참전한 미군(약 30만 명)과 유엔군의 전비는 자국부담으로서 우리나라 예산으로 지원하지 않았다. 참고로 미국은 6.25전쟁 3년 동안 모두 670억 달러, 지금가치로 환산하면 7,000억 달러(767조 원)를 지출했다는 통계가 있다.

그래서는 안 되겠지만, 지금 6.25와 같은 전쟁이 다시 일어나서 그때와 비슷한 GDP대비 12 퍼센트를 국방비로 쓴다고 가정해 보자. 2017년도 우리나라 GDP의 12퍼센트는 202조 원이다. 이는 2017년도 국방예산(40.3조 원. GDP대비 2.4퍼센트)의 약 5배이며, 정부재정(275조 원. 일반회계 기준)의 74퍼센트 수준이다.

6.25전쟁 마지막 해인 1953년 우리나라 국민 1인당 GDP는 2천 원이었다. 이렇게 못살 때 GDP의 12퍼센트를 전비로 사용했으니 나라 살림살이가 얼마나 어려웠을까. 한반도에서 전면전이 다시 벌어진다면 6.25전쟁과 같이 3년씩 지루하게 진행되지는 않을 것이다.

그렇다면 평시 우리의 국방예산은 얼마가 적정할까? 전시 예산 못지않게 계산이 쉽지 않다. 한때 GDP대비 3퍼센트 내지 3.5퍼센트가 되어야 한다는 주장이 있었다. 2012년 10월 세종연구소 주최 '국가 대전략 – 차기 5년 시대정신과 리더십 선택' 제하의 세미나에서 김열수 교수는 다음과 같이 주장하였다.

전시작전통제권 전환을 계획대로 추진할 것이라면 국방비를 대폭 증액해 GDP대비 3.5% 이상을 유지해야 하며 그게 아니라 현재의 국방비 수준을 유지할 것이라면 전작권 전환 백지화를 고려해야 한다.

이 주장의 타당성 여부는 논외로 하고 GDP대비 3.5 퍼센트는 얼마나 될까? 2017년 GDP 추정치 1,689조 원을 기준으로 계산하면 59조 1,150억 원으로서 2017년도 국방예산보다 147퍼센트 증가한 규모다. 물론 국방예산을 대폭 증액한다면 몇 년을 두고 점진적으로 이루어질 것이다. 하지만 우리 경제와 재정 상황, 그리고 국민적 공감대를 고려할 때 국방예산이 이 정도 수준으로 증액되기란 불가능하다.

"국방부는 왜 국방예산 증가율에 목숨 걸고 있나요?"

기획재정부나 국회 예산 관계자들이 종종 하는 말이다. 국방부뿐만 아니라 각종 보수단체나 예비역들도 국방예산의 규모나 증가율에 관심을 가지고 있다. 대통령 임기 중에 국방예산의 증가율이 높으면 안보를 중시하였다고 하고, 그 반대면 경시하였다고 평가한다. 국방부로서는 국방예산이 적어도 정부 예산 증가율보다는 조금이라도 높아야 체면이 선다. 보건, 복지, 고용, 사회간접자본(SOC), 농림수산 등 여러 정부 기능 중에서 국방만큼 예산규모에 민감한 경우는 없다.

각 군도 자군의 예산 규모에 지대한 관심을 가지고 있다. 예산은 기능별·사업별로 편성하지 군별로 편성하지 않는다. 방위사업청 소관 병위력개선사업도 기동전력사업, 항공기사업, 함정사업, 감시정찰사업 등으로 구분하지 군별로 편성하지 않는다. 하지만 각 군은 자군 예산항목을 집계하여 국방부와 국회 심의과정에서 예산 규모를 특히 타군 예산보다 상대적으로 대폭 삭감이 되지 않기 위해 노력한다. 이런 분위기 때문에 군별 예산 규모와 배분율을 크게 변화시키기란 쉽지 않다.

"기재부와 국회 예산심의 과정에서 자군 예산을 좀 더 확보하기 위해 타군 예산을 깎아내리는 비방행위는 하지 맙시다. 이는 국방예산 전체적으로 자살골이나 다름없는 행위입니다."

예산시즌 때마다 국방부에서 각 군에게 당부하는 말이다. 사실, 자군 예산을 한 푼이라도 더 확보하기 위해 타군 사업의 문제점을 은밀히 이야기하고 다니는 경우도 없지 않았기 때문이다.

국방부는 전통적으로 '적정 국방비' 개념을 사용해 왔다. 결론부터 말하자면 '적정 국방비'란 성립하기 어려운 개념이다. 먼저 '적정'이라는 단어가 모호한 개념이다. 예산에 있어서 많은 사람들이 객관적으로 공감할 수 있는, 합리적이고 타당한 '적정수준'이란 존재할 수 없다. 만약 있다면 예산 심의과정에서 협의와 조정을 거쳐 나타나는 것이라고 하겠다. 이것이 예산 의회주의의 기본 원칙이다. 우리 헌법의 틀에서 볼 때 국회 예산 심의를 통과한 국방예산을 두고서 적정하지 않다고 한다면 또 다른 모순에 직면할 수 있다. 사회과학에서 형용사는 가급적 계량화, 조작화하려고 노력한다. 하지만 '적정'이란 단어는 이러한 노력이 매우 힘들다.
　　둘째, 적정 예산이라는 것은 '누구의 시각'에서 보느냐에 따라 다를 수 있다. 국방부와 재정당국이 보는 적정 국방비 규모에는 차이가 있을 수밖에 없다. 국방부는 수요자의 입장이므로 은연중에 '많으면 많을수록 좋다.', '다른 정부 기능보다 국방이 더 중요하다.'라고 생각한다. 하지만 재정당국은 '예산은 꼭 필요한 데 꼭 필요한 만큼 배정한다.', '국방도 중요하지만 보건, 복지, 교육, 농림수산, R&D 등 다른 정부기능도 중요하다.'라는 입장이다. 돈 주는 사람과 돈 쓰는 사람의 준거기준이 다르기 때문에 합의점을 찾기란 쉽지 않다.

셋째, 국방부도 '적정 국방비'가 얼마인지 모른다. 북한의 재래식 군사력 대비, 북핵·미사일 대비, 통일 이후 잠재적^(주변국) 위협대비 등 돈 들어갈 곳은 얼마든지 많다. 결국은 투자 우선순위에 관한 문제이자 정책적 선택의 문제다. 한때 북한 위협보다는 통일 이후를 대비한 군사력 증강에 노력해야 한다는 분위기가 지배적이었을 때가 있었다. 1991년 독일이 통일되고 유럽에서 냉전이 종식되었던 때였다. 북한의 군사위협과 미래 주변국 위협을 평가하는 데도 사람들마다 생각이 다를 수 있다. 위협 평가도 쉽지 않지만 위협에 대응하기 위한 수단도 다양해서 이를 돈으로 환산하는 것은 더욱 어렵다.

넷째, 국방부는 기획-계획-예산으로 연결되는 국방기획관리 체제 하에서 국방 중기계획 수준을 소요 중심의 적정 국방비라고 판단하는 경향이 있다. 하지만 여기에도 문제가 있다. 추상적인 국방목표와 군사전략을 돈으로 환산하는 과정이 쉽지 않다. 다음은『국방기획체계의 발전방향』_(전제국, 국방정책연구, 2016년 여름, 89~12쪽) 내용 중 일부다_(번호는 필자가 부여한 것임).

(1) _(국방기획문서에서) 군사력 건설 방향은 일반적·추상적 개념 위주로 구상되고 군사력 건설의 중점 역시 포괄적 수준의 방향 제시만 있을 뿐 소요 전력의 판단·제기·결정 과정에서 기준으로 삼을 만한 원칙과 지침이 없고 전장 기능별/전력 분야별

상대적 우선순위도 없다.^(102쪽)

(2) 전략과 전력 사이에는 기본개념으로부터 인식과 구조 등의 차이로 인해 전략개념이 전력구조로 바뀌는 데 어려움이 있다. 전략개념이 너무 추상적인 것도 문제이다.^(103쪽)

(3) 전략부서가 소요기획의 최종산물인 JSOP^(합동전략목표기획서)에 전략개념이 얼마나 정확하게 반영되었는지 관심도 없고 확인·점검할 기능·권한·능력도 없는 것으로 보인다^(106쪽)

(4) 군사력 유지와 관련된 전력운영분야는 국방기본정책에 추상적 개념과 포괄적 정책기조밖에 없고 또한 소요기획의 대상에 포함되지 않기 때문에 (…) 운영유지 분야의 중기계획들이 국방정책 방향과 지침·기조에 얼마나 맞게 수립되는지 판단할 수 없다.^(106쪽)

국방부가 '적정 국방비' 개념을 사용하는 목적은 지금보다 좀 더 많은 예산을 확보하려는 데 있다. 즉, 현재의 국방예산은 적정국방비 보다 낮은 수준으로서 국방예산을 지금보다 더 많이 증액해야 한다는 논리로 사용하고자 한다.

지금까지 많은 학자들이나 국책연구기관에서 적정 국방비에 대해 연구를 하였지만 신뢰할 만한 객관적 수치를 찾지 못하는 것은 연구의 결함 때문이라기보다는 개념 자체가 답을 찾기 어렵기 때문이다. 적정국방비란 우리 군에 꼭 필요로 하고, 국가경제나 정부재정이 뒷받침할 수 있으며, 국민들이 공감할 수 있는 수준이라고 개념적으로 정의할 수는 있겠지만 이를 숫자로 제시하면 또 다른 어려움이 도사리고 있다.

그렇다면 국회를 통과한 국방비는 '적정하게 집행되고 있는가?'도 생각해 볼 필요가 있다. 기획재정부와 국회에서는 국방부가 '배정된 예산도 제대로 쓰지 못한다'고 지적하고 있다. 예산이 부족하다고 아우성치면서도 책정된 예산도 제대로 쓰지 못한다는 말이다. 지금까지 국방비 결산 내역을 보면 이월액과 불용액이 많았다. 이는 어제 오늘의 문제가 아니어서 최근에는 아예 지적하지도 않는 분위기다.

2015년 국방비(방위사업청 소관 예산 포함) 결산 내역을 보면 집행률은 95퍼센트로서 이월액 9,857억 원(국방예산의 2.6%), 불용액 9,496억 원(2.5%)이었다. 회계연도 독립의 원칙에 비추어 볼 때 이월액과 불용액은 작을수록 좋다. 하지만 국방부 입장에서는 불용액이 더 안타까운 돈이다. 이월액은 다음 회계연도로 넘겨 계속 쓸 수 있지만 불용액은 집행하고 남은 돈으로서 회계연도가 바뀌면 국고로 들어간다. 국방비의 2.5퍼센트 수준이 불용액이 된다는 것은 심각한 문제다.

이 정도 불용액 비율은 다른 정부부처 예산에서도 비슷한 규모로 나타난다고 말하기도 한다. 사실이다. 하지만 다른 부처와 달리 국방부는 예산 규모에 민감하며 확정예산이 적정 국방비보다 적다고 항상 이야기하기 때문에 같은 잣대로 비교하기 곤란하다.

국방예산의 1퍼센트는 대략 4,000억 원이다(2017 기준). 예산이 전년 대비 4퍼센트 증가한다면 순증액은 1조 6,000억 원이 된다. 약 1조 원 규모의 불용액과 비교해 보면 국방예산 증가율도 중요하지만 집행을 제대로 하는 것도 중요함을 알 수 있다. 국방부와 각 군은 예산 심의 과정에서는 한 푼이라도 더 따려고 노력한다. 하지만 확정된 예산을 제대로 집행하기 위해 그만한 노력을 하고 있지 못한 것이 현실이다.

국방부와 각 군에서도 매년 이월액과 불용액을 감축하기 위해 노력하고 있지만 지금보다 획기적으로 나은 결과를 기대하기 어렵다. 예산 편성을 더욱 정교하게 하고 집행을 철저히 해서 편성한 만큼 해를 넘기지 않고 제대로 집행해야 하는데 그게 쉽지 않다. 예산의 편성과 집행에는 각 군 군수사령부, 시설본부, 각 군 본부 참모부서, 방위사업청, 그리고 국방부까지 수천 명이 참여하고 있다. 이들의 노력에도 불구하고 불용액을 더 이상 줄이는 것은 제도적 한계에 와 있다. 불용액의 많은 부분을 차지하고 있는 군수(수리부속)분야에 회전기금제도를 도입하여 회계연도에 상관없이 예산을 집행하고자 하는 제도적 시도가 없지 않았지만 기재부의 반대로 무산되었고, 지금은 누구 하나 관심을 가지지 않는 선택받지 못하는 대안으로 밀려났다.

적정 국방비 개념도 좋고, 이를 바탕으로 한 국방비 확보 노력도 필요하겠지만 힘들게 확보한 예산을 다 못 쓰고 매년 1조 원 가량을 국고 반납하는 것은 다시 생각해 볼 필요가 있다.

국방부의
특별회계와 기금

정부 재정은 일반회계, 특별회계 그리고 기금으로 구성되어 있다. 국방부는 하나의 일반회계, 두 개의 특별회계, 그리고 두 개의 기금을 운용하고 있다. 병무청과 방위사업청은 하나의 일반회계를 가지고 있다.

특별회계는 특정한 세입으로 특정한 세출에 충당할 때 운영하는 것으로서 정부 전체적으로 18개가 있으며 국방부 소관 특별회계는 다음 2개다(2017년 기준). 2016년까지 혁신도시건설특별회계에 국방대학교의 논산 이전 예산이 포함되어 있었으나 사업이 끝남에 따라 2017년 예산은 없다.

  – 주한미군기지 이전 특별회계: 7,378억 원
  – 국방·군사시설이전 특별회계: 3,056억 원(이상 2017년 기준)

국방·군사시설이전 특별회계는 주로 도심 소재 군부대를 지방으로 이전할 때 사용하는 것으로서 사업이 있을 때 크게 늘어나고 사업이 끝나면 줄어드는 등 일정한 추세가 없다.

특히 관심이 가는 것은 주한미군기지 이전 특별회계다. 이는 주로 평택 미군기지 건설 공사를 위한 것으로서 반환받은 미군기지를 매각한 대금으로 충당하고 있다. 하지만 모든 이전사업과 같이, 이것도 선(先) 투자, 후(後) 세입 방식이다. 선투자에 들어가는 자금은 주로 공공자금관리기금에서 빌려서 충당하고 있다. 국방부 일반회계에서 예산을 지원하지 않는다. 따라서 이 사업비용은 국방예산 규모에 포함되지 않는다.

평택 미군기지 건설 공사가 끝나고 용산 미군기지가 이곳으로 이사를 가는 2017~18년 무렵에는 이전사업이 마무리될 예정이다. 이전사업이 끝나도 이 특별회계는 대략 2025년 정도까지 살아 있을 것이다. 반환 미군기지를 매각한 돈으로 빌린 돈의 원금과 이자를 갚아야 하기 때문이다. 중요한 것은 반환 기지를 제값 받고 제때 팔아야 하는데 부동산 경기, 개발 가능성 등 여러 가지 변수들이 많다. 땅이 제값을 받지 못하거나 제때 팔리지 않는다면 빌린 돈을 갚는 기간은 늘어나고 특별회계를 종결하는 시점은 점점 늦어질 것이다. 반환 미군기지를 매각한 수입으로 그동안 빌린 돈을 모두 갚을 수가 없다면 재정적으로 문제가 될 수 있다.

다음은 기금이다. 기금은 특정한 자금을 신축적으로 운용할 필요가 있을 때 법률로 설치한다. 중앙 정부 전체적으로 기금은 67개가 있다. 예산 규모로 볼 때 가장 큰 기금은 공공자금 관리기금으로서 2017년 예산이 187조 1,382억 원이다. 그 다음으로 국민연금 기금 108조

4,228억 원, 외국환평형기금 90조 464억 원 순이다.

국방부 소관 군인연금기금은 3조 1,451억 원으로서 19위, 군인복지기금은 1조 3,182억 원으로서 30위다(2017년 기준). 군인연금기금은 전역군인에게 지급하는 연금, 퇴직일시금 등에 충당하기 위한 준비금 성격으로 운영하고 있다. 2017년 수입(=지출)액은 3조 1,451억 원이다. 군인연금이 조성한 금액은 1조 403억 원으로서 금융기관 예치 7,999억 원, 부동산 등 2,404억 원으로 구성되어 있다(2017년 말 기준). 금융기관 예치금이 턱없이 작을 뿐만 아니라 초저금리 시대를 맞이하여 이 정도 기금 조성액으로는 2017년도 군인연금 지출액 3조 1,451억 원을 충당하기엔 역부족이다. 이미 군인연금기금은 기금으로의 기능을 상실한 지오래다. 국방부 일반회계에서 돈이 군인연금기금으로 잠시 들어왔다가 전역군인들에게 지급되고 있는 현실이다. 기금은 국방예산 규모에잡히지 않지만 사실상 국방부 일반회계에 의존하다 보니 군인연금은국방부 일반회계로 지급하는 것이나 마찬가지다.

군인복지기금은 군 복지시설 등에서 발생하는 수입금을 장병들에게 환원하는 차원에서 설치 운영하고 있다. 통상 필요하다면 일반회계에서 기금으로 돈을 지원해 줄 수 있다. 하지만 군인복지기금은 지난 2014년부터 국방부 일반회계에서 지원하는 돈은 거의 없고 자체 수입으로 지출에 충당하고 있다. 이 기금의 2017년 수입액(=지출액)은 1조 3,182억 원이다. 종종 국회나 언론에서 군 복지 기금에서 지출되는 돈의 대부분이 간부들에게 돌아가고 병사들에게 지급되는 예산은 미미하다는 지적이 있다. 보다 구체적으로 살펴볼 필요가 있는 사안이라고생각되어서 분석해 보았다. 먼저 2017년 군인복지기금의 기금운용계획을 보면 다음과 같다.

○ **수입: 1조 3,182억 원**

‒ 재산수입: 401억 원

‒ 재화 및 용역 판매 수입: 3,853억 원

‒ 융자 원금 회수: 1,749억 원

‒ 여유 자금 회수: 6,128억 원

‒ 주거지원 보증금: 1,000억 원

‒ 기타: 51억 원

○ **지출: 1조 3,182억 원**

‒ 장병복지 향상: 3,261억 원

‒ 대부사업: 975억 원

‒ 여유자금 운용: 6,820억 원

‒ 부대운영 지원: 411억 원

‒ 주거지원 보증금 반환: 1,000억 원

‒ 장학 및 취업활동 지원: 95억 원

이 내역만 봐서는 판단이 쉽지 않다. 수입과 지출을 장교와 병사로 구분하여 정확하게 계산하는 것이 쉽지 않다. 2013년 국회에서 이 문제가 제기되어 필자가 대략 계산을 해보았다.

군 복지기금의 영업 이익 출처를 보면 군 마트(전체 수입의 58%), 체력단련장(골프장. 25%), 복지회관(11%), 쇼핑타운(4%), 휴양시설(1%) 순이다.

이러한 영업이익의 원천을 간부와 병사로 구분하기 어렵다. 하지만 대략적으로 마트(PX) 수입은 병사들로부터, 나머지 체력단련장이나 복지회관 수입 등은 간부들로부터 발생한다고 가정해 보자. 골프장은 예비역이나 민간인들도 이용하고 있다. 이렇게 보면 군인복지기금 수입은 약 60대 40의 비율로 병사와 간부들로부터 나온다고 볼 수 있다.

다음은 지출내역인데, 이것도 병사, 간부로 구분하기 쉽지 않다. 이런 방식으로 기금의 수입과 지출을 계산하지 않기 때문이다. 그러나 체력단련장(골프장), 휴양시설, 취업지원비 등은 그 혜택이 간부들에게 돌아간다고 가정하면 복지지출비의 약 36퍼센트 수준이다. 나머지 약 64퍼센트 정도는 복지회관, 풋살 경기장, 부대시설비품, 격려비, 마트 개선 등으로 주로 병사들에게 혜택이 돌아간다고 할 수 있다.

요약하면 군인복지기금 수입액을 병사 대 간부 기여도로 보면 60대 40으로 병사들의 기여도가 약간 많다. 지출 비율을 보면 64대 36으로 병사들에게 약간 더 많이 돌아가고 있다고 하겠다. 하지만 이것은 몇 가지 가정을 사용하여 단순 계산해 본 것이며, 연도별로 달라질 수 있다. 군인복지기금은 국방예산에 포함되지 않으면서 장병들에게 직·간접적으로 부담과 혜택을 주는 것이므로 수입과 지출의 투명성을 제고하는 것이 바람직하다. 필요하다면 간부-병사로 구분하여 기금내역을 계산하여 공개하는 것도 고려해 봄직하다.

2017년 예산안의 국회심의과정에서 다음과 같은 부대의견이 붙었다. "병사의 복지수혜비율 제고를 위해 국방부는 재정당국과 합의하여 수익출처별 수입계정 분리 또는 간부·병사 사업을 분리할 수 있는 방안을 검토한다."

GDP에서 차지하는
국방비 비율

2016년도 쌀농사는 역대 최고 수준의 대풍년이었다. 하지만 정부와 농민 모두 고민스럽다. 소비는 계속 줄어드는데 쌀이 남아도니 쌀값 하락이 뻔해서 모두 피해자라고 한다. 정부는 쌀 소비를 확대하기 위하여 쌀을 사료로 이용하거나, 쌀의 수출 확대, 대북 쌀 지원 등 대외 원조, 저소득층 무상 지원 등의 대책을 강구하고 있지만 모두 뾰족한 해결책이 아니다.

그렇다면 군인들이 쌀밥을 좀 더 많이 먹으면 쌀 소비에 도움이 될까? 이에 대한 답을 내리기 전, 우선 우리나라에서 국군이 차지하는 비율을 살펴보자. 먼저 인구 비율이다. 우리나라 인구는 약 5,100만 명(2016년 추계)이며 군인은 62만 명(장교, 부사관, 병 포함, 군무원 제외)이다. 전체 국민의 1.2퍼센트가 군인이다. 군인이 밥을 배터지게 먹어도 국내 쌀 소비량에 미치는 영향이 미미하다는 점을 쉽게 짐작할 수 있다.

우리 군에서 소비하는 쌀은 연간 약 6만 6천 톤으로서 국민 전체 쌀 소비량의 1.4퍼센트 수준이다(2014년 기준). 국민의 1.2퍼센트가 1.4퍼센트의 쌀을 소비한다는 것이다. 군에는 젊은 사람들이 많고 체력 소모가 많으며 집단급식 등으로 국민 평균보다 약간 많은 쌀 소비를 하고 있다고 해석된다. 이 같은 방식으로 우리 군의 돼지고기, 소고기 그리고 유류 소비량을 계산해 보면 다음과 같다. (2014년 기준)

○ 돼지고기: 군 소비량 12,125톤은 우리나라 총 소비량 940,600톤의 1.3퍼센트
○ 쇠고기: 군 소비량 6,211톤은 우리나라 총 소비량 421,300톤의 1.4퍼센트
○ 유류: 군 소비량 505만 드럼은 우리나라 총 소비량 6억 3,042만 드럼의 0.8퍼센트

돼지고기나 쇠고기 값이 폭락할 때 군에서 더 많이 소비해 주어도 문제 해결에 별로 도움이 되지 않는다는 점을 알 수 있다. 한편 전차, 장갑차, 함정, 항공기 등 고가의 무기·장비를 많이 운용하고 있는 군의 유류소비량이 국내 전체의 0.8퍼센트에 불과하다는 점은 눈길이 간다. 우리나라의 경제와 산업 규모가 엄청나게 커졌고 일반 국민들과 산업계에서 소비하는 유류가 엄청나게 많아서 군 유류가 국내 소비량에서 차지하는 비중이 상대적으로 크지 않다.

그림1: 정부 재정에서 차지하는 국방비 비율(1989〜2017)

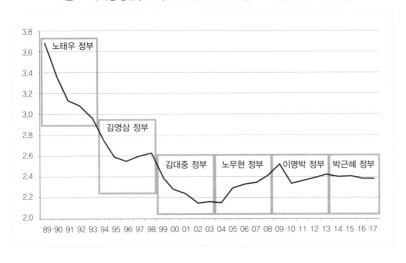

그림2: 국내총생산(GDP)에서 차지하는 국방비 비율(1989〜2017)

　다음으로 'GDP(국내총생산) 대비 국방비 비율'을 생각해 보자. 이는 한 나라가 경제력에 비하여 얼마나 많은 돈을 국방에 지출하고 있는가를 나타내는 대표적인 지표이다. 한 나라의 국방에 대한 재정적 노력을 하나의 수치로 표현한 것이다.

이 비율을 계산하기 위해 GDP(분모)와 국방예산(분자)을 각각 살펴보아야 한다. 먼저 GDP부터 살펴보자. GDP란 한 나라 안(국내)에서 경제주체(가계, 기업, 정부)가 일 년 동안 생산한 모든 소득(부가가치의 합 또는 최종 생산물의 시장가치)을 의미한다. 국민총생산(GNP)과는 약간 다른 개념이다. 요사이는 경제성장률 등을 계산할 때 GNP보다는 GDP 개념을 보다 많이 사용하고 있다. 그런데 GDP의 정확한 규모(결산치)는 해당 연도에서 2~3년이 지난 후 한국은행이 발표한다. 그때까지 기다릴 수 없으므로 GDP 추정치를 사용한다. 2017년도 우리나라의 GDP는 1,683조 원이다(추정치). 이를 국방예산으로 나누면 GDP대비 국방비 비율이 나온다.

그런데 어디까지를 국방예산으로 볼 것인가가 문제된다. 2017년도 국방예산은 40조 3,347억 원이다. 여기서 말하는 국방예산은 국방부와 방위사업청 소관 일반회계 예산만을 합한 금액이다. 참고로 추가경정 예산은 국방예산에 당연히 포함되지만 GDP대비 비율을 계산할 때 포함하기도 하고 안 하기도 한다. 안 하는 경우는 귀찮기 때문이다(추경 확정 후 사후적 계산). 병무청 예산, 특별회계 예산, 기금, 임대형 민자사업 한도액, 기부대 양여 사업은 국방예산에 포함하지 않는다. 하나씩 살펴보자.

먼저, 병무청 예산은 국방예산으로 보지 않는다. 국가재정법상 병무청과 방위사업청은 국방부와는 독립된 중앙행정기관인데 방위사업청 소관 예산은 국방비에 포함시키고 있다. 방위사업청 예산은 그렇다 치더라도 병무청 예산(2017년 2,201억 원)은 국방예산에 포함시키지 않는다. 이렇게 하는 것이 타당할까? 우리가 정하기 나름이다. 특별한 이유가 있다기보다는 관례적으로 국방예산을 계산할 때 병무청 소관 예산을 제외시켜왔다. 병무청은 1970년 8월에 개청되었다. 그 이전엔 국방부 병무국이었다. 외청이 되고 나서부터 병무청 예산을 국방예산에 포함하지 않게 된 것이다. 하지만 방위사업청은 외청이 되고 10년이 지났지만 여전히 국방예산에 포함시켜 계산하고 있다.

둘째, 국방비 규모에 일반회계는 포함하지만 특별회계는 포함하지 않는다. 특별회계는 특별한 세입으로서 특별한 세출에 충당하기 위해 일반회계와는 별도로 운영하는 것이다. 정부가 별도로 운영하는 돈주머니로서 이것이 많으면 예산의 통일성을 저해하기 때문에 특별회계의 숫자는 작으면 작을수록 좋다. 현재 국방부는 다음 2개의 특별회계를 운용하고 있다.

- 국방군사시설 이전 특별회계: 3,056억 원
- 주한 미군기지 이전 특별회계: 7,378억 원
- 합계: 1조 434억 원(이상 2017년 예산)

특별회계 예산을 국방비 계산에 포함시키지 않은 이유는 무엇일까? 같은 군 건설 사업이라도 일반회계로 추진하면 국방예산으로 잡히고, 특별회계로 추진하면 그렇지 않다. 종전 부지 또는 반환받은 미군기지를 매각한(또는 매각할) 돈으로 군부대나 평택 미군기지 이전 공사를 하므로 세금으로 충당하는 일반회계와는 별도의 호주머니이기 때문이다. 하지만 이것도 보기 나름이다. 국유지(군용지)도 국가재산이며 이것을 매각하여 국고 세입처리하고 일반회계에 이전 사업비를 편성하는 방식도 충분히 가능하다. 제도적 선택의 문제다. 군인연금특별회계는 10년 전에 폐지되었다. 일반회계와 특별회계의 구분이 절대적인 것은 아니다.

셋째, 국방부는 군인복지기금과 군인연금기금을 운용하고 있는데 이것도 국방비 계산에서 제외하고 있다.

– 군인복지기금의 수입(=지출): 1조 3,182억 원
– 군인연금기금의 수입(=지출): 3조 1,451억 원(이상 2017년 예산)

일반회계는 '세입세출예산'이라고 하지만 기금은 '운용계획, 수입, 지출'이라고 한다. 기금은 자금 풀(Pool)이기 때문에 세출예산과는 성격이 다르므로 국방예산 규모 판단에서 제외하는 것은 충분히 이유가 있다.

넷째, 임대형민자사업(BTL)을 어떻게 볼 것인가? 국방부는 2007년부터 BTL 방식으로 약 11조 원을 투자하여 병영시설(생활관, 군인 아파트) 현대화 사업을 추진해 왔다. 개인으로 말하자면 카드를 긁고 향후 20년간 이자와 원금을 갚아나가는 방식이다. 매년 기획재정부는 BTL 한도액을 설정해 준다. 매달 사용할 수 있는 카드 한도액과 유사한 개념이다. 최근 7년간 국방부 소관 연도별 BTL 한도액은 다음과 같다.

– 2011년 없음

- 2012년 없음
- 2013년 2,445억 원
- 2014년 없음
- 2015년 909억 원
- 2016년 2,485억 원
- 2017년 1,334억 원

2011, 2012, 2014년도에는 BTL 한도액이 없다. 한도액에 일정한 추세도 없다. BTL 한도액은 돈이 아니기 때문에 한도액을 모두 사용하지 못하더라도(미집행) 이월이나 불용의 문제가 발생하지 않는다. 그냥 한도액이 날아가 버린다. 카드를 긁었으면 매달 갚아 나가야 한다. 2017년 국방부가 갚을 돈(정부지급금)은 5,300억 원이다. 카드로 20년 할부 계산하고서 그해 갚아야 할 돈을 예산으로 편성하고 이것만 국방비에 포함하고 있다. 한도액은 국방예산이 아닌 것이다. 참고로 국고채무부담행위(2016년 1,319억 원. 2017년 없음)는 회계연도 개시 전에 외상 계약을 할 수 있는 권한이므로 이 또한 예산이라고 할 수 없다.

다섯째, 기부대 양여사업은 국방부 소관 일반회계나 특별회계 어디에도 계산되지 않는다. 송파 소재 군부대 이전사업이 대표적인 사례다. 참여정부 때 8.31부동산 대책의 일환으로 송파지역의 군부대를 지방으로 이전하고 이곳에 위례 신도시를 개발하기로 하였다. 사업시행자로서 LH공사가 지정되었다. LH공사가 자기 비용부담하에 송파지역의 군부대를 지방으로 이전하고 송파 군용지를 받아서 신도시를 건설하는 방식이다. 대략 10조 원 이상이 투자되는 사업이었지만 국방부

돈은 한 푼도 들어가지 않았다. 송파에 있던 육군특수전사령부는 경기도 이천으로, 학생중앙군사학교는 충북 괴산으로, 육군종합행정학교는 충북 영동으로, 국군체육부대는 경북 문경으로 각각 이전하였다.

이전을 마친 이들 부대를 방문하면 현대식으로 크게 잘 지었다는 것을 한 눈에 알 수 있다. 하지만 과잉투자라는 부분도 눈에 보인다. 만약 이를 기부대 양여가 아닌 특별회계나 일반회계 방식으로 추진하였다면 꼭 필요한 시설만 건립하고 절약된 예산으로 다른 국방시설사업을 할 수도 있었을 것이다.

지금으로부터 10년 전 송파 군부대 이전사업을 국방부는 강력하게 반대하였다. 그때 반대만 할 것이 아니라 사업 추진 방식에 대해서도 깊이 고민해 보았다면 많은 예산을 절약할 수 있었겠다는 아쉬움이 있다.

마지막으로 국방부 소관 일반회계 예산 중에서 전투력 발휘에 기여하지 못하는 항목들이 있다. 먼저 군인연금 적자보전액을 들 수 있다 (2016년 1조 5천억 원 상당). 이는 과거의 전투력 발휘에 기여한 예비역 간부들에게 지급되는 돈으로서 현재의 전투력 발휘에 기여하지 못하는 예산이다. 이 돈은 매년 늘어나고 있고 대한민국이 존재하는 한 계속 지급할 의무가 있다. 군인연금은 국방예산으로 편성하고 있지만 국가보훈처 예산으로 편성할 수도 있다. 정책적 선택의 문제이다.

군 공항 주변 소음피해 보상금은 지난 7년(2010~2016)간 5,774억 원이 지출되었다. 군 공항을 문 닫거나 다른 곳으로 이전하지 않는 한 이 돈 역시 계속 지출되어야 한다. 군 공항 주변에 사는 주민들이 국가(국방부)를 상대로 소송을 제기하고 국가가 패소하면 그에 따라 배상금을 지급하고 있다. 국가배상권 청구 소멸 시효는 3년이기 때문에 주민들은 3년 단위로 계속 소송을 제기할 것이고, 그때마다 배상금은 국방예산으로 지급할 수밖에 없다.

특수임무수행자(일명 북파공작원), 삼청교육피해자, 지뢰피해자 등에 대한 보상은 특별법에 근거한 것으로서 지난 10년(2005~2016) 동안 국방예산에서 1조 400억 원이 지출되었다. 이 역시 전투력 발휘에 전혀 기여하지 않는 돈으로서 다른 부처(예: 행정자치부, 국가보훈처, 문화부 등) 예산으로 편성 집행할 수도 있었다. 이 역시 제도적 선택의 문제다.

지금까지 살펴본 것을 종합하면 국방예산 규모는 어떻게 계산하는가에 따라 많게는 지금보다 1조 원가량 더 늘어날 수도 있고, 2조 원가량 줄어들 수도 있다.

제3장: 흥부 집 살림살이 같은 국방예산

기(杞)나라 사람의
군인연금 이야기

"군인연금 충당부채가 뭡니까?"

필자가 국방부에 있을 때 매년 봄이면 자주 받았던 질문이다. 매년 4~5월이면 기획재정부가 국가결산보고서를 발표한다. 그중 공무원과 군인의 연금충당부채에 관한 내용이 언론에 크게 보도되곤 한다. 이는 매우 복잡한 개념인지라 쉽게 설명하는 것이 필요하다.

"현재 군인연금을 받는 사람들에게 앞으로 지급해야 할 연금과 현역 군인에 대해 지금까지 근무한 것에 기초하여 앞으로 지급해야 할 연금을 지금 한꺼번에 지급한다면 얼마나 될까 계산해 본 것입니다. 정부가 문 닫는다고 가정하여 앞으로의 연금 지급 의무에 따라 미래에 발생할 것으로 예상되는 부채를 현재가치로 계산해 본 것입니다."

"정부가 문 닫는다고 가정하는 것은 국가가 망한다는 것인데, 비현실적인 가정이네요."

"그렇습니다. 하지만 정부가 아닌 기업이라면 문제가 다릅니다. 기업은 폐업이나 부도(채무불이행) 나는 경우가 종종 있는데, 이때 종업원들에게 지급해야 할 연금은 기업 입장에서는 빚(채무)이라고 볼 수 있습니다. 이러한 기업 청산 과정에서 나타날 수 있는 연금 채무를 평소에 계산해 둘 필요가 있습니다. 하지만 정부의 경우 연금충당 부채를 계산하는 것은 계획 목적상 의미가 있다고 하겠습니다."

"도대체 왜 그런 상황을 가정하여 비현실적인 돈을 계산하는 겁니까?"
"우리 정부가 기업과 유사한 방식으로 결산 회계를 한다고 해서 나타난 개념입니다."

우리 정부는 2011회계연도부터 기업회계(발생주의) 방식으로 국가 결산 보고서를 작성하여 국회에 제출하고 있다. 정부도 기업과 같이 복식부기 개념을 적용하여 자산, 부채, 자본으로 구분한 재무제표를 작성하는 것이다. 여기에 연금충당부채라는 개념이 등장한다. 이 개념의 공식적인 정의는 다음과 같다.(한국국방연구원 문채봉, '2015 군인연금 재정분석 사업' 보고서 참조)

연금 수급자의 향후 연금과 재직자의 현재까지 근무로 인해 발생

제3장: 흥부 집 살림살이 같은 국방예산

한 연금과 일시금의 현재가치의 합계를 의미하며, 공적 연금 제도가 국가 재정 상태에 미치는 영향을 보여줌으로써 연금제도의 지속 가능성을 파악하는 참고 자료임.

'2016회계연도 국가 결산보고서'에 나타난 연금충당부채는 752.6조 원이다(2017년 4월 4일 기재부 발표). 이를 공무원, 군인연금으로 나누어보면 다음과 같다.

- 공무원연금 충당부채: 600.5조 원(전년대비 68.7% 증가)
- 군인연금 충당부채: 152.1조 원(전년대비 24.0% 증가)

기획재정부가 매년 4월 전년도 국가결산보고서(재무제표 포함)를 발표하면 언론에서는 공무원과 군인연금의 부채가 엄청나게 많다고 비판적으로 보도한다. 그러면 기재부에서는 연금충당부채를 국가부채로 표현하는 것은 적절하지 않다는 해명성 보도자료를 배포한다. 2011회계연도부터 지금까지 매년 이를 반복하고 있다. 군인연금도 관련이 되므로 국방부도 관심을 가져야 한다.

기획재정부는 기업회계 방식에 의한 국가재무제표 결산제도를 도입한 것에 대해 매우 잘한 것으로 평가하고 있다. 즉, 국가재무제표를 통해 국가 전체의 자산, 부채, 순자산 등에 대한 종합적 관리가 가능하다는 장점이 있으며 재정선진화를 앞당겼다는 것이다.

국방부도 기획재정부의 지침에 따라 발생주의 방식에 의한 결산보고서를 작성하기 위해 2010년부터 많은 노력을 해 오고 있다. 처음 해

보는 것이기도 하고, 회계 처리 과정이 매우 복잡해서 계산상 오류와 시행착오도 많았다. 다른 부처도 비슷한 상황이었지만 국방부는 관련 기관과 부대가 많고 자산도 많아서 작업이 더욱 복잡했다. 많은 인력과 시간을 투자하여 재무결산보고를 만들어 기획재정부와 감사원에 제출하고 국회에 보고하고 있다. 감사원은 국방부의 결산 수치에 허점이 많다고 지적하면서도 국방부의 어려움을 이해하기도 한다.

하지만 이렇게 힘든 결산과정을 거쳐 나타난 국방부의 자산, 부채, 순자산^(자산-부채) 내용이 국방재정 운영에 큰 도움이 되지 않았다. 필자가 재무제표를 잘 볼 줄 몰라서 그랬을 수도 있겠다 싶어서, 한국국방연구원과 함께 재무결산 수치를 국방정책에 활용하려는 노력을 해 보았지만 성과가 기대 이하였다.

우리 정부는 종종 OECD 회원국들과 비교하는 것을 좋아한다. 기재부는 우리나라가 OECD 34개 회원국 중에서 15번째로 재무결산보고 제도를 도입했다고 자랑하지만, 이는 역설적으로 OECD 회원국의 절반 이상은 이 제도를 도입하지 않고 있다는 것을 말하고 있다. 기획재정부가 열심히 하는 것은 높이 평가할 일이지만 국가재무결산보고서를 작성하는 데 들인 비용 대비 효용성에 대해서는 회의적이다. 안 하는 것보다는 낫겠지만 투자되는 시간과 비용이 너무 크다.

다시 군인연금 이야기로 돌아가자. 몇 가지 간단한 통계를 소개한다. 먼저 군인연금을 받는 수급자^(퇴역연금+상이연금+유족연금) 현황이다.

- 1980년 24,722명^(100으로 가정)
- 1990년 39,900명[161]

제3장: 흥부 집 살림살이 같은 국방예산

- 2000년 55,418명⁽²²⁴⁾
- 2010년 75,677명⁽³⁰⁶⁾
- 2014년 84,565명⁽³⁴²⁾

이는 지난 34년간 군인연금 수급자가 3.4배 증가했음을 나타내고 있다. 다음은 군인연금 부족 재원을 국방예산에서 지원한 금액이다.

- 1980년 416억 원^(1.0으로 가정)
- 1990년 2,715억 원^(5.2)
- 2000년 4,569억 원^(11.0)
- 2010년 1조 566억 원^(25.4)
- 2014년 1조 3,732억 원^(33.0)

지난 34년간 적자규모가 33배 증가하였다. 다음은 국방예산 규모로서 같은 기간 중 국방비는 16배 늘어났음을 알 수 있다.

- 1980년 2조 2,465억 원^(1.0으로 가정)
- 1990년 6조 6,378억 원^(3.0)
- 2000년 14조 4,774억 원^(6.4)
- 2010년 29조 5,627억 원^(13.2)
- 2014년 35조 7,056억 원^(15.9)

요약하면, 1980년부터 2014년까지 35년간 군인연금 수급자는 3.4배 증가하였고, 군인연금 적자는 33배 늘어났으며, 같은 기간 국방예산은 16배 증가하였다. 2015년 기준으로 군 간부(장교+부사관)는 18만 명인데, 연금수급자는 약 8만 9천명이다. 군인연금 수급자가 군 현역 간부 인원의 절반 수준이다.

국방예산이 40조 원이나 되는데 1조 5천억 원 정도의 군인연금 적자 보전액은 얼마 되지 않는다고 생각할 수도 있겠다. 하지만 2016년 장병 보건·복지 예산 2,665억 원과 비교해 보면 생각이 달라진다. 2016년 방위력개선비의 함정사업(전투함, 잠수함, 지원함 등) 예산 1조 5천억 원, 항공기 사업(전투기, 지원기, 특수기 등) 예산 1조 2천억 원, 화력탄약 사업(포병전력, 탄약 등) 예산 1조 7천억 원과 비교하면 군인연금 적자보전액 규모가 만만치 않음을 알 수 있다.

앞으로가 문제다. 인생 100세 시대를 맞이하여 군인연금 수급자 수는 점점 늘어난다. 2020년이 되면 군인연금 수급자는 10만 명을 넘어선다. 2025년이 되면 11만 명을, 2035년에는 12만 명을 넘어서게 된다. 2025년은 먼 미래가 아니고 불과 10년도 남지 않았다. 재정절벽까지 가지 않더라도 우리나라 정부 재정 여건상 장기적으로 국방비가 크게 늘어날 것으로 기대하기 어렵다. 초저금리 시대를 맞이하여 군인연금기금의 수익률을 획기적으로 높이기도 불가능하다. 우리와 비슷한 이유로 세계 많은 나라들은 공적 연금의 폭탄을 우려하고 있다. 우리나라도 예외가 될 수 없다. 2015년 엄청난 논란 끝에 공무원연금 제도를 일부 고친 것도 미래의 연금폭탄을 조금이라도 해소하기 위한 노력이었다.

모든 연금 개혁은 지금보다 '적게 받고 많이 내는 것'이 핵심이다.

제3장: 흥부 집 살림살이 같은 국방예산

만약 그것이 어렵다면 미래의 연금대상자 수를 지금부터 줄여나가야 한다. 이를 위해 간부 정원을 동결하던지 아니면 감축해야 한다. 지금 군 간부를 증원하는 것은 군 복무기간의 급여뿐만 아니라 전역 후 100세까지의 연금도 보장해 주어야 함을 의미한다. 연금 제도는 지금 개선하면 10~20년 후에 효과가 나타난다. 지금부터 걱정할 필요가 없고 나중에 다 해결된다는 생각은 다음 세대에게 '폭탄 돌리기' 하는 것이나 다름없다.

옛날 중국 기(杞)나라에 하늘이 무너질 것을 걱정한 사람이 있었다. 이른바 기우(杞憂)다. 지금부터 군인연금의 장래를 걱정해야 한다면 '기우'일까? 지금 육군에서 추진하고 있는 군 간부 증원이 향후 20년 후 군인연금 재정 적자를 가중시킬 것을 지금부터 걱정할 필요가 있다.

국방예산 중에서
전투력 발휘에 기여하지 못하는 예산

2013년 4월 어느 날 국회 김종태 의원^(새누리당. 경북 상주)의 여의도 의원회관 사무실에 스님들의 항의가 빗발쳤다. 의원 홈페이지에는 비난성 글이 폭주하였다. 며칠 전 국회 국방위원회에서의 발언 내용 때문이었다. 2013년 4월 15일 국방위원회에서 〈10.27법난 피해자의 명예회복 등에 관한 법률〉^(이하 '법난법')일부개정안을 심의하는 자리에서 김종태 의원은 다음과 같은 발언을 하였다^(국회 속기록 참조).

"^(1980년) 10.27법난 여기에 제안한 것^(법률 개정안)을 보면 이러한 법들이, 명예 회복이 불교계의 기대에 미치지 못했다 ^(…) 데리고 온^(연행 및 검거) 사람 불법 또는 합법이든 연행 검거 1,776명 중에서 1,500명 훈방하고 한 200여 명 조사를 한 것으로 나와 있습니다. 1,770명을 다시 이 ^(법률에 의한 명예회복) 대상에 넣는다, 그 당시 혐의 없다고 한 것을 가지고 무슨 의미냐 이거지요. (…) 이게 참 제가 말씀 드리기는 저거합니다마는 승려 입장에서 축첩을 하고 횡령을 몇십억 하고 그래서 벌 받았어요. 국방부에서 1,500억 원을 들여서 국방부 예산으로 기념관을 (건립하려고) 하지요? 어떤 사안에 대해서 기념관을 세운다, 그러면 공과를 다 제시해야 돼요. (…) 승려로서 어떻게 축첩을 하고 어떻게 수십억씩 횡령을 한 것을 (지금 와서) 그것을 법난법에서 그 사람을 감추어 놓고, 나머지 불러왔다고(연행되었다고) 해서 (보상) 대상이 된다 하는 이러한 법들은 사회 혼란을 가져온다, 종교계의 갈등을 가져온다. 그래서 신중하게 검토해야 하고… (하략)"

사연을 간략히 소개하면 다음과 같다. 1980년 10월 당시 신군부의 주도하에 계엄사령부와 합동수사본부 합동수사단이 불교계 정화를 명분으로 조계종 승려와 불교 관련자를 강제로 연행 수사하고, 포고령 위반 수배자와 불순분자를 검거한다는 구실로 군·경 합동으로 전국의 사찰과 암자를 수색한 사건이 있었다. 이른바 10.27법난이다. 세월이 흘러 과거사 진상규명 차원에서 법난 피해자 명예회복에 관한 법률이 2008년 국회를 통과하였다. 이 법률의 요지는 그 당시 피해자에 대해 향후 치료에 필요한 돈을 지원하고, 불교계의 명예회복 차원에서 법난 기념관을 건립한다는 내용이다.

이 법률이 국회를 통과하여 행정부로 이송되어 오자 행정부 내에서는 주관부처 선정 문제가 불거졌다. 국방부와 문화부가 서로 주관부처가 되지 않겠다고 거부하였다. 주관부처가 되면 치료비와 기념관 건립

비용 등을 해당 부처 예산에 편성해야 하기 때문이었다. 불교계와 관련이 된 사안이므로 문화관광부가 담당해야 한다는 국방부 측 주장과 당시 군인들이 주도적으로 행동에 나섰기 때문에 국방부가 주관해야 한다는 문화부 측의 주장이 팽팽히 맞섰다. 국방부의 강력한 반대에도 불구하고 당시 청와대의 조정으로 결국 국방부가 주관부서로 결정되었다.

이 법이 통과된 후 대략 3년간(2009.3.16.~2012.6.30) 시행해 보니 실제 보상을 신청하여 의료지원금을 받은 사람은 25명에 불과했다. 당초 추정한 대상자는 1,929명이었다. 신청자가 적은 이유는 그동안 약 30년의 세월이 흘렀고, 실제로 다친 경우가 많지 않았으며, 지금에 와서 그때 다친 것을 입증하기도 쉽지 않기 때문이다. 그 당시 일을 다시 내세우고 싶지 않았을 수도 있겠다.

문제는 '법난기념관' 건립사업이었다. 조계종 측에서 요구한 예산이 약 1,500억 원으로서 엄청났을 뿐만 아니라 과거 불미스러웠던 사건을 기념하는 건물을 세우는 것이 과연 바람직한가의 문제도 있었다. 국방부로서는 우리 군을 폄하하는 시설이 될 것도 우려하였다.

그러던 차에 이 법률의 유효기간을 연장하는 등 법난법 일부개정 법률안이 국회에 제출되었고, 국방위원회에서의 심의 과정에서 위에서 소개한 김종태 의원의 '그 당시 잘못한 스님들도 많았다.'는 취지의 발언이 나오게 된 것이다. 결국 김종태 의원은 이 발언에 대해 정식으로 사과하였고, 이 법은 국회를 통과하여 계속 유효하게 되었다. 우리나라에서 종교계에 밉보여서 정치를 계속할 수 있는 경우는 없다고 해도 과언이 아닐 것이다.

제3장: 흥부 집 살림살이 같은 국방예산

그런데 이 법률 개정안 심의 과정에서 국회의 조정으로 2014 회계연도부터 주관부처가 국방부에서 문화부로 변경되었다. 국회에서 친불교계 의원들이 적극 나선 결과다. 조계종 측에서는 가해자인 국방부가 피해 보상의 주무부처가 되어서는 안 된다는 주장이었고, 국방부는 조계종 측이 요구하는 기념관 건립 예산이 너무 많다고 생각하여 갈등이 계속되어 왔다. 주무부처 변경으로 인하여 국방부는 이 법률에 따른 보상과 기념관 건립 업무로부터 벗어나게 되었다. 2014년부터는 10.27법난법 관련 항목을 국방예산에서 찾아볼 수 없다. 하지만 2009년부터 2013년까지 5년간 430억 원이 국방예산에서 이미 지출되었다(일부는 불용 처리).

　국방예산은 튼튼한 군대를 만들기 위해 편성되고 집행되는 것이다. 하지만 국방예산 중에서 전투력 발휘에 기여하지 못하는 예산이 많이 포함되어 있다. 그 대표적인 것이 특별법에 의한 보상 예산이다. 2005년부터 2016년까지 국회에서 제정된 특별법에 따라 국방예산으로 지급된 보상금은 1조 427억 원, 보상 인원은 5만 2,560명이었다. 특별법별로 보상인원과 보상금 지급액은 다음과 같다(2005~2016).

- 특수임무수행자 보상 특별법(보상인원 6,183명, 보상금 등 8,585억 원)
- 삼청교육피해자 보상 특별법(3,650명, 556억 원)
- 10.27법난 피해자 명예회복 특별법(25명, 430억 원)
- 1959년 이전 퇴직한 군인의 퇴직급여금 특별법(42,690명, 823억 원)
- 지뢰피해자 지원 특별법(14명, 33억 원)

특수임무수행자(일명 북파공작원)에 대한 보상은 2003년 국가인권위원회의 권고로 입법이 추진되어 2004년 특수임무수행자보장에 관한 법률이 제정되었다. 현재는 보상이 거의 마무리되었다. 1인당 평균 보상액은 약 1억 1천만 원이다.

삼청교육은 1980~81년간 이루어졌는데 검거 6만 명, 순화교육 4만 명, 근로봉사 1만 명, 보호감호 7천 명 등이 직간접적으로 피해를 본 사건이다. 2005년부터 2008년까지 사망자, 행방불명자, 상이자 약 4,600여 명을 대상으로 458억 원이 보상금으로 지급되었다.

군인연금 제도가 마련되지 않았던 1959년 이전 퇴직한 군인들에 대한 퇴직 급여를 지급하는 것은 국가보훈처에서 추진할 수도 있었다. 하지만 군인연금을 국방부가 관리하고 있다는 이유로 국방예산에서 430억 원이 지급되었다.

2014년 국회를 통과한 지뢰피해자지원에 관한 특별법은 (1) 국가배상법과의 관계에서 중복 배상의 문제, (2) 다른 유사한 피해자와의 형평성 문제, (3) 소멸시효 문제 등이 제기되어 행정부가 반대했음에도 불구하고 의원입법으로 국회를 통과하였다. 이 법에 따라 앞으로 국방부가 지출해야 할 예산은 그리 많지는 않으나 법 이론상 문제가 있는데도 불구하고 의원입법으로 추진되었다는 점은 지적되어야 할 점이다.

이 외에도 군 공항 주변 소음 피해 배상금으로 2010~2014년간 4,548억 원이 지급되었다. 정부(공군)가 소음 소송에 패소하여 매년 약 2천억 원을 피해 주민들에게 지급한 셈이다. 이 사안에 대해서는 제 6장에서 따로 이야기하기로 한다.

지난 19대 국회에서 다음과 같은 과거사 보상법안들이 의원입법으로 대거 발의되었다. 이 법안들은 국회를 통과하지 못하고 19대 국회가 끝나면서 자동 폐기되었다. 만약 그대로 국회를 통과하였다면 약 1조 5천억 원 이상이 국방예산으로 추가 지출되었을 것이다.

- 경주 기계천 희생자 심사 및 명예회복에 관한 법률안

  (2012.8.21. 정수성 의원 대표 발의, 추가재정소요 40억 원)

- 월미도 사건 진상 규명 및 피해자 보상에 관한 특별법안

  (2012.9.12. 문병호 의원 대표 발의, 추가 재정 소요 95억 원)

- 6.25 참전 소년소녀병 보상에 관한 법률안

  (2012.10.2. 유승민 의원 대표 발의, 소요 경비 1.2조 원)

- 예천 산성동 사건 희생자 명예회복 및 보상에 관한 특별법안

  (2012.10.4. 이한성 의원 대표 발의, 비용추계 미비)

- 한국전쟁 전후 민간인 희생사건 등 과거사 진상 규명과 명예 회복을 위한 기본법안

  (2012.12.18. 이낙연 의원 대표 발의, 추가 재정 소요 2,712억 원)

- 남원 순창 임실 양민학살 사건 희생자 명예회복 및 보상에 관한 특별법안

  (2013.2.5. 강동원 의원 대표 발의, 추가 재정 소요 290억 원)

- 나주 화순 사건 희생자 명예회복 및 보상 등에 관한 법률안

  (2013.6.5. 배기운 의원 대표 발의, 추가 재정 소요 295억 원)

- 포항지역 민간인 희생자 명예회복 및 보상 등에 관한 법률안

  (2013.8.13. 이병석 의원 대표 발의, 추가 재정 소요 302억 원)

이 법률안의 공통점은 해당 지역구 의원들이 나서서 대표 발의하였다는 점이다. 지역 주민들의 요구에 의해 마지못해 법제정안을 발의하였다고 본다. 2016년 9월을 기준으로 의원입법으로 제출되어 국방위원회에 계류되어 있는 법안 중에서 국방예산에 부담이 될 법률안들은 대략 다음과 같다.

- 군용비행장 소음피해 방지 및 보상에 관한 법률안

  (2016. 6.16 김동철 의원 대표발의, 추가 재정소요 2조 4,892억 원)

- 6.25 참전 비정규군 공로자 보상에 관한 법률안

  (2016.7.18. 윤후덕 의원 대표 발의, 추가 재정 소요 139억 원)

- 월남전 참전 군인의 전투수당 미지급금 지급에 관한 특별법안

  (2016.9.21. 정동영 의원 대표발의, 비용추계 없음)

- 군인연금법 중 사병복무기간 가산에서 제외된 퇴직 군인의 연금 지급에 관한 특별법안

  (2016.8.30. 안규백 의원 대표발의, 비용 추계 없음)

요약하면 지난 10여 년간 국방부에서 지출한 각종 배상 및 보상관련 예산은 1조 원 규모였다. 최근 몇 년간 의원 입법안들이 그대로 국회를 통과하였다면 추가로 약 3천억 원 규모가 국방비로 지출되었을 것이다. 현재 국방위원회에 계류되어 있는 의원입법안들이 그대로 국회를 통과한다면 국방부는 약 2조 5천억 원을 국방예산으로 지출해야 한다. 이러한 예산들은 우리 군의 전투력 발휘에 전혀 기여하지 않는 돈이다. 정부 재정과 국방부의 살림살이는 전혀 고려하지 않는 우리

국회의 의원입법 사례라고 하겠다.

지금까지 국방부는 터무니없이 재정부담이 되거나 법리에 문제가 있는 의원입법안이 국회를 통과하지 못하도록 나름 노력해 왔다. 앞으로도 이러한 노력을 게을리해서는 안 될 것이다.

'10.27법난기념관 건립 사업'의 최근 진행 사항이 궁금해진다. 이미 국방부 손을 떠나 문화부가 주관하고 있는 사안이지만 한때 국방부가 관여했기 때문에 요즘 어떻게 진행되고 있나 알아보았다.

조계종 측에서 제출한 '10.27법난기념관 건립 사업계획'에 대해 한국개발연구원 공공관리센터에서 적정성 검토를 하였고, 2015년 9월 최종 보고서가 나왔다. 조계종 측은 서울 종로구 견지동 조계사 일원에 총사업비 1,688억 원(국고 1,535억 원, 조계종 부담 153억 원)을 투자하여 4,500제곱미터의 부지를 매입하고 기념관 2개 동을 건립한다는 계획이다. 기념관 1동은 지하 3층, 지상 6층으로 10.27법난에 대한 역사적 의미와 교훈을 널리 알리고 호국불교 사상을 계승, 체험하는 공간으로 만든다는 것이다. 기념관 2동은 지하 1층, 지상 3층으로 상담, 물리치료, 정서 치유, 인권 향상 등을 위한 시설을 구상하고 있다. 약간의 계획 조정이 있더라도 총사업비 약 1,500억 원(정부부담액)의 시설이 될 것으로 보인다.

이제 국방부와는 무관한 사업이 되었지만 지난 2013년 소관부처 조정이 되지 않았다면 이 또한 국방예산에서 지출되었을 것이다. 10.27 법난기념관 건립 사업에 대하여 개신교 일각에서는 다음과 같이 문제를 제기하기도 했다.

- 국민 세금으로 불교 기념관을 건립하고 불교에 귀속시키는 것은 불교 재산을 파격적으로 늘려주는 형국이다.
- 총사업비의 90%를 정부가 부담하여 근처 토지를 매입하고 그 위에 기념관을 지어 조계사에 넘겨준다는 것이 다종교 국가에서 가당키나 한가?
- 명예회복과 함께 보상을 요구하는 것은 이해하지만 천문학적인 국민 혈세를 들여 기념관을 세우는 일은 국민들에게 막중한 짐을 지우는 황당한 발상이다.
- 정부의 노골적인 특정 종교 밀어주기나 서민들의 생활공간을 치지하면서까지 종교기념관을 지으려는 불교의 횡포는 사라져야 한다.

한편, 불교계 측에서는 다음과 같이 주장한 바 있다.

- 기념관 건립은 법령에 근거해 추진하고 있는 공공적인 성격의 사업이다.
- 기념관 건립 부지를 조계사 일원으로 정한 것은, 법난 당시 신군부의 군 작전명이 조계사가 종로구 견지동 45번지에 위치한 데서 착안한 '작계 45'라는 점에서 알 수 있듯이 10.27법난의 상징적 공간이자 한국 불교의 중심적 위치이기 때문이다.
- 특별법에 근거하여 과거사 정리 차원에서 추진하는 사업으로서 특정 종교에 대한 특혜지원이 아니다.
- 기념관 건립은 법난의 진실을 알림으로써 불교계의 명예를 회복

하고 불행한 역사를 되풀이 하지 않도록 다짐하는 교훈의 장소이
자 미래지향적 국민 화합의 공간으로 만들고자 하는 취지이다.

한국군의 쌀 급식량=북한 주민 식량 배급량

　우리 군의 병들은 쌀(주식)을 얼마나 먹을까? 국방예산을 통해 살펴보자. 국방예산 중에서 병 기본급식비는 주식(쌀), 부식(반찬) 그리고 후식(우유, 과일 등)으로 구분할 수 있다. 2017년도 급식비 기준은 다음과 같다.(1인 1일 기준)

　－ 주식(쌀): 806원
　－ 부식(반찬): 5,714원
　－ 후식(우유, 과일 등): 961원
　－ 계: 7,481원

　이는 기본급식비 예산이다. '기본'이 아닌 급식비로서는 증식비, 특식비, 특수식량 등이 있다. 여기서 관심은 '쌀'이므로 '기본'만 이야기하기로 한다. 기본급식 기준액 1인 1일 7,481원 중에서 3/4이 부식이며, 쌀은 11퍼센트에 불과하다. 군 급식에서 가장 싼 것은 쌀밥, 가장 비싼 것은 부식이 되었다. 다음은 지난 20년간 병 급식에 적용하는 쌀 기준량(1인 1일 기준) 추세다.

1997년~2004년: 745g

2005년~2006년: 620g

2007년~2012년: 570g

2013년~2016년: 400g

2017년~: 360g

이 간단한 통계를 보면 우리 군에서 병이 먹는 식사(쌀밥)량이 꾸준히 줄어들고 있음을 알 수 있다. 기준량을 줄이지 않으면 쌀이 남아돌아가니 줄이지 않을 수가 없다. 2017년은 전년(400Kg) 대비 쌀 기준량이 10퍼센트나 줄었다. 2017년 우리 군의 쌀 기준량 360g은 대략 10년 전의 절반 수준이다. 병사 한 명이 한 끼에 쌀 120g을 먹는다는 이야기다.

2016년 8월 1일 세계식량계획(WFP)이 발표한 '북한 보고서'에 의하면 북한은 2015년 4~6월(2/4분기) 주민 한 명당 하루 평균 360g의 식량을 배급했다고 한다. 우리 군의 병이 먹는 쌀의 양이 북한 주민의 평균 식량 배급량 같은 수준이 되었다.

국내 유명 도자기 업체에 따르면 요즘 밥공기 용량은 평균 280mL로서 1940년대 680mL에 비해 절반도 안 된다고 한다. 밥공기 크기가 작아지는 것은 밥은 적게 먹고 다른 무언가를 먹고 있기 때문이다. 밥을 적게 먹는 국민식습관이 우리 군에도 그대로 나타나고 있다.

우리 군에서 보리쌀은 2003년까지 혼합 지급되었으나 2004년부터는 쌀밥만 제공하고 있다. 국가 전체적으로 쌀이 남아돌아서 고민이고 병사들도 점점 밥을 적게 먹는 시절이 되었다. 한창 나이의 활동이 왕성한 젊은이들이 밥을 점점 적게 먹는다는 것은 그만큼 다른 무언가를 먹고 있는 것이라고 해석할 수밖에 없다. 국방예산을 편성할 때 적용하는 부식비(1인 1일 기준) 단가는 매년 늘어나고 있다.

2000년: 2,517원
2005년: 3,022원
2010년: 4,017원
2015년: 5,372원
2017년: 5,714원

부식비에는 쌀(주식)과 후식(우유·과일 등)을 제외한 모든 것이 포함되어 있다. 예를 들면 김치에서부터 고기류(닭고기, 쇠고기, 돼지고기 등), 분식류(빵, 국수 등), 햄버거, 피자 등이다. 대략 15년 만에 우리 군의 쌀 소비량(1인 기준)은 절반으로 줄었고, 부식비 예산은 2배 증가하였다.

역사적으로 볼 때 우리 조상들은 밥을 배불리 먹지 못했다. 굶주림이 보통의 일이었다. 판소리 '흥부가'에는 다음과 같은 밥타령이 나온다.

제3장: 흥부 집 살림살이 같은 국방예산

밥 먹으니 좋다. 얼씨고나 좋을씨고,

만승천자(萬乘天子)도 식(食)이 위대(爲大)하였으니

밥이 아니면 살 수가 있나? 얼씨구나 좋구나. (…)

밥 원수나 갚아보세.

자식들이 아홉에 우리 내외 모두 도합하니 열 하나로구나.

죽도록 굶었으니 매명하(每名下, 한 사람당)에 한 섬 밥 못 먹겠느냐?

　멀리 조선시대나 일제 강점기 때 이야기는 생략하고, 해방 이후에
도 필자의 아버지 세대들은 굶주림에서 벗어나지 못했다. 1970년대
초까지 우리나라는 쌀 부족이 만성적이었다. 외화가 없으니 쌀 수입도
하지 못했다. 혼식, 밀가루 분식, 보릿고개 등의 단어가 일상화되었던
시절이었다.

　쌀밥을 제대로 먹지 못하고 항상 굶주린 나라에서 이를 바꾼 것은
통일벼의 등장이었다. 필자가 어렸을 때 국가 시책의 최우선은 식량증
산이었다. 이를 이룬 것은 통일벼였다. 필자 또래의 세대들은 통일벼
의 등장 이전과 이후의 변화된 삶을 잊지 못할 것이다. 통일벼는 수천
년 이어져 내려오던 굶주림에서 벗어나게 만든 기적의 볍씨였다. 통일
벼 덕분에 1977년 우리나라는 쌀 자급률 113퍼센트를 달성하게 된다.
역사상 최초로 쌀이 먹고도 남을 만치 생산된 것이다.

　통일벼 덕분에 눈부신 경제성장도 가능했다. 배가 든든했기 때문에
열심히 생산 활동에 매진할 수 있었고 아까운 외화를 식량 수입에 사
용하지지 않아도 되었다. 세계적으로 식량을 자급자족하지 못하면서
경제가 성장한 사례는 없다. 멀리 갈 것도 없이 중국의 경우를 보면

농산물 자급이 이루어진 다음에 경제가 성장하기 시작했다. 통일벼가 없었더라면 산업화, 공업화, 그리고 오늘날과 같은 대한민국은 존재하지 못했을 것이다. 다음은 『라이스 워』(이완주 지음, 북스캠 펴냄, 2009) 3~4쪽 내용 중 일부다.

1970년대 통일벼 출현은 세종대왕의 한글 창제에 버금가는 위대한 업적이었다. 내가 이렇게 자신 있게 말하는 이유는 '굶는 사람에게는 문제가 하나밖에 없지만 배부른 사람에게는 문제가 많아진다'(He who has bread has many problems, but he who has no bread has only one problem)라는 서양 속담 때문이다.

문명의 발상지가 먹을거리가 풍부했던 4대 강 유역이었던 점은 우연이 아니다. 금강산도 식후경이라는 속담처럼 배가 부르고 난 다음에야 문화와 문명이 눈에 들어오는 것이다. 보릿고개로 대표되는 이 땅의 굶주림은 수천 년 동안 속수무책으로 이어져왔다. 한 줌의 곡식으로 정조나 인격이 유린당하는 일은 다반사였고, 때로는 목숨을 잃었으며 가정이 풍비박산이 나기도 했다.

그런데 통일벼의 육성 보급은 이 문제들을 일격에 날려버렸다. 그렇기 때문에 나는 '통일벼 개발'이 '한글 창제'에 버금가는 업적을 이 땅에 이뤄냈다고 믿는다. 그러나 이런 통일벼의 영광은 채 30년도 지나지 않아 모두 잊혔다. 하지만 통일벼의 영광이 완전히 사라진 것은 아니다. 통일벼를 만든 우리의 기술은 밥맛을 더욱 좋게 하고 소출도 통일벼에 뒤지지 않는 벼를 새로이 만들게 하는 든든한 밑거름이 되었기 때문이다.

다음은 2013년 7월 4일자 '국방일보' 11쪽 '북한군의 실상' 칼럼 내용 중 일부다. 글 제목은 '탈북여군 이소연 씨가 본 남과 북'이며 글쓴이는 탈북여군 이소연(당시 37세) 씨다.

나는 1992년부터 10년간 북한 4군단 통신결속대에서 상사로 복무했다. 1980~90년대만 해도 북한에서 군 복무는 출세의 지름길이었다. 대학을 나오고 군에 갔다 오면 당원이 될 확률이 높았기 때문이다. 출신성분이 나쁘면 군에 가고 싶어도 못 갈 정도였다. 하지만, 이것도 모두 옛 이야기가 되었다.

고난의 행군 이후 군대는 거의 깡패, 마적단이 됐다. 하루 700~800g이던 식량 보급이 400g으로 팍 준 데다 윗선에서 조금씩 떼어먹다 보니 장병들은 폭탄밥을 먹어야 할 지경이 됐기 때문이다. 폭탄밥은 소량의 쌀에 풀을 섞어 양만 그럴듯하게 맞춘 밥을 말한다. 배를 채우기 위해 민가를 터는 일이 잦아지면서 군대가 지나가면 가축은 물론 쌀 한 톨 남지 않는다는 말까지 나돌게 됐다.

게다가 북한은 병사의 평균 복무기간이 10년이다, 휴가도 면회도 없다. 오죽하면 18세에 입대한 아들이 10년 만에 제대했더니 어머니가 아들을 못 알아본다는 말이 나왔을까. 예전에는 영양실조가 되면 집으로 보내 체력을 회복하게 했지만 부모들이 너무 안타까워 복귀시키지 않는 경우가 많아지면서 이제 영양실조는 물론 사망해도 집에 보내지 않을 정도가 됐다. 체력이 떨어지고 키가 자라지 않아 총을 메면 바닥에 끌릴 정도로 작은 북한군도 적잖다.

제4장

우리나라
군대 문화

우리가 타고 있는 프리깃함에는 23.5톤의 교범과 서류가 실려 있어 배가 10cm 더 가라앉고 속
도를 더 낼 수 없다. 우리가 적을 향해 쏘는 것은 함포지 서류가 아니지 않나?

—미국 조셉 맥칼프 해군 제독—

한국군의
진급 지상주의

복잡하고 충층시하인 명령체계,

끝도 없이 만들어지는 서류들,

그리고 독일군과 싸우기보다는 자기들끼리 경쟁하느라 바쁜 총

사령부와 국방부

중위 때는 벗,

대위 때는 동기,

소령 때는 동료,

대령 때는 경쟁자,

장군 때는 적.

프랑스 역사학자 마르크 블로크(1886~1944)가 쓴 『이상한 패배』(까치).

2002)의 일부다. 제2차 세계대전 당시 독일군이 침략했을 때 프랑스 군은 제대로 싸워보지 못하고 항복했다. 이 책은 프랑스 패전의 원인을 정확하게 분석하고 있는 것으로 알려져 있다. 위에 소개한 내용을 보면 독일의 히틀러가 착실히 군비 증강을 하며 전쟁준비를 하고 있을 때 프랑스 장교들은 관료주의적 분위기 속에서 진급 경쟁만 하고 있었음을 짐작할 수 있다.

진급철이 되면 진급에 목숨 걸고 있는 우리 군 장교들을 생각하면 제2차 세계대전이 일어나기 직전 프랑스 군대가 생각난다. 약 80년 전, 먼 나라의 사례를 가지고 오늘날 우리 군을 되돌아보는 것은 시대착오적이라고 할 수도 있다. 그러나 교훈을 찾고자 한다면 옛 로마군의 강점과 약점도 오늘날 교훈이 될 수도 있다.

우리 군의 조직문화를 한 마디로 말하기 어렵다. 단순화의 오류 가능성을 무릅쓰고 한 가지만 언급하면 '진급지상주의'라고 말하고 싶다. 우리 군의 장교들은 진급에 목숨 걸고 있다. 진급 발표 후 진급했다고 환한 미소로 인사 오거나 전화 오는 경우는 덩달아 기쁘다. 하지만 진급에 탈락했다는 문자나 전화를 받는 경우엔 어떻게 위로를 해주어야 할지, 안타깝기만 하다. 특히 마지막 진급 기회인 경우엔 마음이 더욱 짠해진다.

계급이 하나라도 높아야 조직 내에서 말빨도 먹히고, 권한도 많아지고, 정년도 연장되고, 봉급도 많이 받고, 집안에 체면을 차릴 수 있다. 심지어 계급 높은 사람은 낮은 장교보다 애국심도 많을 걸로 간주하는 경우도 있다. 진급에서 탈락하면 진급한 동기생보다 군대를 빨리 떠나야 하고, 조직 내 대우도 낮을 뿐만 아니라 계급 높은 사람을 이길 수 없고, 가족들에게 스스로 죄인인양 미안해한다.

우리 사회에서 성공한 직업군인을 평가하는 잣대는 '어디까지 진급했나'에 있다. 더 높이 진급한 사람은 그렇지 않은 경우보다 더 성공한 걸로 간주하는 것이 사회 분위기다. 종종 남편의 계급은 부인들에게까지 미치기도 한다. 전역할 때 계급은 죽을 때까지 따라다닌다. 군인연금은 그렇다 치더라도 전역 후 사회에 나와 재취업할 때도 현역 시절의 최종 계급이 중요하다. 예비역 장교 모임에서는 현역 때 최종 계급에 따라 암묵적으로 서열이 정해지기도 한다. 죽어서 장군이 되어 국립현충원에 가면 그렇지 않은 경우보다 예우가 다르다.

이쯤 되면 군에서 진급에 목숨 걸지 않는 것이 더 이상할 정도다. 이런 문화는 우리 정부 조직이나 사기업에도 공통적으로 찾아볼 수 있다. 그러나 군대는 그 정도가 더 심하다는 데 문제가 있다. 제복을 입고 근무하며 상명하복 관계가 엄격한 계급사회이기 때문이다. 하지만 반드시 이것 때문만이라고 할 수는 없다. 우리 군에서는 계급이 높을수록 물질적이거나 금전적인 대우가 많이 돌아가게 제도화되어 있다. 계급이 높으면 책임도 무거워지니깐 대우도 잘해 줘야 한다는 인식이 지배적이다. "높은 계급=많은 대우"라는 등식이 항상 정당한 것은 아니다.

진급지상주의하에서는 모든 장교들이 피해자다. 소위로 임관하여 진급에서 탈락하지 않은 사람은 대장(★★★★)까지 올라간 경우뿐이다. 나머지는 진급에서 탈락하고 전역했다. 중장으로 전역한 장군을 보고 '대장 진급에서 아쉽게 탈락했다'는 시각으로 본다면 우리 군의 모든 장교들은 참모총장을 제외하고는 진급 탈락자들이 되어버리고 만다.

이 세상에는 나누면 나눌수록 작아지는 것들이 있는가 하면 나누어도 작아지지 않고 커지는 것도 있다. 전자의 경우는 돈, 권력, 지위, 학벌 등이 그것이다. 후자로는 명예, 봉사, 만족, 감사, 헌신, 지혜 등이다. 전자에 올인하는 사회는 모두가 불행해진다. 돈, 권력, 지위, 학벌 등은 제한되어 있으므로 치열한 경쟁을 통해 남을 이기거나 남보다 앞서야 가질 수 있는 것들이다. 제로섬(Zero-sum) 게임이다. 후자에 올인하는 사회는 모두가 행복해질 수 있다. 명예, 봉사, 헌신에 높은 가치를 둔다면 조직과 사회가 건강해진다. 모두가 윈윈(Win-Win)하는 사회가 되는 것이다.

지금 우리 군의 조직 문화는 어느 쪽일까? 다행히도 우리 군에서 진급지상주의는 과거에 비해 많이 변화되고 있으며 계급 위주로 사람을 평가하는 잣대도 많이 바뀌고 있다. 하지만 그 변화의 속도가 너무 느리다.

다시 프랑스 패전 이야기로 돌아간다. 제2차 세계대전 초기 프랑스는 힘도 써보지 못했고 파리는 독일군의 군홧발에 짓밟혔다. 독일의 히틀러는 참모들과 함께 파리 에펠탑을 배경으로 사진을 찍었다. 이날이 1940년 6월 24일이다. 인터넷 검색창에 '히틀러, 에펠탑'이라고 치면 그 사진을 볼 수 있다. 프랑스 국민들에게는 치욕적인 사진이다.

1950년 6.25전쟁 발발 후 3일 만에 서울이 북한군에 함락되었다. 이때 북한 김일성이 남대문이나 광화문 앞에서 기념사진 촬영을 했다면 우리에겐 두고두고 치욕스러운 장면이 되었을 것이다. 다행스럽게도 김일성은 이런 기념사진을 찍지 않았다. 그 이유가 궁금하지만….

1940년 6월 24일 독일의 히틀러가 파리 에펠탑을 배경으로
찍은 기념사진.
제2차 세계대전 당시 독일의 침공에 대해 프랑스는 제대로 싸
워 보지도 못하고 패배했다. 패인으로는 관료주의에 젖어 진급
경쟁만 하고 있던 프랑스 장교 문화 때문이라는 해석도 있다.

한국군의
조직문화

2016년 가을 삼성의 갤럭시 노트7이 기술적 결함으로 단종된 것에 대하여 삼성의 조직문화에 문제가 있다는 지적이 있었다. 1986년 1월 미국 우주왕복선 챌린저호가 발사 직후 75초 만에 공중 폭발되었다. 2003년 1월 우주왕복선 컬럼비아호가 지구 귀환 도중 공중 폭발되었다. 이 두 사건에 대한 조사 결과, 기술적 결함과 함께 미 항공우주국(NASA) 조직의 소통 문화에 문제가 있다는 지적이 있었다. 첨단 기술 분야에서도 조직문화가 중요하다는 사례다.

그렇다면, 한국군의 조직문화는 어떠할까? 조직문화를 이야기하는 것은 쉽지 않은 주제다. 그래서 두 가지 사례를 소개하면서 지금 우리 군의 조직문화와 비교해 보기로 한다. 첫 번째는 70~80년 전 일본군 사례이며, 두 번째는 오늘날 이스라엘 군대 문화에 대한 이야기다.

먼저, 일본군 사례다. 제2차 세계대전 때 일본군은 왜 패했을까? 원

자폭탄이나 군사력의 열세라는 시각이 아니라 사회과학(조직문화)의 틀로 그 원인을 찾아보려는 시도가 일본에서 있었다. 『왜 일본제국은 실패하였는가?』(노나카 이쿠지로 외 5명, 주영사, 2009)라는 책에서 지적하고 있는 일본군의 패배 원인을 7가지로 정리해 보면 대략 다음과 같다. (숫자는 필자가 붙인 것임)

(1) 일본군은 일정한 원리나 논리에 기초하기보다는 다분히 감정이나 분위기에 지배되는 경향이 없지 않았다. 얼핏 보기에는 과학적 사고처럼 보이지만, 실상은 '과학적'이라는 이름의 신화적 사고에서 벗어나지 못했다. (…) 일본군은 정신력이나 임기응변식의 운용 효과를 지나치게 중시해, 과학적인 검토 자체가 크게 부족하였다. (…) (버마 작전 시) 조직 내 융화를 우선시하여 군사적 합리성을 내팽개쳤다. (286~287쪽)

(2) 일본군이 상황 변화에 적응할 수 없었던 가장 큰 원인은 조직 안에 논리적인 의논이 가능한 제도와 풍토가 없었기 때문이다. (293쪽)

(3) 무릇 군대란 인간의 한계에 이를 정도로 맹훈련을 시켜 정예 장병을 만드는 곳이라는 생각이 지배적이었고, 이 때문에 정신력만 강하면 반드시 승리한다는 신념이 만연했었다. 반면 군사기술은 정신력 다음이라고 여겨 경시되었다. (294쪽)

(4) (작전 요령, 지침 등을) 경전과 같이 떠받드는 과정에서 전쟁 전체를 보는 시각이 좁아지고, 상상력이 빈약해졌으며, 사고가 경직되는 병리현상이 진행되었다. (301쪽)

(5) 일본군은 기술 체계에서 하드웨어에 비해 소프트웨어의 개발이 약했다.(312쪽)

(6) 일본군은 전쟁 발발 전만 하더라도 관료제를 높은 수준으로 받아들여 가장 합리적인 조직이라고 평가되었다. 그러나 실제로는 관료제 안에서 인정(人情)을 혼재시켜 인맥(人脈)이 강력한 기능을 하는 특이한 조직이었다.(318쪽) (조직 내) 합리적 시스템의 가동 방식은 내팽개치고 "서로 얼굴 안 붉히고 좋은 게 좋은 거"라는 식의 의사결정을 하고 있었다.(319쪽)

(7) 일본군에는 실패를 축적하고 전파할 만한 조직적인 리더십 시스템이 없었다. 그래서 같은 실수가 반복되었다. (⋯) 사물을 과학적 객관적으로 보는 기본자세가 결정적으로 부족했다는 것을 의미한다.(332쪽)

다음으로 이스라엘 군대를 살펴보자. 이스라엘 군은 세계에서 작지만 강한 군대로 잘 알려져 있다. 이스라엘군을 이야기하기 전에 이스라엘이라는 국가의 분위기를 먼저 살펴보자. 이스라엘 국민들은 한마디로 '후쯔파(chuzpah)'다. 이는 주제넘은, 뻔뻔스러운, 철면피, 놀라운 용기, 오만이라는 뜻으로 이스라엘 국민성을 잘 표현하는 고유단어다. 다음은 『창업국가』(댄 세노르, 사울 싱어 지음. 윤종록 옮김. 다할미디어, 2012) 59쪽 내용 중 일부다.

이스라엘 어디서나 후쯔파를 볼 수 있다. 가령 대학생이 교수와 이야기할 때, 직원이 상사를 대할 때, 병장이 대장을 대할 때, 서기가 정부 장관을 비판할 때 말이다. 그러나 이스라엘 사람들에게는 뻔뻔함이 아니라 그저 몸에 밴 태도라고 할 수 있다. 이스라엘 사람들은 성장하면서 학교에서나 집에서, 또는 군대에서 강한 주장을 내세우는 것을 올바른 가치기준이라고 배우고 오히려 그렇게 하지 않을 때 자기 발전과 경쟁상황으로부터 낙오자가 될 가능성을 염두에 두며 생활한다.

이제 이스라엘 군대의 특징을 살펴본다. 다음은『전투임무 위주 외국군 사례연구 – 이스라엘』(권태영, 심경욱 지음, 한국전략문제연구소, 2011) 83쪽 내용 중 일부다.

이스라엘군은 병사들이 자기주장과 반대의견을 당당하게 제기할 수 있는 상하소통이 자연스러운 문화를 지니고 있다. 이스라엘은 상하 간에 경직성이 없는 사회이다. 이러한 사회의 수평적 문화가 군 사회에 그대로 이어져서 병장이 대장을 별명으로 당당하게 부르고 이야기하는 병영문화가 체질화되어 있다. (…)
병사들이 계급에 개의치 않고 서슴없이 상급자에게 "당신은 옳지 않습니다."라고 말한다. 이러한 병영 환경과 문화가 군을 계속 발전시키고 이러한 군대에서의 배움과 경험이 사회 발전에 공헌한다. (…)
이스라엘 군에는 형식이나 허례허식이 전혀 없다. 싸우는 전사로서의 역할에 충실하면 된다. (…) (주일날 외박 때) 군인들은 소총과 실탄을 가지고 집으로 간다. 하지만 총기 오발사고나 총기에 의한

범죄는 거의 없다. 휴가 중이라도 테러분자를 현장에서 발견 시에는 스스로 판단해서 정당방위적인 사격을 할 수 있도록 되어있다. 이처럼 형식주의가 일체 배격되어 있다.

그러나 훈련은 아주 철저하다. 이스라엘 군인들은 전투 때 '돌격'이라고 호령하지 않는다. '알 하라(나를 따르라)'라고 외친다. 대대장까지도 전투에 앞장선다. 이러한 연유로 1973년 10월 전쟁 시 전사자의 24%가 장교였다.

단순화의 오류 가능성에도 불구하고 굳이 비교하자면, 오늘날 한국군의 조직문화는 이스라엘 군보다는 80년 전 일본 군대의 그것과 비슷하다. 문제는 이러한 일본 군대의 조직문화가 실패 사례였다는 점이다.『왜 일본제국은 실패하였는가?』에서 태평양 전쟁 때 미군이 승리한 이유는 일본군보다 유연하고 창의적이며 효과적이고 신속한 의사결정을 하였기 때문이라고 지적하고 있다. 이미 조직문화에서 일본군은 미군에 뒤졌다는 것이다.

우리 군은 6.25전쟁 때 미군의 지휘(작전통제)를 받으며 미군(또는 유엔군)과 함께 전투한 경험을 가지고 있다. 그 후 반세기 이상 한·미 동맹과 한·미 연합지휘체제를 발전시켜 오면서 미군의 군사적 교리와 전통을 많이 접목 받았다. 지금도 한미연합사령관이 지정된 한국군에 대한 전시작전통제권을 가지고 있고 한·미 연합훈련을 주기적으로 하고 있다. 이것만 두고 본다면 오늘날 한국군은 80년 전 일본군보다 미군의 군사적 전통에 더 가까울 것이라고 생각할 수 있겠지만 사실은 그렇지 않다. 유교적 사회 분위기와 전통은 좀처럼 사라지지 않고 내려와 오늘날 한국군대는 어쩌면 80년 전 일본군대의 문화와 별반 달라진 게 없다고 한다면 지나친 생각일까?

　대한민국 군대는 절대로 이스라엘 군대와 같이 상하관계가 자유로운 토론 문화를 기대할 수 없다. 이스라엘 군대에서 자유스러운 토론이 가능한 것은 어릴 때부터 의견을 자유롭게 개진하고 비판을 허용하는 문화 때문이다. 군대는 사회의 부분집합이므로 군대 문화는 사회 전체의 문화로부터 자유로울 수 없다. 사회의 구성원이 군인이 되고, 군인이 전역하고 사회인이 되는 과정에서 군대문화와 사회문화는 서로 닮아간다.

　오늘날 한국 군대의 조직문화에 문제가 있다면 우리 사회 전체가 그러하기 때문이다. 2016년 있었던 갤럭시 노트7의 기술적 결함이 삼성의 조직문화 때문이라면 삼성만 바꿔서는 될 문제가 아니다. 우리 사회 전체의 문화적 분위기가 바꿔야 삼성컬쳐도 혁신할 수 있다. 그러나 삼성은 그때까지 기다릴 수 없다.

　2016년 10월 1일 계룡대에서 열린 제68주년 국군의 날 기념식에서 대통령은 기념사를 통해 "우리 군을 믿고 신뢰한다."고 하였다. 국군 통수권자가 군을 신뢰한다는 것은 우리 군이 더 잘하기를 바라는 기대도 내포되어 있다. 학부모가 공부에 힘든 자녀에게 "너를 믿는다."고 할 때는 "더욱 잘해라"라는 기대가 숨어 있다.

　삼성이 우리 사회 전체의 문화가 바꿔기를 기다릴 수만은 없듯이 우리 군도 조직문화 혁신에 관심을 가질 필요가 있다. 조직문화를 혁신할 수 있는 방법은 무엇일까? 윗사람부터 바뀌어야 한다. 장교들이 진급할 때마다 군사 교육기관에서 이스라엘의 '후쯔파'까지는 아니더라도 수평적 조직문화와 자유로운 토론 분위기를 몸에 배게 해야 한다. 다음은 『퍼스트 무버(First Mover)』(피터 언더우드 지음, 황금사자, 2012) 내용 중 일부다.

> 권위주의와 돌격문화는 한국에 너무나 큰 성공을 안겨줬다. 한국은 이 같은 일사불란함 속에서 눈부신 성장을 거듭했다. (…) 그런데 문제는 이와 같은 과거의 경험이 남긴 잔영이 한국 경제에 너무 강하다는 점이다. 수많은 사람들이 "권위주의는 타파해야 할 잘못된 문화다."라고 말을 한다. 그런데 정작 한국에는 이 문화가 너무나 강력하게 유지되고 있다.(106쪽)
>
> 한국은 그 일사불란함으로 경제를 화려하게 성장시킨 경험까지 있다. 이 때문에 권력을 가진 사람들은 과거의 역사를 기반으로 자신의 권위주의를 미화하기까지 한다.(107쪽)
>
> 어디에서부터 바뀌어야 할까? 지금 한국의 문화 속에서 가장 시급히 각성해야 할 계층은 아랫사람이 아니라 윗사람이다. 상하관계와 권위주의는 아랫사람이 먼저 바뀐다 해도 절대 무너지지 않는다.(111쪽)
>
> 윗사람은 군림하지 않고 설득해야 한다. 리더가 한마디 했는데 부하 직원들이 일사불란하게 움직이면 뭔가 우리 조직이 잘못되고 있다고 생각할 줄 알아야 한다. 반론이 없는 것은 조직에 다양성이 없기 때문이고 다양성이 없는 것은 조직에 창의성이 죽었기 때문이다.(112쪽)

2014년 발생한
두 건의 충격적인 사건

　2014년 우리 군에서 두 건의 충격적인 사건이 발생했다. 4월 7일 경기도 연천군 28사단 윤 일병 폭행 사망사건과 6월 21일 강원도 고성 군부대 총기 난사 사건이 그것이다. 후자부터 간략히 살펴본 후 전자를 이야기하기로 한다.

　2014년 6월 21일 밤 고성군 22사단 소속 임도빈 병장이 K-2소총을 난사해 병사와 부사관 5명이 숨지고 7명이 다치는 사고가 발생했다. 그는 무장 탈영하여 도주하던 중 자살을 시도하였지만 6월 23일 생포되었다. 선임과 후임병의 따돌림으로 부대생활이 힘들었다고 한다. 병영 내 가혹행위가 살인과 무장탈영으로 이어진 불행한 사건이었다. 그는 2016년 2월 19일 대법원에서 사형이 확정되었다.

　이보다 3개월 앞선 4월 7일, 28사단 977포병대대 의무반 내무실에서 윤승주 일병이 선임병들로부터 구타와 집단 폭행으로 사망하는 사건이 발생하였다. 주범 이모 병장은 2016년 8월 25일 대법원에서 징역 40년이 확정되었다. 폭행에 가담한 하모 병장, 이모 상병, 지모 상병에 대해서는 징역 7년, 유모 하사에게는 징역 5년이 확정되었다. 가해자 5명에게 모두 징역 66년 형이 내려진 것이다. 평범한 병사의 사망 사건으로 묻힐 뻔한 이 사건은 사건 발생 후 약 4개월이 지난 7월 31일 군 인권센터가 사건의 전모를 폭로하면서 국민적인 공분을 일으키게 되었다. 당시 언론에 보도된 가해자들의 가혹행위는 인간으로서는 차마 할 수 없는 짓이었다. 사망한 윤 일병에게는 '군대가 지옥'이었을 것이다.

군 인권센터가 폭로한 날로부터 불과 4일 만인 2014년 8월 4일 국회에서 윤 일병 사망사건이 논의되었다. 한민구 국방장관이 출석한 가운데 10시부터 13시까지 국회 국방위원회에서, 오후 2시 30분부터 5시 35분까지 국회 법사위원회에서 이 사안이 현안보고로 채택되어 질의·답변이 있었다. 이날 국회의원들은 국민 여론을 거론하면서 국방부와 군을 심하게 질타하였다. 내용이 많기 때문에 일부 의원들의 발언 요지만 정리해 보았다. 먼저, 국방위원들의 발언요지다.

- 차마 입에 담을 수도 없는 엽기적 잔혹사건으로서 국민적 분노를 넘어서 경악할 수준이다. 5~6명이 집단적으로 폭행한 것은 살인죄가 아니고 무엇이겠는가?(안규백 의원 발언)
- 이번 사건을 계기로 군 입대를 거부하려는 움직임까지 나타나고 있다.(송영근 의원)
- 군 내 폭력을 당하면 차라리 부모에게 연락할 수 있도록 병사

들에게 핸드폰을 지급하자. 병사들에게 하루 10분 만이라도 자기 핸드폰을 사용하게 해 주자. (윤후덕 의원)

– '미필적 고의'라는 개념으로 가해자들에게 살인죄를 적용해야 할 것이다. (진성준 의원)

– 군 내 사각지대에 대해 다시 한 번 관심을 가져야 한다. 가혹행위가 대물림되고 있다면 전역했던 전임 지휘관들도 소급해서 책임을 물어야 한다. (한기호 의원)

– 본 의원실로 다음과 같이 전화로 하소연하면서 펑펑 우는 ^(군 의문사 병사) 부모들도 있다. "그래도 28사단 사망 병사 부모는 다행이라면 다행이다. 그 부모는 ^(군대 간) 자식이 왜 죽었는지 알지 않나? 난 군대 간 내 자식이 왜 죽었는지도 모른다."(김광진 의원)

– 이번 사건에서 군대판 악마를 보았다. 밀착 감시가 곤란한 내무반에는 CCTV를 설치하는 것을 검토 바란다. (문재인 의원)

– 요즘 부모들은 아들이 휴가 나오면 자는 아들 몸을 살펴^(만져)본다고 한다. 적보다 무서운 것은 내부의 적이고, 더 무서운 것은 군에 대한 국민의 신뢰감 상실이다. (백군기 의원)

– 국방부는 반대하고 있지만, 국방 옴부즈맨 제도를 설치하라. 독일군이 군 내부 나치 세력들을 근절하기 위해 만든 것이 군 옴부즈맨 제도다. (진성준 의원)

– 이 사건은 세월호 사건과 똑같다. 전입신병 관리 지침 등 매뉴얼이 있는데 제대로 지켜지지 않았다. (백군기 의원)

– 사망한 병사의 피멍 든 사진을 보면 정말로 천인공노할 사건이

라고 할 수밖에 없다. 내 몸과 살이 떨어져 나간다는 생각으로 부대 관리를 해줄 것을 당부한다. (김성찬 의원)

다음은 같은 날 오후 법사위원회에서 법사위원들의 발언 요지다.

– 지금으로부터 약 40여 년 전, 내가 군 복무할 때도 많이 맞았지만 이렇게까지 맞지는 않았다. 결코 우발적인 범행이 아니다. 우리의 주적은 북한이라기보다 우리 군 내부에 있다. (우윤근 의원)

– 어느 부모는 "차라리 전쟁에서 목숨을 잃었다면 명예롭기라도 하겠다."는 하소연을 하고 있다. 군의 존폐 문제까지 걸린 국민적 관심사라는 점을 알아야 한다. (노철래 의원)

– 제 아들도 군대 가 있는데 불안해서 못 살겠다. 근본적인 문제는 군의 폐쇄성에 있다고 본다. 군의 폐쇄성을 깨기 위해서라도 국방 옴부즈맨 제도 도입을 검토해야 한다. (이춘석 의원)

– 해경은 잘못하면 해체해야 한다는 말이 나오는데, 이번 사건으로 '육군 해체'라는 이야기가 나오지 말라는 법도 없다. (박지원 의원)

– 오늘 의원들의 (국방부에 대한) 질타는 국민적 공분에 바탕을 둔 국민의 목소리라는 점을 알아야 한다. 이번 사건은 인간적 존엄을 선언한 우리의 헌법적 질서를 짓밟는 사건이다. 북한의 정치범 수용소에서나 일어날 법한 사건이 어찌 대한민국 군대에서 일어날 수 있는가?(홍일표 의원)

'국방헬프콜 ☎ 1303'을 아는가? 국군 생명의 전화, 성범죄 상담 전화, 그리고 군 범죄 신고 상담전화를 하나로 합쳐서 2013년 8월부터 '국방헬프콜'로 운영하고 있다. 국방조사본부에서 여성 상담원이 24시간 365일 운영하고 있다. 핸드폰, 일반전화, 군 전화, 공중전화 등 모든 전화에서 1303만 누르면 신고센터와 연결된다. 인터넷, 인트라넷, 모바일로도 쉽게 접속할 수 있다.

장병들뿐만 아니라 민간인들도 이용할 수 있다. 아들을 군에 보낸 부모들도 이용할 수 있다. 신고하면 해당 부대 헌병대 등으로 연락해서 즉각 조치에 나선다. 국방조사본부에서는 장병들에게 '국방헬프콜 1303'을 알리기 위해 널리 홍보하고 있다. 군 병영 시설 곳곳에 안내문과 스티커가 붙어 있다. 국방일보, 국방카카오스토리, 나라사랑카드, 급여명세서, 각종 군 홍보물, 육군수첩 등에도 안내문이 붙어 있다. 심지어 PX종이컵, PX영수증, 검문소 현수막, 주요 기차역 TMO(여행장병 안내소), 분대장 수첩, 포스트잇 등에도 안내문이 인쇄되어 있다. 군 사이버지식정보방(PC방)에서 PC를 켜면 초기 화면에 헬프콜이 바로 뜬다.

육군 28사단 가혹행위 사망사건이 발생한 의무대 내무반 바로 앞에는 공중전화 7대가 나란히 설치되어 있었다. 여기에는 헬프콜로 바로 연결되는 단축키도 있었다. 그렇다면 한 가지 의문점이 생긴다. 2014년 4월 구타로 사망한 고 윤 상병(주서)는 왜 1303을 누르지 않았을까?

지금으로부터 55년 전 이야기 하나. 1962년 7월 8일 육군 모 부대에서 총기 사건이 발생했다. 서울대 문리대 4학년을 다니다 입대한 최영오 일병이 고참 두 명을 M1 소총으로 쏘아 죽였다. 그는 여자 친구가 보내온 12통의 편지를 같은 내무반의 선임병들이 뜯어보고 희롱하자 대들다 거꾸로 엄청나게 두들겨 맞았다. 분노를 참지 못한 그는 선임병을 총으로 쏘아 죽이고 자살을 기도했으나 간신히 살았다. 군사법정에 선 최 일병은 이렇게 말했다.

"두 사람을 살해한 순간 나 또한 죽은 지 이미 오래다. 아무리 군대라 해도 인간 이하의 노리개처럼 갖고 노는 잔인함을 향해 총을 쏘았을 뿐이다."

사건 발생 후 수많은 서울대 학생들이 구명운동에 나섰으나 소용없었다. 대통령의 사면도 없었다. 이듬해인 1963년 3월 19일 그에 대한 총살형이 서울 수색의 군 사격장에서 집행되었다. 다음은 그의 유언이다.

"나의 죽음으로써 우리나라 군대가 개인의 권리를 보장하는 민주군대가 되기를 바란다."

그날 저녁, 남편과 사별한 뒤 20년간 혼자 그를 뒷바라지한 모친^(당시 61세)이 한강 절벽에서 투신자살했다. 평소 자주 빨래하던 마포 강변에 가지런히 놓인 고무신 안에는 이런 유서가 있었다.

"높으신 선생님들, 내가 영오 대신 가겠으니 제발 내 아들을 살려주십시오."

군 형법 제3조는 다음과 같이 규정하고 있다. "사형은 소속 군 참모총장 또는 군사법원의 관할관이 지정한 장소에서 총살로써 집행한다." 여기에 대해서는 좀 더 설명이 필요하다. 다음은 육군종합행정학교에서 발간한 『군형법』(2010년) 63쪽 내용 중 일부다.

오늘날 문명국가에서 사형을 집행하는 방법으로는 교수형, 전기살, 가스살, 총살 등이 있다. 현행 형법은 제66조에서 사형집행 방법으로 교수형을 채택하고 그 집행 장소는 형무소 내로 한정하고 있다.

그러나 군 형법은 군대활동의 유동성으로 인해 형법의 내용대로 실행하기가 불편하므로 이에 대한 특례를 두어 사형집행을 총살로 하도록 규정하고, 사형집행 장소는 소속 군 참모총장이나 군사법원의 관할관이 지정한 장소에서 하도록 하였다. 이로써 군이 이동할 때마다 교수 기구를 가지고 다녀야 하는 불편을 제거함과 동시에 사형 집행 장소를 군이 이동하는 장소에 따라 신축적으로 지정할 수 있다. (…)

총살은 군사법원에서 선고된 사형의 집행에 한정되지도 않는다. 즉, 일반법원에서 선고된 사형에 관하여 군이 그 집행을 의뢰받아 실행할 때에도 총살로 한다. 반면 군사법원에서 선고된 사형을 군이 직접 집행하지 않고 검사(檢事)에게 집행을 의뢰한 경우에는 교수형으로 집행하게 된다. 요건대, 총살은 형법 법규나 재판 기관의 여하를 불문하고 군에서 집행하는 사형 전부에 미치는 사형 방법이다.

또 다른 이야기 하나 더. 국방부 장관은 국회 법사위원회에도 출석하여 보고와 답변을 해야 한다. 군사법원을 관할하고 있기 때문이다. 다음은 2014년 7월 3일 법사위원회 전체회의에서 군사법원에 대한 업무보고에 이어 박민식 의원(새누리당, 부산 북구·강서갑) 발언 내용 중 일부다. 사형 찬성론자와 반대론자의 발언으로서 국회 속기록을 옮겨 보았다.

2011년 인천 강화도에서 상관 4명을 살해한 김 모 상병, 2005년 연평도 소총 난사해서 8명을 숨지게 한 김 모 일병 사건 아시죠? 그러면 김 모 일병, 김 모 상병이 어떤 처벌을 받았습니까? 사형선고 받고 확정이 됐겠죠? 사형선고 받았는데 왜 복역하고 있어요?

군사법원법 506조 무슨 내용인지 아십니까? (…) 군사법원법 506조에 "사형은 국방부장관의 명령에 따라 집행한다."(라고) 되어 있어요. 그리고 508조 보면 "사형집행의 명령은 판결이 확정된 날로부터 6개월 이내로 하여야 한다."(라고) 되어 있습니다.

김 모 일병과 김 모 상병 판결 확정된 지 6개월 넘었습니까, 안 넘었습니까? 넘었습니다. (사형집행을 하지 않고 있는 것은) 법을 어기고 있는 것입니다. 군사법원법 506조, 508조에 '해도 된다.' '안 해도 된다.'가 아니라 "사형 확정된 날로부터 6개월 이내에 하여야 한다."로 되어 있지 않습니까? 왜 안 합니까? (…)

군사법원법에 국방부 장관이 사형집행 하도록 되어 있어요. 한번 생각해 보십시오. (…)

대한민국 국민이 사형제도 존폐에 대해서 찬성하는 국민이 많아

요? 반대하는 국민이 많아요? (⋯) 대한민국 국민의 70% 찬성이
에요. 우리나라 헌법재판소도 (사형에 대해) 합헌 판결을 내리고 있
지 않습니까.(⋯)
제가 18대 (국회)부터 수없이 주장했습니다. 지금 집행되지 못한 사
형수 약 60명이 있는데 그 60명 먹여 살리는데 국가예산 약 250억
원 정도 썼어요.

다음은 이 발언에 이은 박지원 의원(당시 새정치민주연합, 전남 목포)의 발언
요지다.

잘 아시다시피 우리나라는 김영삼 대통령께서 마지막 사형집행
을 하고, 김대중, 노무현, 이명박, 지금 현재 박근혜 정부까지 17
년째 사형집행을 하지 않음으로써 Amnesty International에서 사형
폐지 국가로 선포했습니다. 이러한 극악범죄가 있을 때 국민감정
도 있지만 EU 나라에서는 사형제를 유지하면 회원국으로 가입을
받지 않습니다. 그래서 사형 집행에 대해서 지금 현재 우리나라
박근혜 대통령까지 잘하고(집행 안하고) 계시기 때문에 유의하실 것
을 부탁드립니다.

병영에서 결코 있어서는 안 될, 꽃다운 청춘들끼리 죽고 죽이는 사
건이 한 해에 연달아 두 번 일어난 2014년 이야기를 해 보았다. 군내
가혹행위를 뿌리 뽑는 것은 잡초를 제거하는 것과 같다. 꾸준한 노력
으로 구석구석 들여다보고 한시도 게을리하지 않고 노력해야 한다.

나라가 어지러울 때일수록 우리 군이 흔들리지 않고 국민적 신뢰를 받고 있는 것은 다행스러운 일이다. 하지만 군 내 가혹행위 사건이 터지면 한순간에 무너져 내리는 것이 국민의 군에 대한 신뢰다. 지금 군복 입고 의무복무 중인 새파란 청춘들 중에서 군대를 지옥과 같이 느끼는 경우가 없기를 기대한다. 지난 2014년 대한민국을 온통 뒤흔들었던 사건이 난 후 우리 군에서 발표한 각종 병영문화 혁신 노력을 새삼 되새겨 본다.

언어폭력

모 장군(將軍)이 해외출장을 가기 위해 인천공항에서 출국수속을 밟고 있을 때 우연히 고교 동창을 만났다. 다음은 이 둘의 대화 내용이다.

친구: 야! 너 ○○○ 아니냐? 정말 오랜만이다. 잘 있었냐?

장군: 이게 누구야~ 정말 반갑다. 잘 지냈니?

친구: 공항에는 웬일이냐? 너도 출장 가는 모양이네?

장군: 그래, 미국 출장 간다. 너는?

친구: 난 일본 출장 간다. 너 혼자 출장 가니?

장군: 아니, 우리 애들하고 같이 가.

친구: 애들? 오랜만에 너 애들 보고 싶다. 어디 있니?

장군: 어이~ 김 대령, 박 중령, 일로 와. 내 친구야, 인사해.

군 생활 20년 이상 한 장교를 부하라는 이유로 '애들'이라고 표현하는 것을 애교로 받아 줄 수 있을까? 군대는 그렇다 치고, 우리 사회 분위기는 어떤지 알아보자. 요즘 편의점이나 일부 카페에 이렇게 붙여 놓은 곳도 있다.

"존댓말로 주문하면 할인해 줍니다."
"반말로 주문하면 반말로 받음."

'남의 집 귀한 자식'이라고 쓰인 티셔츠를 식당 종업원 유니폼으로 사용하는 곳도 있다. 종업원이라고 '반말'뿐만 아니라 '갑질'하지 말라는 은근한 부탁이다.

우리 사회는 직급, 나이 등으로 모든 사람들을 서열화하고 있다. 그리고 우리말에는 세상에서 가장 복잡하고 어렵다는 존댓말이 있다. 그래서 '반말 문화'를 둘러싸고 말이 많기도 하다. 반말 문화가 잘못된 권위의식과 만나서 호통, 욕설, 모욕으로 이어지면 이른바 '갑질'이 된다. 남에 대한 배려가 부족한, 물질 만능의 우리 사회가 보여주는 한 단면이다. 국방부에서 30여 년 근무하는 동안 우리 군대의 반말 문화를 많이 경험했다.

"야~ 아까 말한 거 어떻게 됐어? 아직도 꾸물대고 있는 거야?"
"괴발개발 쓴 이것도 보고서라고 가져왔냐?"
"과장 어디 갔어? 밥 먹으러 갔다고? 지금 밥이 넘어가냐? 빨리 데려와!"

"야~ 조용히 못 해? 시끄러워 일을 못 하겠잖아."

여기까지는 그래도 괜찮다. 다음은 더 심한 경우다.

"이딴 식으로 일하면서 월급 받는 게 부끄럽지도 않냐!"
"중령이 이등병보다도 못하냐."
"방위병도 이 정도는 하겠다. 방위병보다 못한 XX."
"네 엄마가 너를 낳고 미역국을 먹었냐?"

오래 전에 국방장관이 장군에게 이런 이야기 하는 것도 들었다.

"네가 어떻게 별(★) 달았냐? 별 떼버려라!"

지금 우리 군에서 이렇게 쌍소리 하는 장교들은 없을 것이다. 없기를 기대한다. 구타, 자살, 총기 사고 등 병영 내 각종 사건 사고의 이면에는 고참병과 신참 사이의 잘못된 권위의식과 반말·폭언이 항상 존재한다. 이러한 잘못된 병영문화의 피해자는 의무복무 병사에 국한되는 것은 아니다. 직업군인과 고급 장교들도 가해자이면서도 피해자였던 시절이 있었다. 필자 또래의 사관학교 출신 장교(장군)들이 생도시절 때 상급생으로부터 받았던 체벌 이야기를 들으면 기가 막힐 지경이다.

필자가 국방부에서 공직을 처음 시작할 때는 윗사람이 욕설을 하더라도 아랫사람이 참는 것은 당연했다. 아니, 참는 것 외엔 다른 방법이 없었다. 상관이 모욕적인 발언을 할 때, 뒤돌아서 욕할망정, 면전에서는 최대한 얼굴표정을 찌푸리지 않아야 했다. 인신공격성 발언을 들은 날엔 동료들과 함께 퇴근 후 폭음을 하며 잊어버리려고 하였다. 그 당시엔 국방부뿐만 아니라 민간 기업에서도 비슷했을 것이다.

2015년 개봉된 영화 '열정 같은 소리 하고 있네'에서 부장 하재관(정재영 분)이 신입사원 도라희(박보영 분)에게 다음과 같이 욕설을 퍼붓는 장면이 나온다.

> 너 임마, 뭣도 모르면서 말이 너무 많아. 앞으로 말하지 마. 누가 뭐 물으면 그때만 말해. 그것도 '네, 아니요'만 해. 함부로 지껄이면 죽는다. 네 생각, 네 느낌, 네 주장 다 필요 없어. 알았어? (…) 그리고 그 표정, 표정도 짓지 마. 네 기분을 그렇게 다 내놓지 말란 말이야. 네가 무슨 기분인지도 난 알 필요가 없거든. 내가 먼저 묻지 않으면 절대 꺼내 놓지 마, 알아들었어?

학교와 가정에서 제대로 된 인성교육을 받지 못하고 성장한 청년들이 군에 들어와 가끔씩 병영 사고를 일으킨다. 우리 군에서는 각종 인성검사를 통해 군 복무 부적합자를 가려내기도 하고 병영문화 개선을 위해 여러 가지 노력을 하고 있다. 하지만 직업군인, 특히 고급장교들도 제대로 된 인성교육을 받지 못하고 학창시절을 보냈다. 필자가 고등학교 시절에도 선생님들이 몽둥이를 휘둘렀고, 체벌을 받아가며 학교를 다녔다. 그 당시 세대들은 그게 당연한 줄 알았다. 인간존중이나 배려라는 개념을 전혀 모르고 학창시절을 보낸 것이다. 사회에 나와서는 인생의 목표가 "저 높은 곳을 향하여 오늘도 내일도 나아갑니다." 라는 출세지향, 진급 지상주의에 빠져 살았다. 지금 우리 군 고급 간부들의 성장환경도 필자와 크게 다르지 않을 것이다. 제대로 된 인성교육 한 번 받아보지 못하고 평생을 살아온 것이다.

이제 세상은 바뀌고 있다. 한 세대 전에 당연했던 것이 지금은 당연하지 않을 수 있다. 요즘 젊은 사람들은 필자가 사회생활을 시작할 때와는 확연히 다르다. 의식수준도 많이 민주화되었고 수평적 인간관계를 중시하고 있다. 우리 사회에서 이른바 '갑질'에 대한 평가도 엄격해지고 있다. 예전과 달리 휴대폰 녹음 및 촬영 기능 덕분에 증거확보가 쉽고, SNS를 통해 쉽게 확산되기 때문에 성질 나쁜 윗사람들은 조심해야 한다.

성추행(Sexual harassment)이란 상대방이 싫어하는 물리적 신체접촉을 통해 성적 수치심을 불러일으키는 행위를 말한다. 권력추행(Power harassment)이란 윗사람이 우월적 지위를 이용하여 아랫사람에게 모욕적인 언사, 폭언 등으로 수치심을 유발하거나 자존감을 상실케 하는 것을 말한다. 성추행을 하는 사람은 처벌해야 한다. 이를 위해 신고제도를 만들고 예방교육을 실시해야 한다.

마찬가지로 권력추행을 일삼는 사람도 처벌해야 한다. 신고를 받거나 예방교육도 실시하고 필요하면 가이드라인도 만들어야 한다. 일본에서는 직장 내 괴롭힘을 사회적 병폐로 인식하고 있다. 후생노동성이 신고 받아 조사하고 직장 상사 때문에 우울증을 앓거나 자살을 하면 산재(産災)로 인정하는 등 정부 차원의 대책도 마련하고 있다.

우리 사회에서 성추행에 대해서는 범죄가 된다는 인식이 확산되고 있으나 권력추행에 대해서는 아직 그렇지 못하다. 하지만 일부 기업에서는 윗사람의 인신 공격성 발언을 해사(害社) 행위로 간주하여 처벌하는 등 적극적으로 대응하기도 한다. 윗사람으로부터 욕설과 모욕을 당한 아랫사람들이 정신적으로 스트레스가 계속 쌓일 경우 개인의 정신 건강뿐만 아니라 조직의 건전성을 저해하고 나아가 회사의 생산성을 떨어뜨린다는 판단이다. 이를 예방하기 위해 행동 가이드라인을 만들어 배포하고, 동영상 등 교육 자료를 만들어 사내 전산망에 올리고, 신고 제도를 만들고, 가해자가 나오면 징계절차를 밟는 경우도 있다.

믿거나 말거나 같은 이야기 하나. 부속실 여직원에게 매일같이 막말을 해 대는 회사 사장이 있었다. 그 여직원은 묵묵히 참으며 근무를 했다. 회사를 떠나지 않는 한 참는 방법밖엔 없었다. 스트레스를 참다 못한 그녀는 한 가지 방법을 생각해 냈다. 그것은 피임약이었다. 사장님이 커피를 주문할 때마다 그 여직원은 커피에 피임약을 한 알씩 넣었다.

유머 한 가지 더.
어느 부부가 있었다. 남편은 퇴근해서 집에 오면 회사에서 있었던 스트레스를 아내에게 풀곤 했다. 아내에게 막말도 하고, 욕설도 하는 등 밖에 있었던 스트레스를 그대로 아내에게 옮기는 것이었다. 하지만 아내는 묵묵히 참으면서 집안일을 하였다. 그러던 어느 날 남편은 아내에게 미안한 마음이 들었다. 아내에게 스트레스 주는 것이 인간적으

로 미안하면서도 스트레스를 참고 견디는 방법이 궁금해서 아내에게
물었다.

"내가 스트레스 주면 당신은 어떻게 해소하나?"

아내가 조용히 답했다.

"화장실 변기를 닦죠."

더욱 궁금해진 남편은 다시 물었다.

"화장실 변기를 어떻게 닦기에?"

아내가 가만히 말했다.

"당신 칫솔로 닦지."

이 세상에는 영원한 갑도 없고 영원한 을도 없다. 을도 갑에게 보복
할 수 있다.

지휘용
양주

우리 군대 용어 중에서 쉽게 이해가 안 되는 단어가 두 개 있다. '외박'과 '지휘용 양주'가 그것이다. 먼저, '외박'이란 단어부터 이야기해보자. 병사들이나 간부들이 자기 집에 가면서 "외박 나간다."고 한다. 외박의 사전적 의미는 "자기 집이나 일정한 숙소에서 자지 아니하고 딴 데 나가서 잠"이다. 사전적 의미와 군대에서 사용하는 의미가 완전히 다른 경우다. 일부 남성들 사이에서는 직업여성과 동침하는 것도 외박이라고 한다.

의무복무 병사들의 경우 군대에서 먹고 자고 하니, '병영생활관=자기 집'이라고 생각하여 부대 밖에서 자는 것을 외박이라고 하는 것은 이해가 되기도 한다. 하지만 결혼한 군 간부들이 자기 집에 가면서 '외박 나간다.'고 하는 것은 어떻게 생각해야 할까? 격오지 근무와 각종 훈련 등으로 집에 제대로 가지 못하고 부대에서 자는 경우가 많다보니 이런 표현이 생겨났을 것이다. 그렇다면 '외박'이란 단어는 가족과 떨어져 격무에 시달리는 간부들의 고단한 군 생활을 엿보게 한다.

다음으로, '지휘용 양주'라는 말이다. 생각해보면 웃음이 나는 군대 용어다. 그대로 해석하면 '지휘하는 데 사용하는 양주'라는 뜻이다. 양(洋)의 동서(東西)와 때의 고금(古今)을 막론하고 지휘에 술이 필요한 군대가 있을까? 소설 『삼국지』에는, '전투가 있기 전날 병사들에게 술과 밥을 배불리 먹였다.'라는 내용이 종종 나온다. 하지만 술은 군기사고를 일으키는 대표적인 요인이다.

지금은 소맥주(소주+맥주)가 유행이지만 대략 20여 년 전만 해도 양주 폭탄주가 유행이었다. 군 지휘관들이 회식할 때 양주 폭탄주를 만들어 돌리는 것이 일반적인 군대 술자리 분위기였다. 필자가 국방부 사무관이었던 시절에 회식은 폭탄주로 시작해서 폭탄주로 끝나는 경우가 많았다. 회오리주, 충성주, 도미노주, 타이타닉주, 고진감래주, 태권도주 등 제조 방법도 다양했다. "술 잘 마시는 사람이 일도 잘한다."고 자화자찬 하면서 취할 때까지 혹은 필름이 끊길 때까지 폭탄주를 돌리던 때였다. 필자가 한·미 관계를 담당할 때 잘 아는 주한미군 장교에게 물었다.

"'술 잘 마시는 사람이 일도 잘한다'를 영어로는 어떻게 표현하나?"
답은 이러했다.

"Heavy drinker, Heavy worker…그런데 한국사람~ 이해할 수 없어요???"

폭탄주는 단결, 충성 등 일종의 권위주의와 집단주의적 이미지를 가지고 있다. 주량에 상관없이 모두가 똑같은 양을 단번에 마심으로써 같은 소속감을 느끼기도 했다. 혹자는 술을 못 마시는데도 조직에서 왕따 당하지 않기 위해 할 수 없이 마시기도 했다. 다 마실 수 없을 때는 잔을 입에 대고 마시는 척하며 맥주를 옷에 붓기도 했다.

언제부턴가 우리 사회에서 소맥주(소주+맥주)가 양주 폭탄주를 대신하게 되었다. IMF 등 경기 불황 때문이었다는 설도 있지만 어쨌거나 소맥주는 국내 주류시장에서 위스키를 몰아냈다. 결코 없어지지 않을 것 같았던 '대한민국=위스키 소비대국'이란 불명예스러운 등식도 사라졌다. 소맥주의 유행을 계급문화의 타파로 설명하기도 한다.

양주 폭탄주는 일부 계층이나 특정 집단이 주로 애용했다면 지금의 소맥주는 남녀노소 즐기고 있다. 이명박 정부 때 대통령이 국무위원들과 국정워크숍을 마치고 회식 때 소맥주를 돌리기도 했다. 소맥주는 개인의 성향과 주량에 따라 다양하게 제조하기도 한다. 양주 폭탄주는 회식자리에서 제일 높은 사람이 주로 제조하였다. 하지만 소맥주는 참석자들이 돌아가면서 제조하기도 한다. 이렇게 보면 양주 폭탄주와 달리 소맥주는 우리 사회의 다원화 추세와도 일맥상통한다면 지나친 해석일까?

양주 폭탄주가 보편적이었던 시절, 군 지휘관 입장에서는 1인당 할당되는 면세 양주로서는 회식 때 양주 폭탄주 소요를 모두 감당할 수가 없었다. 그렇다고 면세가 아닌 양주를 시중에서 따로 구입하여 회식 때 사용하는 것은 금전적 부담이었을 것이다. 이러한 문제 아닌 문제를 해결하기 위해 만들어진 제도적 배려가 '지휘용 양주'였다.

우리 군은 오래전부터 주류면세제도를 운영해 오고 있다. 국방부는 매년 기획재정부와 주종별로 면세 주류량을 협의·결정한다. 군 면세 주종은 소주(희석, 증류), 맥주, 양주(브랜디, 위스키)부터 약주, 과일주, 청주 그리고 리큐르주에 이르기까지 다양하다. 면세혜택을 금액으로 환산하면 대략 300억 원 정도다.

이렇게 확정된 면세주류 물량은 개인과 부대 행사용으로 판매한다. 간부 1인당 연간 구매기준은 희석식 소주 16병, 맥주 120병, 위스키 2.5병, 브랜디 1.5병, 증류식 소주 1병, 일반증류 1병, 과일주 2병, 약주 3병, 청주 1병, 리큐르주 3병 등이다. 이를 면세 금액으로 환산하면 20여만 원이 조금 넘는다. 주종에 따라 다르지만 우리나라 주세율을 출고가격(제조원가+적정 마진)의 70~80퍼센트라고 한다면 면세주류 20만 원은 시중 구매 가격으로 약 40만 원 정도다. 군대에서는 술을 시중가의 약 절반에 구입할 수 있다는 것이다. 부대 행사용 주류 한도는 별도이므로 개인이 이 정도 금액의 술을 집에서 소비한다면 거의 알코올 중독이라고 해도 지나치지 않을 듯싶다.

면세 주류를 전혀 구입하지 않는 간부는 전체의 약 8퍼센트 수준이다. 군 간부(군무원 포함)를 약 20만 명이라고 한다면 1만 6천 명의 간부는 면세 술을 한 병도 구입하지 않는다는 것이다. 주류를 구입한 간부들의 경우 평균 개인한도액(22만 원)의 절반(49%)을 구입하였다는 통계가 있다. 약 2천 명 정도는 개인한도를 초과하여 주류를 구매하였고, 심지어 300만 원을 초과하여 구입한 경우도 있었다. 2010~2012년간 군에서 판매된 면세주류는 총 1억 8천만 병(캔)에 달하고 이를 단순계산하면 군 간부 1인당 연간 약 270병(캔)을 구입한 셈이다. 면세주류를 많이 구매하는 경우는 선물용이 많다고 하는데 만약 그렇다면 우회적인 탈세의 문제가 발생한다.

15세 이상 우리 국민 1인당 알코올 소비량은 14.8리터로 경제협력개발기구(OECD) 국가 중 최상위권에 해당한다(2011년 세계보건기구 통계 참조). 마트에서 단돈 1천 원이면 소주 한 병을 사서 취할 수 있는 나라가 대한민국이다. 술값이 생수값보다 싸게 되었다. 이렇게 술값이 저렴한 나라에서, 그것도 술에 대한 세금이 엄청나게 높은 나라에서 직업군인들에게 면세로 술을 구입하게 한다는 것은 다시 한 번 생각해 보아야 한다.

군 간부들이 일반 사회인들보다 술을 2배가량 더 많이 마신다는 주장도 있다. 다음은 2016년 11월 28일자 '국방일보'에 게재된 글이다. 글쓴이는 국군수도병원 심장내과 군의관 김경호 대위다.

> 보통 국군수도병원 내과에 내원하는 간부와 장교들의 음주량은 일반 사회집단보다 많게는 2배 정도에 이른다. 평균 1주일에 3~4회 가량 마시고 한 번에 보통 소주 2병 이상을 섭취하고 있었다. 이는 아무래도 야전에서 집과 떨어져서 외롭게 생활하는 간부들이 일과 후 마땅한 취미활동을 찾지 못하다 보니 벌어지는 현상으로 판단된다.

면세 주류를 군 복지의 일환으로 생각하는 것은 이제 바꿔야 한다. 군인을 위한 마지막 남은 면세 혜택이라고 없애는 데 주저한다. 하지만 저렴한 술로써 복지를 증진시킨다는 것은 옛날 이야기다. 언젠가는 면세 주류 제도는 사라질 것이다. 그렇다면 하루빨리 없애는 것도 좋은 방향이다. 국방부에서 직업군인들의 눈치가 보여서 제도 폐지를 주저한다면 뜻 맞는 군 간부들끼리 '면세 주류 폐지 캠페인'이라도 벌였으면 좋겠다.

우리나라 대학교에서 노벨상 수상자가 나오지 않는 것은 교수들이 밤늦게 연구하기보다는 술 마시는 경우가 많기 때문이라는 지적도 있다. 한때 삼성그룹은 '음주문화캠페인'을 대대적으로 벌인 바 있다. 세계적으로 잘나가는 기업 중에서 직원들이 아침 출근할 때 술 냄새 풍기는 경우가 어디 있느냐는 것이다. 음주문화를 바꾸지 않고서는 진정한 세계 일류 기업이 될 수 없다는 절박한 심정에서 출발한 그룹 차원의 특단의 조치였다.

영국 정부는 음주로 인한 경찰력 낭비와 의료비를 줄이기 위해 최저술값제의 도입을 검토하기도 했다. 이 제도를 도입하면 영국의 술값이 평균 52퍼센트 상승하고 알코올 소비가 7퍼센트 감소하며 음주로 입원하는 인원을 연간 2만 명 감소시킬 수 있다고 한다.

우리 군은 담배와의 전쟁에서 승리하였다. 참여정부 때 국방부, 특히 당시 윤광웅 국방장관(재직기간 2004.7.29.~2006.11.24.)이 금연정책을 강력하게 시행하였다. 2~3년간 단계적으로 줄여 나가면서 비교적 단기간에 면세담배를 없앴다. (면세담배 지급 기준: 2005년 월 15갑→2006년 월 10갑→2007년 월 5갑→2009년 완전 폐지) 그 후 부대마다 금연정책을 강력하게 시행하고 있고 지휘관들이 솔선해서 나선 경우도 많았다. 우리 군은 각종 금연프로그램을 운영하고 있다. 금연생활관 지정, 찾아가는 금연 클리닉 운영, 금연 배지 달기, 금연선서운동, 1일 금연 상담사 운영, 인기 걸그

룹을 금연홍보 대사로 위촉, 금연 메시지 전달, 금연 달력 제작, 금연 성공 토크쇼 등이 그것이다.

일부 부대에서는 금연정책을 너무 강력하게 시행한 나머지 지나친 규제와 개인의 흡연권 침해 등 부작용이 생길 정도다. 과거 훈련 중 휴식시간마다 "담배 일발 장전" 구호는 지금은 찾아볼 수 없다. 군에 가면 '담배 끊고 온다'는 이야기가 생겨날 정도다. '담배 권하는 군대'에서 '담배 끊는 군대'로 바뀌었다. 참고로 우리 군에서 면세 담배는 없어졌지만 순항훈련, 해외파병 등 일부 특별한 경우에만 제한적으로 남아 있다.

이렇게 지난 10년 동안 우리 군은 금연정책을 강도 높게 실시해 왔고, 성공하고 있다. 사회가 우리 군의 금연정책을 높게 평가하고 있다. 아들 군대 보낸 부모들도 군의 금연 노력을 고맙게 생각한다. 하지만 우리 군은 담배에는 엄격하지만 술에는 아직도 관대하기만 하다.

세월이 흐르면서 우리 사회의 음주문화도 변하고 있다. 면세 주류는 하루빨리 사라져야 할 시대착오적인 제도다. 이 제도가 사라진다면 우리 군에서 '지휘용 양주'라는 웃지 못할 단어도 함께 사라질 것이다.

김정운 전 명지대 교수는 폭탄주 좋아하는 한국 남자들을 두고 집단적 자폐증을 겪고 있다고 했다. 다음은 『나는 아내와의 결혼을 후회한다』(김정운, 쌤앤파커스, 2009) 63~65쪽 내용 중 일부다.

삶이 재미없는 한국 남자들에게 나타난 세 번째 병리현상은 폭탄주다. (…)

내가 오랜 외국 생활을 마치고 한국에 돌아왔을 때, 견딜 수 없이 신기한 것이 폭탄주다. 저녁마다 모여 폭탄주를 돌리는 모습을 도무지 이해할 수 없었다. ^(…)

(폭탄주 마시는 사람들에게) 왜 폭탄주를 마시느냐 물었다. "빨리 취한다."고 했다. 나는 또 물었다. "왜 빨리 취하려고 하느냐?" 맨 정신으로 서로 멀뚱멀뚱 바라보며 이야기하기가 힘들다고 했다. 그래서 빨리 취하려고 폭탄주를 돌린다고 했다. ^(…)

서로 마주보며 이야기하기를 두려워하는 것을 정신병리학에서는 '자폐증'이라고 한다. 폭탄주는 집단 자폐 증상이다.^(…)

폭탄주를 마시고, 눈앞이 흐릿해져야만 타인과 마주보고 이야기를 할 수 있는 이 땅의 사내들 또한 아주 심각한 자폐증을 앓고 있다. 술을 마시지 말란 이야기가 아니다. 제대로 마시란 이야기다.

먼 옛날 중국의 시인 이백(李白)은 장진주(將進酒)에서 다음과 같이 노래했다.

古來賢達皆寂寞
惟有飮者留其名
예로부터 현명하고 통달한 이들도 모두 쓸쓸히 사라졌지만
오로지 술꾼들만이 그 이름을 남겼다네

이백의 이 시구는 먼 옛날의 이야기일 뿐이다. 술꾼들은 이름을 남겼다기보다는 이 세상을 빨리 하직했을 뿐이다.

한국군은 골프로
체력 단련한다?

'체력단련장' 하면 어떤 생각이 먼저 떠오르는가? 우리 군에서는 체력단련장이라고 할 때는 두 가지가 있다. 일반적인 의미에서의 체력단련장(Fitness Club)과 군 골프장(Golf Course)이 그것이다.

'군 골프장=체력단련장'이란 등식은 어떻게 생겨났을까? 골프에 대한 사회적 시선이 곱지만은 않은 우리나라에서 '골프장'이라고 표현하기가 거시기한(?) 나머지 군에서는 '체력단련'이란 용어로 우회적으로 표현한 걸로 짐작된다. 하지만 골프로 체력단련을 하는 군대는 지구상에서 대한민국뿐일 것이다. 골프는 체력단련을 위한 스포츠가 아니라 '시간 때우기'(Time killing)'에 가깝다.

우리나라 사람들의 골프 사랑과 골프 실력은 세계적으로 유별나다. 군대도 사회의 일부여서 군 간부들 중에도 골프를 좋아하고 잘 치는 분들이 많다. 군 체력단련장은 전국에 31개소(18홀 9개소, 9홀 22개소)가 있다^(2015년 말 기준).

- 국군복지단 운영: 18홀 4개^(태릉, 남수원, 동여주, 처인)
- 육군 운영: 18홀 2개^(계룡대, 구룡대), 9홀 6개^{(자운대, 남성대, 창공대, 무열} ^{대, 선봉대, 비승대)}
- 해군 운영: 18홀 2개^(만포대, 한산대), 9홀 2개^(낙산대, 충무대)
- 해병대 운영: 9홀 1개^(덕산대)
- 공군 운영: 18홀 1개^(서산), 9홀 13개^{(공사, 광주, 서천, 김해, 원주, (구)원주,} ^{수원, 대구, 성남, 예천, 청주, 강릉, 충주)}

이들 골프장들은 국군복지기금으로 운영된다. 골프장 수입이 기금으로 들어가고 기금으로 골프장을 건설하거나 운영하고 있다. 국회 예산심의 과정에서 군 복지기금으로 군 골프장을 신·증설하는 것에 대해 비판적 시각으로 문제를 제기하는 경우도 종종 있다. 병사들의 호주머니에서 나온 복지시설 운영 수입이 간부들을 위한 군 골프장 건설·운영비로 흘러들어가지는 않느냐, 라는 지적이다.

위례신도시 건설과 관련하여 송파지역에 있던 군부대들이 지방으로 이전하였다. 송파에 있었던 육군특수전사령부와 육군종합행정학교가 경기도 이천시와 충북 영동으로 각각 이전하면서 9홀 골프장을 만들었다. 서울에 있다가 지방으로 가니 이 정도는 해 주어야 한다는 부대 측의 요구였다. 국방부가 송파에 있던 남성대 골프장을 LH공사에 양여하면서 대체 골프장으로 동여주 골프장과 처인 골프장을 기부 받았다. 남성대의 비싼 땅값 때문에 서울시내 골프장 하나가 경기도 골프장 두 개가 된 셈이다. 물론 접근성은 떨어졌지만…. 또한 경기도 고양시에 위치한 국방대학교가 논산으로 이전하는 과정에서 충남도와 논산시 측에서 국방대 측에 제시한 지원 리스트 중에 골프장 건립도 포함되어 있다.

다음은 2010년 국회 국방위원회 수석전문위원실에서 발간한 『국방부 소관 2011회계연도 결산 및 예비비 지출 승인의 건 검토보고서』 211~212쪽 내용이다.

국방대학교 내에는 군 간부의 체력단련과 여가생활 여건을 확보해 주기 위하여 27타석 규모의 골프연습장을 보유하고 있음.

- 위치: 경기도 고양시 덕양구 덕은동 제2 자유로 33번지
- 규모: 골프연습장 29타석, 1982년 건립
- 관리부대: 국방대학교(운영인력 2인)
- 2011년 수입현황: 9,999만 원
- 이용금액: 1박스(100개)당 2,000원

국방대학교 내 골프연습장은 시장, 군수, 구청장의 허가 없이 개발제한구역 내에 설치한 철골 구조물로서 동 구조물의 설치는 〈개발제한구역의 지정 및 관리에 관한 특별조치법〉 제12조 제1항 단서에 저촉되고 (…) 해당 지자체(고양시)에서 2008년부터 해당 구조물의 위법성을 지적하고 이에 대한 철거를 요구하였으나 국방대학교에서는 별다른 조치를 취하지 않고 계속 운영해 왔음.

또한 골프연습장은 ^(수색비행장) 비행안전구역 제4구역에 위치하고 있어 〈군사기지 및 군사시설보호법〉 제10조에도 위배하는 건축물로 철거 대상에 해당됨.

이 자료를 통해 국방대학교 내 골프연습장이 위법 건축물이라는 것 알려지게 되었다. 개발제한구역은 논외로 하더라도 인근 수색비행장 ^(한국항공대 활주로) 비행안전구역의 고도제한을 위반하고 있음에도 불구하고 고양시의 철거 요청에도 철거하지 않고 있는 국방대학교 측의 강심장도 관심이 간다. 이 정도의 불법 건축물이라면 고발 또는 형사 처벌의 대상이 될 수 있지만 고양시가 그렇게까지 하지는 않고 있는 모양이다. 2017년 국방대학교가 논산으로 이전하면 지난 30여 년 동안의 불법 골프연습장 문제도 저절로 해결될 것이다.

우리 군이 전국 여러 곳에 골프장을 소유하고 운영하고 있지만 안보위기 상황이 발생할 때마다 현역들에게 골프 자제령이 내려진다. 공식 지시가 내려오지 않더라도 알아서 눈치껏 판단해야 한다. 20~30년 전에 내려졌던 군 골프 금지령이 아직까지 해제되지 않은 것도 있다는 우스개 이야기도 있다. 내리기는 쉬워도 풀기는 어려운 것이 골프 금지령이다. 알아서 눈치껏 치라는 분위기다.

천안함 사건 이후 7일간^(2010.3.27.~4.2)과 연평도 포격도발 사건 이후 7일간^(2010.11.24.~11.30) 전국의 군 체력단련장에서 골프를 친 현역 장교는 한 명도 없었다. 어떻게 아느냐고? 당시 국회 자료제출 요구가 있어서 조사를 한 바 있기 때문이다.

박근혜 정부의 첫 국방장관 후보자 김병관 씨는 전역 후 골프 친 걸로 인하여 국회 인사청문회 때 곤혹을 겪기도 했다. 그는 천안함 폭침 사건 다음날인 2010년 3월 27일과 애도기간이었던 4월 27일 각각 계룡대와 태릉의 군 골프장에서 골프를 치는 등 사건 발생 후 한 달간 다섯 차례 군 골프장을 이용하였다. 당시 김병관 후보자는 2010년 2월 27일 보도자료를 통해 "당시는 비록 예비역 신분이었다 해도 신중하지 못했다고 생각한다."라고 해명하였다. 이에 대해 당시 민주당 김정현 부대변인은 "젊은 후배들이 차가운 바닷물에 잠기고 시신을 찾느라 온 나라가 발칵 뒤집혔을 때 골프를 친 분이 박근혜 정부의 군을 이끌 국방장관 후보자라니 이해하기 어렵다"라는 논평을 한 바 있다.

　　김병관 후보자에 대한 국회 국방위원회의 인사청문회는 2013년 3월 8~9일에 열렸는데 이때 또 골프 이야기가 나온다. 다음은 인사청문회 때 민주당 김광진 의원의 발언 내용 중 일부다.^(국회 속기록 참조)

> 후보자님을 보면 골프를 상당히 많이 치시는 것으로 보이고, 전역하신 이후에 외국에 나가 계신 기간을 제외하고 스탠포드대 연수기간을 제외한 3년 반 동안을 보면 69회, 그것도 군용 골프장에 한해서만 69회 조사가 되고요, UBM텍 고문 시절일 때에도 25회 군 골프장을 출입하신 것으로 나와 있습니다.^(…)
> 여하튼 그렇게 많은 골프를 치시는데 골프라는 것이 운동상 칠 수 있다고 보여집니다. 그런데 후보자님은 운동상 친다고 보여질 수 없는 부분이 뭐냐 하면 2008년 7월 같은 경우 7월 10일, 7월 11일, 7월 12일 연달아 3일을 골프를 치시고요. 2012년 최근에

도 6월 8일, 6월 9일, 6월 10일 해서 태릉, 성남, 태릉으로 이렇게 연속 3일 치시고, 연속 이틀 치신 것만 해도⋯ 여덟 번이 있습니다. 그래서 이렇게 날마다 그리고 연달아 일주일에 세 번 씩 골프를 치시는 것은 운동상이라고 보기에는 국민감정을 벗어나는 것이 아니냐⋯(하략)

장관, 대법관 등 고위공직후보자에 대한 국회의 인사청문회 때 골프 친 것이 문제되는 경우는 거의 없다. 민간 골프장에서 골프 친 기록은 개인정보보호라고 해서 국회가 요구해도 제출하지 않으면 그만이다. 민간 골프장은 국회 자료 제출요구에 응해야 할 의무도 없다. 하지만 군 골프장은 국회 자료제출요구에 응해야 하는 국방부(군) 산하 기관이기 때문에 골프 친 기록이 국방부 인사복지실을 통하여 국회에 제출될 수밖에 없다.

김광진 의원 발언에서 '국민감정'이란 표현이 나온다. 대한민국은 골프에 관한 한 국민정서를 고려해야 한다. 앞으로 예비역 장교일지라도 공직에 다시 진출할 생각이 있다면 군 골프장 이용은 신중하게 해야 할 것 같다.

안보 위기 상황이 벌어지면 현역 장교가 골프 쳐도 되는지에 대해 많은 군인 골프 애호가들이 궁금해 하는 나라가 대한민국이다. 천안함이나 연평도 포격도발과 같이 심각한 위기상황에서는 골프를 자제해야 한다는 것은 누구나 쉽게 판단할 수 있다. 하지만 낮은 수준의 위기상황에서는 판단이 쉽지 않다. 북핵 실험도 자주 있다 보니 핵실험할 때마다 골프를 자제해야 하는지, 자제해야 한다면 언제까지 자제해야 하는지 판단이 쉽지 않다. 군 관련 사건·사고가 발생할 때마다 국 방부에서 분명한 지침을 내려주기를 바라는 군인들도 많다. '체력단 련'하는데 윗사람 눈치보고 국민 정서도 생각해야 하는 것이 우리 군 의 현실이다.

군인들은 그렇다 치더라도 국가적 위기 또는 재난 상황이 일어나면 일반 국민들도 눈치를 봐가며 골프를 친다. 2014년 4월 세월호 사건이 발생했을 때 골프장으로 향하는 일반인들의 발길이 적게는 20퍼센트, 많게는 50퍼센트 줄어들었다는 언론보도가 있었다. 공무원뿐만 아니 라 기업체 임직원까지 골프장 출입을 자제하였고, 단체골프 예약은 대 부분 취소되었다.

1993년 김영삼 대통령은 취임하자마자 "임기 중 골프를 치지 않겠 다."고 공언한 바 있다. 이것은 바로 공무원 골프 금지로 이어졌다. 박 근혜 대통령은 골프 금지를 언급한 바 없다. 하지만 2013년 7월 박 대 통령은 수석비서관들과 환담하면서 "바쁘셔서(공직자들이) 그럴(골프 칠) 시 간이 있겠어요?"라고 반문한 것이 언론에 보도되었다. 이쯤 되면 알아 서 눈치껏 처신하는 것이 우리 공직사회다. 고위공직자라서 눈치를 봐 야 하는가, 아니면 눈치를 잘 보기 때문에 고위공직자가 된 것인가?

많은 우리 선수들이 국제대회에서 우수한 성적으로 국위를 선양하 는 것이 골프 종목이다. 연간 3천만 명 이상이 골프를 즐기고 있고 TV 스포츠 뉴스마다 골프 소식이 전해지고 있는 나라가 대한민국이다. 하 지만 대통령이 공무원들에게 골프 치라고 해도 눈치 보아야 하는 나라 가 대한민국이다. 청와대에서 골프 해금령이 떨어져도 공무원 사회는 반신반의하며 소속 부처 장관은 어떤 생각인가? 눈치를 본다.

　민주화되고 다원화되었다고는 하지만 골프에 관한 한 국민정서법에 걸리면 헤어나기 힘든 것이 대한민국이다. 우리나라에서 가장 무서운 법이 국민정서법이다. 골프에 관한 한 우리 국민들의 생각은 이중적이고 이원화되어 있다. 평소에 골프를 사랑하면서도 공직자나 군인이 골프를 치면 손가락질하는 것도 우리 국민이다(이중성). 골프를 열렬히 좋아하는 국민들이 있는가 하면 부자들의 운동이라고 손가락질하기도 한다(이원화). 골프에 대해 부정적으로 생각하는 대통령이 있는가 하면 그렇지 않은 대통령도 있다.

　평소에 소신 있게 군복무를 하는 장교일지라도 골프에 대해서만은 눈치를 봐야 하는 것도 한국군이다. 그래서 '군 골프장'이라고 대놓고 말하지 못하고 '체력단련장'이라고 에둘러 표현하는 것일지도 모르겠다. 다음은 『나는 아내와의 결혼을 후회한다』(김정운, 쌤엔파커스 펴냄, 2009) 내용 중 일부다.

　　전 세계에 우리처럼 골프에 미친 민족은 없다. 왜 그런지 아무도 속 시원히 대답해 주지 않는다. 내가 스스로 대답해 본다. 참 많이 생각했다.

　　골프는 스토리텔링이기 때문이다. 골프는 운동이 아니다. 이야기다. 한국 남자들이 술도 마시지 않은 상태에서 네 시간 이상 이야기할 수 있는 주제는 골프밖에 없다. 여자에 관한 이야기도 이렇게 길게 하지 못한다.

　　매번 비슷한 골프 이야기 같다. 하지만 조금씩 다른 이야기가 끝없이 재생산된다. 더 중요한 것은 그 이야기가 내 이야기라는 것이다. 그래서 골프가 재미있는 것이다. 아니 살면서 지금까지 내 이야기가 이토록 많이, 흥미진진하게 한 적이 있었던가? 무슨 일인들 이야기가 없겠냐마는 자신의 삶에 관한 이야기를 상실한 중년들에게 골프만큼 공통의 화제를 만들어주는 일은 없다.(176쪽)
이야기가 있는 삶은 행복하다. 골프 이야기는 즐겁다. 낚시 이야기는 가슴 설렌다. 그러나 골프 이야기, 낚시 이야기 외에는 달리 나눌 이야기가 없는 남자들의 삶은 참 슬프다.(181쪽)

보고서
문화

'코너지', '아첨지' 또는 '짜웅지'라고 아는가? 보고서 왼쪽 상단에 스테이플로 철하기 전에 붙이는 조그마한 종이 말이다. 보고서 코너에 붙인다고 해서 '코너지', 윗사람들에게 잘 보이기 위해 붙인다고 해서 '아첨지'라고 한다. '짜웅지'에서 '짜웅'이란 '아부, 뇌물, 잘 보이다'라는 뜻으로 군에서 주로 사용되었던 말이다. 이 셋을 통일하여 코너지라고 하자.

지금은 코너지를 사용하는 사람이 적어서 찾아보기가 힘들다. 하지만 불과 10년 전만 해도 국방부를 비롯한 정부의 많은 보고서에는 코너지가 붙어있었다. 코너지 없이는 일을 할 수 없는 정도였다. 두꺼운 색종이를 직접 잘라 만들기도 했다. 급하면 옆자리 동료에게 빌려서 사용하기도 했다. 어느 과(課)는 공용으로 만들어놓고 함께 사용하기도 했고, 문구점에서 시판하는 것을 구입하여 사용하기도 했다.

코너지는 스테이플 찍은 곳을 튼튼하게 하거나 보이지 않게 하고, 찢어지는 것을 막는 효과도 있었다. 하지만 "이정도 사소한 것까지 신경 썼으니까 내 보고서를 좀 잘 봐주세요."라는 의미가 더 컸을 것이다. 실무자들 스스로 '아첨', '짜웅'이라는 말을 많이 사용한 것을 보면 짐작하고 남음이 있다.

언제부턴가 코너지가 행정낭비라고 하여 사용하지 말자는 분위기가 확산되기 시작했다. 많은 사람들이 공감했지만 사무실에서 코너지가 완전히 사라지기까지 상당한 시일이 걸렸다. 한때 코너지 없는 보고서는 생각도 못 했던 시절이 있었지만 지금은 코너지를 찾아볼 수 없는 시절이 되었다.

국방부 보고서의 또 다른 특징 중 하나는 '날개'를 붙이는 것이다. 날개 달린 국방부 보고서를 본 다른 부처 공무원들은 신기하게 생각한다. 참고자료나 사진, 그림 등을 해당 페이지 옆에 붙이는 방식인데 노력이 많이 드는 것이다. 날개 보고서를 여러 부 준비하는 경우엔 실무자들의 수고가 더욱 많다. 종이 보고서뿐만 아니라 프레젠테이션 할 때도 보조화면을 만들어 띄우는 경우도 있다. 이 경우 좌우측 보조화면용 PC를 별도로 사용해야 하기 때문에 시간과 노력이 배가 된다.

모든 정부부처가 보고서 준비에 가장 많이 신경 쓰는 경우는 대통령 신년 업무보고다. 내용뿐만 아니라 디자인까지 조직의 있는 힘을 다해 보고서를 작성한다. 신년 업무보고는 일반적으로 몇 개 부처가 함께 보고하는 경우가 많다. 예를 들면 국방부, 외교부, 통일부가 같은 날 같은 자리에서 대통령님을 모시고 함께 업무보고를 하는 것이다. 보고 날짜가 다가오면 3개 부처 실무자들이 회의실에 모여서 몇 차례 리허설을 한다. 이때 외교부 통일부 관계자들이 국방부의 보조화면(날개)을 보고는 매우 신기하게 또는 이상하게 여기는 경우를 종종 볼 수 있다. 국방부가 아닌 다른 부처의 경우 보조날개 또는 보조화면을 사용하지 않는다. 군 작전 상황보고의 경우 보조화면이 매우 유용하다. 피아 상황도 등을 많이 사용하기 때문으로 보인다. 국방부의 경우 이러한 군 작전 보고 스타일의 영향을 많이 받은 걸로 보인다.

대부분의 보고서는 개조식(個條式)이다. 이는 서술식에 대응하는 것으로서 짧게 끊어서 요점 위주로 표현하는 것이다. 주어+동사·술어로 연결되는 완전한 문장이 아니라 단어와 단어들을 연결한 요약 형식이다. 수식어와 조사를 생략하고 단어 수를 최대한 줄여서 군더더기 없는 간결하고 압축된 내용으로 작성하는 것이다.

국방부 보고서의 경우 특히 심한 개조식이다. 개조식 보고서는 몇 가지 문제점이 있다. 첫째, 보고서를 작성한 사람이 말로 설명하지 않으면 제대로 이해할 수 없다. 내용이 압축되어 있다 보니 제3자가 혼자 읽어서는 완전히 이해하기 어렵다. 의사소통을 위한 보고서임에도 불구하고 완전한 의사소통이 안 되는 것이다. 세월이 지나서 또는 당시 상황을 제대로 알지 못하는 제3자가 읽어보면 보고서 내용의 진정한 뜻을 이해할 수 없는 경우도 있다. 직장인의 애환을 그린 드라마 '미생'에서 주인공 장그래가 작성한 보고서 중 다음과 같은 내용이 있다.

"중동선사협의체 성수기 할증료 유예(300USD)"

명사로만 연결된 문장이 되었지만 주어와 시제가 불분명하다. 당초 장그래가 생각했던 문장은 다음과 같은 서술식이었다.

> "중동선사협의체에서는 2012년 7월 중 컨테이너 당 300달러의 성수기할증료를 부과할 예정이었으나 이를 유예했습니다."

상사가 개조식으로 보고서 작성을 지시하는 바람에 장그래는 의미 전달이 불분명한 보고서를 작성하게 되었다.

두 번째 문제점은, 개조식 보고서를 오래 작성하다 보면 정식 문장으로 된 서술형 글쓰기를 못하는 경우가 있다. 수십 년 동안 보고서를 작성해 왔지만 정작 제대로 된 연설문이나 간단한 논술문을 쓰지 못하는 경우가 있다. 개조식 보고서에 집착하다보니 발생하는 글쓰기의 직업병이라고 하겠다. 다음은 『대통령 보고서』(위즈덤하우스 펴냄, 2007) 내용 중 일부다. 지은이는 참여정부 때 '대통령비서실 보고서 품질향상 연구팀'이다.

> 대부분의 직장인들은 보고서를 비롯한 각종 문서 작성에 많은 시간을 보낸다. 그만큼 직장생활에서 보고서 작성은 중요한 업무다.(…)
> 간단한 의사결정은 보고서 없이 몇 마디 말로 할 수 있다. 하지만 복잡한 문제 해결이나 책임이 따르는 결정을 문서화하지 않고 말로 끝낼 수는 없다. 문제가 복잡하고 책임이 무거울수록 '무거운' 보고서가 필요하다.(…)

보고서를 작성하는 것은 단순히 문장을 잘 쓰는 것을 의미하지 않는다. 보고서는 문제해결 과정을 담고 있으며 문제를 해결하는 수단이 되기도 한다. 직장에서 '일을 한다'는 것은 어떤 문제를 해결한다는 뜻이다. 따라서 보고서 작성 능력은 곧 직장에서의 업무 능력과 직결된다고 할 수 있다. 즉, 한 사람이 갖고 있는 업무 지식과 동원 가능한 정보, 통찰력 있는 분석, 상하동료 간 의사소통, 추진력 등의 결정체가 바로 보고서다. (이상 20~21쪽)

군, 정부, 그리고 기업에서 보고서는 상하 간의 커뮤니케이션과 정책(의사)결정의 수단이자 주요 내용을 기록하는 방식이다. 하지만 많은 보고서는 내부 고객, 특히 윗사람을 만족시키려는 것이 대부분이다. 외부의 고객을 위한 보고서는 간과하는 경향이 있다. 인터넷 홈페이지에 올라와 있는 정책 관련 내용을 보면 형식적이고 무성의한 경우가 많다. 내부 고객만 생각하고 외부 고객(국민)에 대한 보고(소통)에는 상대적으로 관심이 덜하다.

일부 기업에서는 보고서를 돈으로 생각하여 보고서 간소화에 노력하는 경우를 많이 볼 수 있다. 보고서를 정성들여 만드는 것은 회사의 공공재를 허비하는 나쁜 행위라고 보는 것이다. 보고서 작성에 들어가는 인건비와 각종 지출은 부서장이 직접 부담하는 것이 아니므로 마구 사용하는 경향이 있다. 몇 마디 구두 보고나 간략한 메모 보고 정도로 해결될 사안을 굳이 A4용지에 형식을 갖추어 정성들여 보고하는 것은 시간과 인력의 낭비다. 내 돈 아니니까, 내가 봉급 주는 것이 아니니까 이렇게 하는 것이다.

A4용지 몇 장으로 정리하면 될 것을 거의 박사 논문급으로 작성하는 것도 과잉 투자다. 불필요하게 보고서 작성에 부하직원을 닦달하거나 조직의 자원을 낭비하는 부서에 대해서는 페널티를 부여해야 한다. 보고서에 목숨 거는 조직일수록 상하 소통이 부족하고, 관리중심적인 경우가 많다.

국방부 회의 문화:
회의(會議)가 많으면 회의(懷疑)에 빠진다

"회의가 많은 것은 나쁜 조직의 조짐이다. 회의는 적을수록 좋다."

경영학의 대가 피터 드러커의 말이다.

"국방부 하루 일과는 회의로 시작해서 회의로 끝난다."

필자가 국방부 근무할 때 어떻게 일했나를 돌이켜보면 회의의 연속이었다고 해도 과언이 아니다. 하루 종일 회의로 일과 시간의 대부분을 보내고 퇴근하면서 '열심히 일했다'라고 착각하면서 살았다. '일을 위한 회의'는 하지 않고, '회의를 위한 일'을 하면서 일한 것으로 여기는 분위기에 젖기도 했다. 다음은 지난 2013년 10월 22일 국회 국방위원회의 합동참모본부(국방부가 아님)에 대한 국정감사 때 일부 의원들의 발언 요지다.

○ **한기호 의원**

합참에 근무하는 장교들의 평균 출근시간을 조사해 보았는데…
가장 빨리 오는 분은 새벽 3시 39분이었다. 평균 출근시간은 5시
56분으로 나타났다. 대부분 이렇게 근무하고 있다. 이게 말이 됩
니까? 장군이 이 시간에 출근한다면 과장은 단 몇 분이라도 더
빨리 출근해야 하고, 실무자들은 과장보다 더 빨리 출근해야 할
것임. 이 시간에 오려면 (아침)밥이나 제대로 먹고 오겠는가? 세상
에 이런 부대가 있을 수 있는가? 늦게 출근하면 일 안 하는 걸로
인식할 것이다. 이 근무문화를 바꾸지 않으면 안 된다. 이렇게 근
무해서야 어찌 창의적으로 고상한 발상이 나오겠는가? 오직 윗사
람에게 좋은 보고서를 쓰기 위해서 이런 시간을 낭비하고 있다.
아침 7시 이후에 출근하는 장군은 5명에 불과했다. 중장들은 모
두 6시 이전에 출근하고 있다. (…) 합참의장님은 7시에 출근하신
다고 하는데, 그렇다면 군 사령관은 6시 반에는 출근해야 되고 사
단장은 5시 반에는 출근해야 하지요. 이것은 개인 사생활을 완전
히 무시하는 것이다.

○ **송영근 의원**

옛날에 어떤 사단장이 있었는데, 아침 먹고 회의, 점심 먹고 회
의, 저녁 먹고 회의하는 사람이 있었다고 한다. 이러다 보니 실
무자들은 일주일 내내 회의록 작성하는 데 대부분의 시간을 보냈
다고 한다. 이러한 불만을 전해들은 군단장은 사단장에게 "회의
를 줄일 것."을 지시하였다. 그러자 사단장은 참모장과 참모들을

제4장: 우리나라 군대 문화

집합시켜 회의를 없애자는 회의를 하였다. 이는 비능률적인 부대 운영을 비아냥거리는 이야기이지만 이러한 것이 결코 선진군대 라고 할 수 없다.

○ **안규백 의원**

(합참 간부들이) 새벽 5시에 출근하는 것은 북한을 이롭게 하는 것이다. 일이 있으면 선택과 집중을 해서 열심히 일해야 하겠지만 (…) 합참 간부들의 인식이 바뀌어야 한다. 일이 있으면 날도 새며 일해야 하겠지만 그렇지도 않은데 이렇게 근무하는 것은 하지하책 (下之下策)이다.

합참 간부들이 너무 일찍 출근하는 것을 지적한 것이다. 새벽 4~5시경에 출근하는 합참 간부들은 정보나 작전 부서일 가능성이 많다. 문제는 국회 국방위원들이 이 내용을 소상히 알고 국정감사 때 지적할 정도가 되었다는 것이다. 아마 내부자가 국회 국방위원들에게 하소연 형식으로 불만을 전달했을 걸로 보인다. 회의 준비와 보고 때문에 어쩔 수 없이 조기 출근해야 하는 실무자들의 불만이 외부로 표출된 것이라고 하겠다. 조직 내부의 문제를 내부에서 해결하지 못하고 외부에 호소한다면 조직의 건전성을 다시 한 번 생각해 보게 된다.

국방부에서도 하루 종일 많은 회의가 진행된다. 회의가 가장 많은 날은 목요일과 금요일이며 가장 적은 날은 월요일이다. 국방부청사에 있는 여러 회의실 예약 현황을 분석한 결과다. 국방부 청사에는 거의 각 층마다 크고 작은 회의실이 마련되어 있다. 공식 회의실이 아니더라도 과장실에서, 국장실에서, 실장실에서 회의는 수시로 열리고 있다. 회의를 위해서 일하고, 회의한 걸로 봉급 받고 있을지도 모를 일이다.

국방부뿐만 아니라 다른 정부부처도 그러하고 기업들도 마찬가지다. 어느 조사에 의하면 미국 기업들은 하루에 1,100만 개 회의를 하고 직장인들은 평균 월 62개 회의에 참석한다고 한다. 직장인들의 70퍼센트가 회의 때문에 스트레스를 받고, 기업 경영자들이 하루의 절반을 회의로 소모한다는 우리나라 통계도 있다.

회의가 많은 것이 문제가 아니라 '가짜 회의'가 너무 많다는 것이 문제다. 예를 들어 '전 군 주요지휘관 회의'는 회의라기보다는 지시 모임에 가깝다. 회의란 집단 지성(Collective intelligence)을 발휘하기 위한 도구다. 사람들끼리 상호작용을 통해 개개인이 올린 성과보다 더 우수한 결과물을 만들어 내는 노력이나 그 산물이 집단 지성이다. 하지만 우리나라의 경우 집단 지성을 위한 '진짜 회의'는 별로 없고 '가짜 회의'가 넘쳐나고 있다는 것이 문제다. 우리나라 조직에서 회의의 특징을 다음 몇 가지로 정리할 수 있다.

- 회의한 것을 일한 것으로 착각한다.
- 회의라고 해서 가보면 일방적 지시나 전달사항을 알리는 경우가 대부분이다.
- 윗사람은 말하고 아랫사람은 적는다.
- 회의 자료를 먼저 읽어보고 오는 경우는 없고, 회의실에 와서야 읽는다.

제4장: 우리나라 군대 문화

- 회의에서 말을 많이 하는 사람이 손해 본다. 중간쯤 해야 제일 좋다.
- 회의를 통해 얻는 가시적인 성과가 별무다.
- 나오는 이야기는 항상 똑같고 결론도 없다.

이러한 회의는 시간만 낭비하는 가짜 회의다. 회의 문화를 보면 그 조직의 문화와 업무스타일을 엿볼 수 있다. 민간 기업에서는 회의의 양과 시간을 줄이고 성과 있는 진짜 회의를 위해 혁신 차원에서 노력하기도 한다. 몇 년 전 국방부에서는 이러한 민간기업의 경우를 조사한 적이 있었다. '성공하는 기업의 회의문화' 사례는 다음과 같다.

○ 회의는 돈이다(교보생명): 회의비용 산출 프로그램을 개발하여 "이번 회의는 00만 원의 비용이 들어간다."는 식으로 참석자들에게 사전에 공지한다.
○ 회의실 의자를 없애라(캐논): 의자를 없애고 서서 회의를 진행함으로써 참석자들의 집중도를 높이고 회의를 일찍 끝내게 하여 시간 낭비를 없앤다.
○ 15분 안에 회의를 끝내자(NHN): 회의 자료를 미리 공유하고 회의 시간에는 핵심사항만 논의한다.
○ 맥주 회의(제일모직): 매월 마지막 수요일 오후 3시 월별 실적회의 때 맥주를 곁들이면서 자유롭게 토의한다. 약간의 알코올은 의사소통과 아이디어 창출에 도움이 된다.
○ 종이 없는 회의(SK네트워크): 서면으로 회의 자료를 준비하지 않으

며 참석자 모두 발표하고 토론이 이루어지도록 한다.

○ 커피 브레이크 대화(삼성 HP): 사장을 비롯한 임직원들이 매일 오
전 10시 빈 공간에 모여 커피를 마시면서 자유롭게 대화한다. 이
명박 전 대통령이 국무회의 전에 국무위원(장관)들과 이런 대화를
즐겨 활용했다.

○ 철저한 준비를 통한 회의(IBM): 회의 내용을 사전에 이메일로 송
부하고, 회의 참석자들의 각자 준비사항과 발표시간을 미리 공
지한다.

○ 재미없는 회의는 이제 그만(현대 모비스): 회의는 80% 본론과 20%
의 재미(Fun)로 채워져야 한다.

○ SK의 회의 원칙: 회의는 1시간 이내에 끝낸다. 회의 자료는 4쪽
을 넘기지 않는다. 의사결정권을 가진 임원급 책임자가 회의를
주도한다.

이 기업들의 노력이 성공했느냐는 알지 못하지만 회의 분위기를 바
꾸어 보려는 노력에는 관심이 간다. 초등학교 학생에게 회의를 시키
면 자유로운 분위기에서 다양한 이야기가 쏟아져 나온다고 한다. 하지
만 교사들끼리 모여 회의하면 정반대 분위기다. 우리들은 모두 한때
초등학생이었던 시절이 있었다. 그 당시 우리들의 생각은 말랑말랑했
고, 자유로웠다. 하지만 학교를 졸업하고 사회에 나와 조직에 몸담고
부터는 자유스러움과 수평적 인간관계를 잃어 버렸다. 정부, 군, 기업
의 많은 회의에서 이러한 현상이 그대로 나타나고 있다.

제5장

국방부에서 바라본
국회

인간은 참 재미있는 존재다.

자기 자신은 대의명분에 따라 움직이지 않으면서

다른 사람들은 그것 때문에 움직일 수도 있다고 생각하는 경향이 있다.

−일본 평론가 사카이야 아이치−

국회 국방위 소속 의원이
간첩이라면?

　국회 국방위원회 소속 의원이 간첩이었다면? 간첩은 아니더라도 종북 좌파라면? 간첩이 국회의원에 당선될 정도로 우리의 선거제도와 민의가 잘못되지는 않을 것이다. 그리고 선거로 선출된 국회의원을 '종북 좌파'라고 평가하는 것도 적절하지 않다. 우리 사회 일각에서 정치인들의 성향을 좌파, 우파로 가르는 경우는 있다 하더라도 정부(국방부)에서는 이렇게 해서도 안 되고, 하지도 않는다.

　국방위원회 소속이 아니더라도 국회의원은 국방부를 포함한 정부기관에 대해 (비밀)자료의 제출을 요구하고 열람할 수 있다. 국방위원들의 경우 수시로 군부대를 방문하여 군 지휘관들로부터 부대현황과 전투준비상황 등에 대해 브리핑을 받기도 한다. 그래서 대놓고 말은 못하지만 국방부는 4년마다 국회의원 구성이 새로이 될 때 국방위원회 소속 의원의 정치적 색깔에 내심 관심을 가지지 않을 수 없다.

간첩 또는 종북 좌파 인사가 국회의원이 될 수 있다는 것이 결코 기우가 아니라는 사례가 있다. 2013년 8월 이석기 당시 통합진보당(통진당) 의원이 내란음모 혐의로 구속되었고 2015년 1월 대법원에서 유죄확정 판결을 받았다. 그는 제 19대 통진당 비례대표로 국회에 진출하여 2012년 5월 30일부터 구속될 때까지 약 20개월 의정생활을 하였다. 소속 상임위원회는 미래창조과학방송통신위원회였다. 한편 2014년 12월 헌법재판소는 사상 최초로 통진당 해산결정을 내렸다. 이 결정에 따라 헌법재판소는 통진당 소속 국회의원 김미희(성남 중원), 오병윤(광주 서구을), 이상규(서울 관악을), 김재연(비례), 이석기(비례) 등 5명에 대해 의원직 상실을 선고하였다. 이석기 전 의원이 국회 국방위원회 소속이었다면 어떻게 되었을까? 이석기 전 의원이 유죄판결을 받자, 국방위 소속 몇몇 의원들이 국방부에 다음과 같이 요구하였다.

"혹시 이석기 의원이 국방부에 자료 요청한 것이 있느냐? 있다면 어떤 자료인가?"

"국방부가 자료를 제출하였다면 그 내용을 모두 들고 ○○○의원실에 와서 대면 설명해 달라."

구속되기 전까지 이석기 의원실에서는 국방위 소속이 아니면서도 주한미군 관련 사항 등 여러 건의 자료를 국방부에 요구하였고, 국방부는 절차에 의거 자료를 제출하였다. 그중 비밀 내용은 없었다. 국회법에 의하면 국회의원은 소속 상임위원회와는 무관하게 국방부에 자료 제출을 요구할 수 있다. 국방위원회 소속 의원만 국방부에 자료 요구할 수 있다는 제한규정이 없다.

정부 부처 중에서 비밀 내용이 국회를 통하여 공개 또는 유출되는 것을 심각하게 우려하는 곳은 국방부, 외교통상부 그리고 국가정보원이라고 하겠다. 물론 국가비밀이 아니더라도 정부 내에서 검토가 진행 중인 민감한 사안의 경우 공개되어서는 안 될 것도 많이 있겠지만 군사비밀의 유출과는 차원이 다른 문제라고 하겠다.

국회법에 의하면 상임위 소속 의원은 교섭단체 대표의 요청으로 국회의장이 선임하도록 되어 있다. 국회에서 '원내교섭단체'란 20명 이상 의원들로 구성되는 단체를 말한다. 제20대 국회에서 원내교섭단체는 더불어민주당(소속의원 121인), 자유한국당(94인), 국민의당(39인), 바른정당(32인)의 네 개다(2017년 3월 기준). 정의당은 소속 의원이 6명에 불과하여 비교섭단체다. 지난 19대 국회 때 통합진보당과 자유선진당은 소속 의원이 각각 13명, 5명으로서 원내교섭단체로서의 지위를 얻지 못했다.

원칙적으로 모든 국회의원은 16개 상임위원회의 위원이 될 수 있지만 정보위원회만큼은 교섭단체에 소속되어야 한다. 소속 의원이 적어도 20명 이상 되는 정당(교섭단체)이어야 비밀 유지 등에 있어서 책임 있는 의정활동을 할 수 있겠다는 취지라고 짐작한다. 참고로 정보위원회는 국가정보원 관련 사항만을 다루고 있으며 공개회의는 없고 비공개회의만 열고 있다. 다음은 국회법 제48조 3항이다.

정보위원회 위원은 의장이 각 교섭단체 대표의원으로부터 당해 교섭단체 소속 의원 중에서 후보를 추천받아 부의장 및 각 교섭단체 대표의원과 협의하여 선임 또는 개선한다.

이 조항 때문에 20대 국회에서 정의당 소속과 무소속 국회의원은 정보위원회에 소속될 수 없다. 지난 19대 국회 때 통합진보당과 자유선진당 소속 의원들도 같은 상황이었다. 2012년 6월 제19대 국회 원구성이 되려고 할 때 통합진보당 소속 의원들이 국회 국방위원회 또는 외교통일위원회 위원으로 들어오면 어떻게 하나, 라는 우려도 없지 않았다. 하지만 그러한 상황은 발생하지 않았다.

국회법을 개정하여 국방위원회와 외통위원회도 정보위원회와 같이 교섭단체 소속 의원들만 위원이 될 수 있도록 하려는 움직임이 있었다. 2012년 6월 14일 심재철 의원 등 13명이 다음과 같은 취지로 국회법 일부개정법률안을 발의한 적이 있다.

> 국방위원회와 외교통상위원회는 중요한 국가정보 업무를 다루고 있음에도 불구하고 위원의 선임방식이 일반 상임위원회와 같고, 국가 안보 등과 관련하여 처벌된 전력이 있는 국회의원도 위원으로 선임이 가능하여 국가 기밀 유출의 우려가 있음.
> 이에 국방위원회와 외교통상위원회의 위원을 정보위원회와 동일한 방식으로 구성하도록 함으로써 국가 기밀의 유출을 방지하고 국가 기밀 보호에 대한 교섭단체의 책임을 강화하려는 것임.

이 법률안은 국회를 통과하지 못하고 19대 국회 임기 만료와 동시에 폐기되었다. 20대 국회 외통위와 국방위의 교섭단체별 위원 구성 현황은 다음과 같다(2017년 3월 현재).

- 외교통일위원회(총 22명): 더불어민주당 10명, 자유한국당 8명, 국민의당 2명, 바른정당 2명
- 국방위원회(총 17명): 더불어민주당 6명, 자유한국당 4명, 국민의당 2명, 바른정당 2명, 비교섭단체 3명

위에서 말한 국회법개정안이 통과되어 정보위원회와 같은 방식으로 상임위원을 선임하였다면 비교섭단체 의원은 국방위원회 소속이 될 수 없었을 것이다.

국회의원뿐만 아니라 국회 보좌관들도 군사비밀이나 민감한 자료에 접근할 수 있다. 하지만 보좌관들의 경우 군사비밀을 열람하기 위해서는 비밀취급인가를 받아야 한다. 이 과정을 통하여 부적격자의 비밀 접근 가능성을 제도적으로는 차단할 수는 있다고 하겠다. 하지만 제도가 완벽하다고 해서 그 운영도 완벽할 것이라는 것은 다른 차원의 사안이다.

다시 이석기 전 의원 이야기로 돌아가자. 만약 이석기 의원실에서 군사비밀 자료를 계속 요구하였다면 어떻게 되었을까? 유사한 상황이 다시 일어나지 않게 하기 위한 제도적 방법은 없을까? 국회법 제 128조를 제대로 지키기만 해도 걱정할 필요가 없을 것이다. 즉, 국회의원 개인의 요구가 아닌 본회의, 위원회, 소위원회의 의결로 행정부에 자료제출 요구를 해야 한다는 내용인데, 이를 제대로 지킨다면 불필요한 비밀 자료제출 요구를 남발하는 경우를 많이 차단할 수 있을 것이다. 이 조항에 대해서는 뒤에서 이야기하기로 한다.

다른 이야기 하나 더. 국회 국방위원장은 아무나 해도 될까? 여기서 '아무나'라는 것은 "여당과 야당을 가리지 않고…"라는 의미다. 국방위원회 위원장은 지금까지 계속 여당 몫이었다. 야당이 하면 안 될까? 지금까지 국방위원장은 야당이 해서는 안 된다는 주장도 많았다. 참고로 2017년 3월 현재 외통위원장은 심재권 의원으로서 더불어민주당 소속이며 국방위원장은 김영우 의원으로서 바른정당 소속이다. 지난 19대 국회 때 새누리당 일각에서는 국방위원장을 야당에게 넘겨주자는 움직임도 있었다. 국방위원장을 야당에게 주고 정치적으로 좀 더 실속있는 다른 상임위원장 자리를 여당이 맡자는 의도였을 것이다. 이러한 움직임에 대해 2012년 6월 6일 당시 새누리당 장성 출신 의원 모임은 다음과 같은 성명을 발표한 바 있다.

제목: 국회 외통위원장과 국방위원장 야당 배분 협상은 중단되어야 한다 – 국가안보는 당·정의 영원한 책임

19대 국회 원 구성 협상을 두고 어제(2012.6.4.) 새누리당에서 국회 외통위원장과 국방위원장을 야당에 배분하는 제안을 했다고 한다. 한마디로 어이없는 일이다. 국방과 외교는 세계 어느 국가에서나 여당과 정부가 무한 책임을 지는 분야이고 통일은 대한민국에서 여당과 정부가 무한 의무를 져야 하는 분야이다.
제주해군기지가 해적기지로 왜곡되고 종북·친북의 주사파 출신이 국회에 들어오고, 탈북자와 북한 인권운동가들이 '변절자'로 매도되는 상황에서 새누리당이 국회 외통위원회와 국방위원회를

야당에게 넘긴다면 어느 국민이 새누리당이 천안함 침몰과 연평도 포격 도발 사태를 일으킨 북한에 대한 국방의지와 북한 인권개선에 대한 의지를 갖고 있다고 말하겠는가? 국가안보와 외교 그리고 통일은 대한민국의 여당과 정부가 영원한 공동책임을 져야 하는 분야로서, 국회 외통위원장과 국방위원장은 국민을 대표하여 감시하는 입법부의 대표로서 여당이 책임을 져야 한다.^(…)

2012.6.5.

제19대 국회 새누리당 장성출신 의원 모임

황진하 의원, 정수성 의원, 한기호 의원, 김근태 의원, 김성찬 의원, 김종태 의원, 송영근 의원

20대 국회 들어와서 외통위원장이 야당 몫이 됨으로서 이 성명대로 한다면 지금 국회에서의 외교·통일은 여당과 정부가 무한 책임 또는 공동 책임을 져야함에도 불구하고 그러지 못하는 상황이 되었다. "종북·친북 주사파 출신이 국회에 들어오고…"라는 표현도 정치인이기 때문에 할 수 있는 말이지 행정부에서는 절대로 이런 표현을 쓸 수 없고, 쓰지도 않는다.

국회 자료제출 요구,
법대로 합시다

2016년 9월 5일 당시 새누리당 이정현 대표가 국회 본회의장에서 연설하면서 "많은 국민들은 국회야말로 나라를 해롭게 하는 국해(國害)의원이라고 힐난하고 있다"고 하였다. 이 대표는 이날 연설에서 우리 국회의 문제점을 대략 10가지로 지적하였다. 그중 한 가지만 옮겨본다.

저도 그런 적이 있지만 국회의원의 자료 요청은 상임위 의결을 거쳐야 함에도 의원 임의로 민감한 자료들을 많게는 트럭 한 대나 되는 양을 무더기 제출하라고 압박합니다.

이 발언 내용을 보다 구체적으로 살펴보자. 우리 국회는 행정부에 대해 엄청난 자료 제출을 수시로 요구하고 있다. 국회의원뿐만 아니라 국회 전문위원실과 예산정책처 등에서도 자료 요구를 하고 있다. 특히 국회 국정감사를 앞두고 있는 경우 행정부 실무자들 입장에서는 국회로부터의 자료 제출 요구에 대응하는 것이 가장 큰 일이다. 국방부도 예외가 아니다. 국회의원실에서 국정감사를 앞두고 요구하는 자료의 내용은 많기도 하거니와 황당한 것들도 있다. 먼저, 국회가 국방부에 요구한 황당한 자료 요청 내용을 기억나는 대로 적어보았다.

- 각 군의 태권도 유단자 비율
- 국군복지단 창설 이후 체력단련장(군 골프장)을 가장 많이 이용한 상위 10명 명단
- 체력단련장 계급별 이용 현황
- 최근 5년간 군 장성 헌혈 현황(개인별 이름, 계급, 헌혈횟수, 헌혈 연도): 국방부에 개인별 자료가 없을 경우 대한적십자사에 군인의 성명을 통보하여 헌혈 기록을 확인하여 제출 바람.
- 최근 3년간 국방부 ○○실에서 국방장관에서 보고 및 결재한 문서 목록 일체
- 최근 3년간 합참 작전본부 및 전략기획본부에서 합참의장께 보고한 목록 일체

한편, 요구 내용이 너무 방대하여 자료 제출이 도저히 불가능한 경우도 있다. 다음은 매년 국정감사 때마다 반복적으로 자료제출 요구를 받는 내용이다.

- 20XX년도 이후 현재까지 국방부, 국직부대, 합참, 육본, 해본,

공본, 해병대사, 각 사단, 육직부대, 군 사령부, 군단 및 사단, 해
군 직할부대, 각 함대사, 공군 직할부대 및 예하 비행단을 포함
한 군의 계약 현황
- 제한경쟁, 수의계약, 일반경쟁 계약별로 구분 작성 바람.
- 발주기관(부대명), 계약일자, 거래처명, 거래업체, 계약명, 계약금
  액을 명시

이 요구 내용은 계약 건수로 본다면 최소 10만 건, 최대 30만 건 정
도다. A4 용지 1장에 대략 50건의 계약 내용을 엑셀 시트로 프린트한
다고 가정하면 10만 건 계약내용은 2천 쪽 분량이다.

경쟁계약은 상대적으로 관심이 낮다고 보아 수의계약만으로 한정
시켜도 엄청난 분량이다. 우리 군의 연도별 수의계약 건수는 2009년 1
만 5,652건, 2010년 2만 608건, 2011년 2만 6,018건 등이다. 이 3년간
수의계약 내용을 제출하라는 자료 요구도 있었다. 한 줄에 한 건의 계
약 현황을 작성한다고 하면 6만 2,278라인이다. A4 용지 한 장에 30라
인씩 찍는다고 할 때 2,076쪽이라는 단순 계산이다. 전산망 재정정보
시스템에 구축된 계약정보 데이터베이스를 활용한다고 하더라도 요구
내용만 추려서 엑셀로 출력하기 위하여 각 군·기관 예산담당자들의
엄청난 시간과 수고가 들어간다.

대한민국 국회가 해도 너무한다는 생각이 들어서 관련 법률 조항을
살펴보았다. 국회가 행정부에 대하여 자료제출을 요구할 수 있는 근거
는 국회법 제128조에 있다. 주요 내용을 옮겨 보자.

① 본회의, 위원회 또는 소위원회는 그 의결로 안건의 심의 또는 국정감사나 국정조사와 직접 관련된 보고 및 서류 등의 제출을 정부, 행정기관 기타에 대하여 요구할 수 있다. 다만 위원회가 청문회 국정감사 또는 국정조사와 관련된 서류 등의 제출 요구를 하는 경우에는 그 의결 또는 재적위원 1/3 이상의 요구로 할 수 있다.

③ 제1항의 규정에 불구하고 폐회 중에 의원으로부터 서류 등의 제출 요구가 있을 때에는 의장 또는 위원장은 교섭단체 대표 의원 또는 간사와 협의하여 이를 요구할 수 있다.

이 국회법 조항을 해석해 보자. 먼저, 정부에 대해 자료제출을 요구할 수 있는 주체는 본회의, 위원회, 소위원회이다. 국회의원 개인이나 보좌관, 상임위 전문위원의 자격으로는 자료 제출을 요구할 수 없다.

둘째, 위원회 또는 소위원회의 의결이 필요하다. 이러한 의결이 없을 경우 정부는 자료를 제출할 법적인 의무가 없다.

셋째, 요구내용은 국정조사와 '직접' 관련된 보고 또는 서류여야 한다. 최근 '몇 년 간 보고서', '결재한 서류 목록 일체', '수의계약 내용 일체' 등과 같은 이른바 '저인망식 자료 요구'는 국정감사 또는 국정조사와 '직접 관련된 서류'로 볼 수 없다.

넷째, 국회 폐회 시에는 상임위원회 여야 간사와 협의한 후 위원장의 승인이 필요하다.

하지만 지금의 현실은 국회법이 정한 네 가지 조건이 전혀 지켜지지 않고 있다는 데 문제가 있다. 실제로 국회에서 행정부^(국방부)로 자

료 요구하는 과정을 보면 각 의원실에서 의원보좌관이 '의정자료유통
시스템'이라는 컴퓨터 정보체계에 로그인하여 자료 요청사항을 입력
하여 해당 부처로 보낸다. 이때 '위원회 또는 소위원회 의결' 등의 법
적 조건이 전혀 이루어지지 않는다. 국방부에서는 국회 업무를 담당하
는 민정협력과에 설치된 같은 정보시스템을 통하여 이 내용을 확인하
면 국방부가 자료 요청을 접수한 것이 된다. 이 내용을 다운받아 다시
내부망을 통해 국방부 본부나 각 군 및 기관으로 국회요구자료 내용을
전파한다.

　이와 같이 국회는 위원회나 소위원회 자격으로 자료 요구도 하지
않고, 위원회의 의결도 없으며, 국회 폐회 시에 필요한 상임위 간사
협의와 위원장 결재도 받지도 않는다. 심지어는 보좌관이 국회의원 결
재를 받아 자료 요구를 하는 경우도 거의 없다. 한 가지 예를 들어 보
자. 다음은 2012년 9월 12일 국회 국방위원회 전체회의 때 김종태 의
원의 발언 요지다.

　　(오늘 안건 중에서) 자료제출 요구 현황을 보니 지금까지 우리 (김종태 의
　　원)실에서 자료 제출을 요구한 것이 400건가량 되는 것을 알았다.
　　이를 전면 재검토하여 다시 요구하도록 하겠다. 그동안 우리 보
　　좌관이 의욕적으로 일하다 보니 이렇게 많은 자료 요구를 한 것
　　같다.
　　(국방부에서) 400건가량의 요구 자료를 만들려면 엄청난 시간이 소
　　요될 것이다. 본인(김종태 의원)은 지난 군 생활을 통해 국회 요구자
　　료 작성에 (힘들었던 점을) 겪어 봐서 잘 알고 있다. 자료제출 요구 내

용을 (제가 직접) 꼼꼼히 챙기지 못하고 (보좌관이 많은 자료를 요구하여) 행정 소요가 많게 된 점을 미안하게 생각한다. 자료제출 요구를 다시 하겠다.

국회법 제128조가 자료 요구 절차를 지금과 같이 규정한 것은 나름대로의 입법 취지가 있었을 것이다. 다음은 새누리당 이정현 대표의 2016년 9월 5일 국회 대표연설 내용 중 일부다.

"법을 만든 사람들이 국회의원인데 일반적인 법은 물론 자신들이 만든 국회법도 지키지 않는다고 (국민들은 국회를) 비웃습니다."

법치국가에서는 법대로 하는 것이 원칙이다. 법대로 하지 않으면 위법이다. 국회법은 국회가 지키라고 국회가 만든 법이다. 행정부의 많은 공무원들은 국회가 국회법 관련 조항에 따라 자료 요구가 이루어지기를 희망한다. 하지만 과거부터 지금까지 국회의 수많은 자료 요구는 국회법을 위반하고 있다.

필자가 국방부 기조실장이었을 때 이러한 의견을 당시 국회 국방위원장과 국방위 수석전문위원에게 조심스럽게 제기한 적이 있다. 그 이후의 일은 말하지 않는 것이 좋겠다. 국방부 실장 한 사람이 문제 제기하여 바뀔 수 있는 문제라면 문제도 아닐 것이다. 우리나라 문화에서 '법대로 하자'라면 서로 어색해지거나 관계가 틀어지는 경우도 종종 있다.

국회의
보안 의식 수준

국회의원 보좌관들이 행정부(국방부)에 자료를 요구하는 목적은 크게 세 가지로 구분해 볼 수 있다.

(1) 공부하기 위하여….

(2) 질의 내용을 찾기 위하여….

(3) 언론에 공개하기 위하여….

(1)과 (2)는 생략하고 (3)에 대해 생각해 보기로 하자. (3)도 다음 두 가지 유형으로 나눌 수 있다.

(a) 언론에 공개하여, 모시고 있는 국회의원 이름이 신문이나 방송에 나오게 하려는 목적

ⓑ 언론사 기자들의 부탁을 받고 요구 자료를 기자들에게 넘기려는 목적

  흔히 국회의원들은 본인의 부고(訃告)만 아니라면 어떠한 내용이라도 자신의 이름이 신문이나 방송에 오르내리는 것을 좋아한다고 한다. 특히 국정감사를 앞두고 있을 때는 'ㅇㅇㅇ의원실에서 행정부(국방부)로부터 입수한 자료'라고 하면서 언론에 보도되는 경우를 종종 볼 수 있다. 흥미를 유발하거나 폭로성 자료가 대부분이다. 의원 이름이 언론에 나가면 보좌관들은 모시고 있는 국회의원으로부터 칭찬 받는다. 국회의원들이 비공개 회의나 비밀 자료를 싫어하는 것도 바로 이러한 이유 때문이다.

  국회 국정감사 당일 아침, 보좌관들은 수감기관 기자실에 예상 질의내용을 미리 보도자료로 배포하는 경우가 많다. 내용은 주로 폭로성이다. 질의는 하지 않았지만 미리 배포함으로써 기자들의 관심을 끌어보자는 의도다. 수감기관 관계자들도 가만히 있을 수 없다. 미리 배포되는 자료를 수거하여 국감 질의가 시작되기 전에 재빨리 반박(해명) 자료를 만들어 기자들에게 배포한다. 사실관계를 바로잡자는 내용도 있고, 미리 김 빼기 하려는 의도도 없지 않다. '장군'하면 '멍군'하는 식의 대응인데 여기에 반발하는 보좌관들도 있다.

  "우리 의원님께서 아직 질의도 하지 않았는데 반박 자료부터 배포하면 되느냐? 너무한다."

의원실에서 미리 배포하는 것은 좋고, 수감기관에서는 그렇게 하면 안 된다는 논리다.

보좌관들이 언론사 기자들의 부탁을 받아 행정부^(국방부)에 자료 제출을 요구하는 경우도 종종 있다. 예를 들어 국방부 출입기자의 경우 취재가 벽에 막혔을 때 평소에 알고 지내던 의원 보좌관에게 부탁하여 국방부 자료를 입수하고 이를 기사화하는 경우다. 출입기자는 이에 대한 감사의 표시로 국방부의 내밀한 상황을 보좌관에게 흘려주기도 한다. 의원 보좌관과 기자 간의 공생관계의 한 모습이다. 이러한 행태를 행정부 공무원들이 막을 수도 없고 막는다고 될 일도 아니다.

다른 부처와 달리 국방부의 경우 국회 자료 제출 과정을 통해 군사비밀이 외부로 흘러나간다는데 문제가 있다. 몇 년 전의 일이다. 합참에서 군사 2급 비밀을 국방위원회 소속 모 의원에게 대면보고 한 적이 있었다. 다음날 그 내용이 언론에 기사화되었다. 필자가 그 의원을 찾아가 "비밀 사항을 보고 드린 것인데, 북한에게 유리한 정보가 유출된 것에 유감"이라는 뜻을 표했다. 그 순간 의원실 분위기는 험악해지기 시작했다. 그 의원은 책상을 내리치면서 큰 소리로 말했다.

"어떻게 그게 북한을 유리하게 하는 것이냐? 그 말에 책임질 수 있느냐? 국방부의 공식 입장이라면 가만히 있지 않겠다."

국회의 자료 요구가 있더라도 군사비밀 사항은 대면보고 후 자료를 회수해 오는 것이 원칙이다. 군 관계자들이 대면보고에 앞서 '메모, 녹음, 녹취도 하지 않겠으며 군사비밀을 유출하지 않겠다'는 내용의 보안서약서를 내밀며 의원님의 서명을 부탁하면 보고가 시작도 안 되었는데 분위기가 썰렁해지기 시작한다. 서명해 주는 의원도 있고, "난 이런 것에 서명 안 해"라는 의원도 있다.

의원실 관계자들이 핸드폰이나 소형 녹음기로 말하는 내용을 몰래 녹음하는 경우도 있다. 보고하러 간 군 관계자로서는 녹음하는지 여부를 알 길이 없다. 보고를 마치고 군 관계자들이 종이자료를 회수해 가더라도 녹음된 내용은 의원실에 온전히 남아 있다. 믿고 거래할 수밖에 없는데 서로 못 믿는 경우가 더러 발생하기 때문에 문제다. 한때 합참의 모 대령은 비밀 내용은 말로 보고하지 않는 것으로 유명했다.

"의원님, 이 보고서를 읽어보시고 궁금하신 점이 있으시면 제가 답변 드리겠습니다."

혼자 읽어보던 국회의원이 궁금한 점을 질문하면 가까이 다가가 귓속말로 소곤소곤 답변한다. 혹시 몰래 녹음하고 있을 스마트폰이나 녹음기가 있더라도 소용이 없도록 말이다.

비밀이 될 만한 숫자나 단어는 ○○○ 등으로 처리하여 평문으로 보고하는 경우도 있다. 종이 보고서는 군데군데 빈칸 처리하더라도 구두 보고할 때는 빈칸에 들어가는 말, 즉 비밀 숫자나 단어를 언급하기 마련이다. 이때 의원이나 보좌관이 보고서의 빈칸에 보고 내용을 살짝 메모하는 경우도 있다.

"의원님, 메모하시면 이 문건은 비밀이 됩니다."

"잘 압니다. 연필로 살짝 적었으니 제가 지우겠습니다. 걱정하지 마세요."

걱정하지 말라고 하는데 계속 걱정하면 또다시 분위기가 험악해진다.

2012년 5월 하순 어느 날 여의도 의원회관에서 있었던 일이다. 며칠 후 5월 30일이면 제18대 국회의원의 임기가 끝나고 제19대 임기가 시작될 때였다. 19대 국회에 당선된 의원들은 새 방으로 이사 갈 준비에, 그리고 낙선한 의원들은 방 빼는 것으로 분주했다. 의원실 복도마다 각종 자료가 산더미같이 버려져 있었다. 행정부 등에서 자료 요구해서 받은 것들이 대부분이다. 그동안 자료 요구를 산더미같이 했으니 한꺼번에 버릴 때는 '산더미X산더미' 분량이다.

말만 하면 알만한 국방위원회 모 의원실 앞에도 같은 풍경이 벌어졌다. 지나가던 출입기자가 그 자료들을 뒤져서 군사비밀이 될 만한 것을 몰래 가져갔다. 그리고 필자에게 전화를 걸어 왔다. 모든 부처에서 국회 담당 총책은 기조실장이기 때문이다.

"기조실장님, 의원회관 ○○○의원실 앞 복도에서 자료를 몇 개 주워왔는데요, 이러저러한 내용이 적혀 있네요. 연필로 메모된 숫자도 있고… 군사비밀 아닌가요? 이거 기사화해야겠네요."

우라질레이션! 보안 의식 없는 보좌관의 행태와 보안교육을 제대로 시키지 않는 국회의원의 행태에 분통이 터질 지경이었다. 그 국회의 원께서는 이사 준비에 바쁜 보좌관에게 이렇게 한마디 해야 하는 것이 었다.

"국방부에서 온 민감한 자료는 그냥 버리면 안 된다."

제19대 국회 임기가 얼마 남지 않은 2016년 5월, 국방부 국회담당 부서에서는 국방위원회 소속 의원실을 방마다 찾아다니며 이렇게 말 했을 것이다.

"국방부가 제출한 자료 중에서 버릴 것이 있으면 우리에게 주세요. 우리가 대신 버려^(문서세절 해) 드릴께요."

국방부는 국회에 자료 제출한다고 힘들고, 힘들게 제출한 자료를 다시 수거하여 세절하는 수고까지 해야 하는 형편이다.

국회
인사청문회

박근혜 정부의 첫 국방장관 후보자는 김병관 예비역 대장이었다. 2013년 2월 13일 대통령직 인수위원회에서는 김병관 전 한미연합사 부사령관을 국방장관 후보자로 발표하였다. 그리고 후보자에 대한 인사청문회 요청의 건이 국회에 접수된 날은 2월 15일(금)이었다. 그러나 국방위는 인사청문회를 빨리 열지 않았다. 야당 측에서는 후보자의 자질 문제를 들어 '인사청문회를 열 필요도 없다'는 입장이었다.

인사청문회법에 의하면 국회는 대통령으로부터 인사청문의 요청을 받은 날로부터 20일 이내에 청문회 경과보고서를 채택해야 한다. 인사청문요청서가 국회에 접수된 2월 15일부터 20일이 되는 날은 3월 6일이었다.

3월 7일 대통령은 국회의장 앞으로 인사청문을 3월 11일까지 끝내달라는 공문을 보냈다. 인사청문회법 제6조 제3항에 의하면 국회가 부득이한 사유로 20일 이내에 인사청문을 마치지 못할 경우 대통령은 10일 이내의 범위에서 기간을 정하여 인사청문경과보고서를 송부하여 줄 것을 국회에 요청할 수 있다. 김병관 후보자의 경우 대통령은 10일이 아니라 6일의 추가 기간을 주면서 국회에 인사청문을 마쳐 줄 것을 요청한 것이다. 대통령으로부터 문서 요청을 받은 바로 그날, 국회의장은 국방위원장 앞으로 다음과 같은 내용의 공문을 보낸다.

수신자: 국방위원장

제목: 국무위원 후보자(국방부 장관 김병관) 인사청문경과보고서 송부 요청 통지

1. 의안과(e)−1356(2013.2.15.)와 관련한 문서입니다.

2. 2013.3.7. 대통령으로부터 인사청문회법 제6조 제3항에 따라 국무위원후보자(국방부장관 김병관) 인사청문경과보고서를 2013.3.11. 까지 송부하여 달라는 요청이 있었는 바, 이 기한 내에 인사청문 경과를 보고하여 주시기 바랍니다.

붙임(필자가 생략함)

국회의장(관인)

3월 8일 김병관 후보자에 대한 국회 국방위원회의 인사청문회가 열렸다. 인사청문요청서가 국회에 접수된 지 22일 만이었다. 국회의장

의 요청도 있었고, 비록 후보자의 자질에 의문이 있다 하여도 인사청
문회를 하지도 않는 것도 문제가 있다는 판단에서 국방위원회가 어렵
사리 인사청문회를 열게 된 것이다.

인사청문은 3월 8일(금) 오전 10시에 시작하여 3월 9일(토) 새벽 3시
15분까지 진행되었다. 정회 및 식사시간을 제외하고도 약 13시간 진
행되었다. 주말이 지나고 3월 11일(월) 국방위원회는 전체회의를 열어
'인사청문회경과보고서 채택의 건'을 심의할 예정이었지만 결국 열리
지 못했다. 청문회가 끝난 주말 내내 국방위 수석전문위원실에서는 인
사청문경과보고서 초안을 만들었지만 결국 채택되지 못했다. 3월 12
일 김병관 후보자는 국방부 기자실에서 기자회견을 열고 다음과 같은
취지의 입장을 표명하였다.

> "오로지 국민과 국방만을 생각하면서 저의 마지막 충정과 혼을 조
> 국에 바칠 수 있도록 국민 여러분께서 기회를 주시기 바랍니다.
> 저의 40년 군 경험을 최대한 살려 물샐 틈 없는 안보태세를 갖춰
> 국민 여러분께서 안보를 걱정하지 않도록 해 드리겠습니다."

하지만 3월 22일 김병관 후보자는 자진사퇴하였다. 국방장관 후보
자로 발표된 지 한 달, 국방위원회 인사청문회를 마친지 보름만의 일
이었다. 2008년 인사청문제도가 도입된 이후 후보자가 중도 사퇴한
경우는 여러 번 있었지만 국방장관 후보자가 사퇴한 것은 이것이 처음
이었다.

후보자가 사퇴한 날 김관진 국방부 장관이 유임되었다. 그때까지

김관진 장관은 퇴임 준비를 하고 있었다. 지난 정부에서 임명된 국방장관이 새 정부의 장관으로 유임된 사례는 1948년 정부 수립 이후 첫 케이스였다. 유임이냐 새로운 임명이냐에 따라 국회 인사청문회를 새로이 해야 하느냐 논란이 될 수도 있었다. 인사청문회법에 의하면 대통령은 공직후보자를 임명하기 전에 국회에 인사청문을 요청하도록 되어 있다. 국회 국방위원회는 김관진 장관은 새로운 임명이 아니라 유임이기 때문에 인사청문을 할 필요가 없다고 판단했다. 다음은 3월 22일 국회 유승민 당시 국방위원장이 배포한 보도자료 전문(全文)이다.

오늘 김관진 현 국방부장관이 유임됨에 따라 국회 국방위원회에서는 위원장과 여야 간사 간 협의를 통해 다음과 같이 결정되었음을 알려드립니다.
1. 국회법과 인사청문회법에 따른 대통령의 인사청문 요청이 없을 것이라는 전제하에 인사청문을 실시하지 아니한다.
2. 청문회를 실시하지 않는 대신 새 정부가 출범하여 국군통수권자로부터 국방장관이 새로 임명된 점을 감안하여 2013년 4월 4일 국방위원회 전체회의를 개최하여 새 정부의 국방정책 전반에 관하여 국방부 장관을 대상으로 정책 질의를 실시한다.

국회 인사청문회 제도는 2000년 6월 인사청문회법 제정으로 도입되었다. 이때는 국무총리와 대법원장, 대법관, 국무총리, 감사원장 등 국회의 동의가 필요하거나 국회에서 선출하는 공직자가 대상이었다. 2003년에 국가정보원장, 검찰총장, 국세청장, 경찰청장이 추가되었으며, 2005년에 모든 국무위원(장관)이 추가되었다.

현재 인사청문 대상 공직은 61인이다. 특별위원회를 구성하여 인사청문을 하는 직위는 23인으로서 국무총리, 대법원장, 헌법재판소장, 감사원장, 대법관(13인), 국회에서 선출하는 헌법재판소 재판관(3인) 및 중앙선거관리위원회 위원(3인) 등이다.

국회 소관 상임위원회에서 인사청문을 하는 직위는 38인으로서, 장관(국무위원) 16인, 국가정보원장, 국세청장, 검찰총장, 경찰청장, 합참의장, 방통위원장, 국가인권위원장, 한국은행총재, 공정거래위원장, 금융위원회 위원장, 국회에서 선출하지 않는 헌법재판소 재판관(6인) 및 중앙선거관리위원(6인) 등이다.

역대 국방장관으로서 국회 인사청문회를 거쳐 임명된 경우는 김장수, 이상희, 김태영, 김관진, 그리고 한민구 장관이다.

합참의장에 대한 인사청문회는 인사청문회법이 아니라 2006년 12월 제정된 국방개혁에 관한 법률에 근거하고 있다. 이 법 제12조는 "대통령이 합동참모의장을 임명하는 때에는 국회의 인사청문을 거쳐야 한다."라고 규정하고 있다. 이 조항에 따라 2008년 김태영 전 합참의장은 처음으로 인사청문을 거쳐 합참의장으로 임명되었다. 이어서 이상의, 한민구, 정승조, 최윤희 전 합참의장과 이순진 합참의장이 인사청문을 거쳤다. 김태영 전 국방장관은 합참의장 후보자(2008년 3월 26일 인사청문)와 국방부 장관 후보자(2009년 9월 18일 인사청문)로서 두 번 국회 인사청문을 거쳤다.

합참의장을 인사청문 대상으로 포함시킬 때도 찬반 논의가 많았다. 다른 고위공직후보자와 달리 합참의장 후보자가 국회 인사청문 과정에서 낙마한다면 군 지휘부 인사를 다시 해야 한다는 문제가 생긴다. 물론 국회의 인사청문 결과와는 무관하게 대통령이 임명할 수 있다고 는 하지만….

한때 방위사업청장도 인사청문 대상에 포함시켜야 한다는 주장도 있었다. 이 주장의 타당성은 논외로 하더라도 방위사업청장을 인사청 문에 포함시키기 위해서는 인사청문회법이나 방위사업법 어느 것을 개정하더라도 가능하다. 인사청문 대상에 포함시킨다면 국회 국방위 원회에서 관심을 가질 것이므로 국방위 소관 법률인 방위사업법 개정 으로 추진될 가능성이 많다.

인사청문회 제도는 대통령이 행사하는 공직 인사권에 대한 국회의 견제 기능이다. 지난 16년 간 인사청문회 제도를 운영하면서 긍정적 인 측면도 많았지만 심각한 문제점도 많이 드러났다. 이 제도의 목적 이 후보자의 도덕성뿐만 아니라 자질과 공직 적격성을 검증하는 것임 에도 불구하고 도덕성 검증에만 치중하거나 여야 간 대립구도가 인사 청문에 그대로 반영된다는 등의 문제가 있었다. 지금까지 국회 인사청 문회는 공직 후보자의 모든 생애를 검증하는 분위기로 진행되어 왔다. 일각에서는 과잉 인사청문의 문제를 들어 제도개선의 필요성을 많이 제기하였지만 쉽게 개선될 것으로 보이지는 않는다.

청와대에서 장관 등 공직 후보자를 발표하자마자 인사청문을 해야 하는 국회의원실에서는 후보자 개인 신상 정보를 파악하기 시작한다. 개인 논문이나 언론 기고 내용 등은 공개정보를 이용하여 쉽게 입수한 다. 국회의원 보좌관들은 불과 반나절이면 인터넷에 올라와 있는 거의 모든 개인정보를 입수한다. SNS 등 사이버 공간에는 후보자가 올린 정보뿐만 아니라 자신도 모르는 정보까지 노출되어 있다. 옛날에 술 먹고 취한 분위기에서 올렸다가 삭제한 정보까지도 웬만하면 살릴 수 있다. 사이버 공간에서 개인정보의 완전한 삭제란 불가능하다. 공직후보자가 된 다음에 삭제하면 이미 늦었다.

SNS에 올린 글이나 사진은 삭제해도 삭제되지 않고 어딘가 남아 있다. 세월이 흘러 글 올린 사람은 잊어버렸을지언정 SNS상에 올린 자료는 남아 있다. 어디에 남아 있는지 알 길도 없고 내가 지웠다고 하더라도 정말로 없어졌는지 확신할 수도 없다.

사이버공간은 그렇다 치더라도, 인사청문회를 앞두고 후보자에 대한 국회의 자료 요구가 쓰나미 같이 몰려온다. 국회 보좌관들 사이에서는 인사청문회 준비 요령이 공공연히 돌아다니고 있다. 인사청문회를 준비하는 국회의원실에서 요구하는 자료 목록은 거의 정형화, 표준화되어 있다고 해도 과언이 아니다. 몇 가지만 예를 들어 보자.

– 공직 후보자가 과거 고위공직자로서 재산 신고한 내역 일체: 최초 신고부터 퇴직 때 신고한 것까지 일체
– 후보자의 배우자, 직계 존비속의 부동산 거래 내역(거래 시기, 실거래 금액, 신고 금액)
– 후보자와 배우자, 직계 존비속의 근로소득 원천징수 영수증
– 후보자 본인의 업체 사외이사 및 고문 경력과 소득분 원천징수 영수증
– 후보자와 배우자, 직계 존비속의 최근 10년간 환전 및 외화송금

내역, 현재 외화저축 내역

- 후보자와 배우자, 직계 존비속의 최근 10년간 출입국 기록 내역, 공항 면세점 이용 내역, 주식/증권 거래 내역
- 후보자와 배우자, 직계 존비속의 교통법규 위반, 범죄 경력, 기초질서 위반, 범칙금 내역 일체
- 후보자와 배우자, 직계 존비속의 최근 10년간 정치자금을 포함한 기부 내역
- 후보자 아들의 군복무 부대, 보직, 직책, 주특기, 휴가/외박/외출 내역
- 최근 10년 간 후보자 배우자, 직계 존비속의 국민연금 납부 현황

이러한 자료제출 요구는 인사청문회 요청서가 국회에 도달하기도 전에 소관 상임위원회 의원실에서 해당 부처로 쇄도하기 시작한다. 놀랍게도 이러한 개인정보들이 경찰청, 국세청, 관세청, 출입국관리사무소 등 관련 행정 부서에 전자정보로 기록·보존되어 있다. 군 출신의 경우 군 체력단련장(골프장) 이용 내역, 초급 지휘관부터 사단장/군단장/군사령관 때 지휘방침, 사건·사고 등 개별 사안에 대한 자료도 요구한다.

자료제출 요구가 끝나면 이제 인사청문회가 기다리고 있다. 미국에서도 인사청문회 제도가 있다. 아마 우리가 미국 제도를 본받지 않았나, 생각된다. 미 상원에서 오래 근무한 톰 코롤로고스라는 사람이 지난 2009년 '인사청문회를 통과하는 비법 10가지'를 공개한 적이 있다. 그가 말한 10계명은 지금 우리 현실에도 참고할 만한 내용이어서 옮겨본다.

1. 당신(후보자)은 신부가 아니라 신랑이다. 질문하는 의원들이 더 많은 시간을 가져야 한다는 걸 잊지 마라. 모두 발언은 5분을 넘기지 말되 반드시 열정을 보여라.

2. "위원장님, 만약 제가 인준이 된다면 항상 의회와 함께 일하겠습니다."란 말을 입이 닳도록 연습해라.

3. 인준이 되기 전까지는 새 자리를 얻었다고 생각하지 말라. 사무실 근처엔 얼씬도 말고 로비스트나 언론을 만나지 말라.

4. 과거 같은 자리에 지명되었던 전임자들의 청문회 속기록을 잘 읽어 둬라. 늘 단골로 등장하는 질문이 있다.

5. 당신이 꺼리는 질문에 대해선 반드시 답변을 준비해 둬라. 틀림없이 묻는다. 가장 곤혹스럽게 하는 과거 경력도 마찬가지다.

6. 지엽적인 문제에 집착하기보다는 큰 그림을 말하라. 의원들은 나무 대신 숲을 볼 수 있는 답변을 원한다.

7. 해당 부처에서 앞으로 필요한 입법사항을 자세히 조사해 놓아라. 직무수행 능력을 높이 평가받을 것이다.

8. (생략)

9. 청문회는 애당초 공평하지 않은 것임을 받아들여야 한다. 시간의 80%를 의원들이 말하고 당신이 20% 말했다면 청문회를 아주 잘 치렀다. 60대 40이었다면 당신은 의원들과 논쟁한 것이다. 만일 50대 50이었다면 완전히 청문회를 망친 것이다.

10. 옷을 가볍게 입어라. 방송용 조명은 의외로 열을 많이 낸다. 자칫 땀범벅이 될 수 있다.

국회의원
보좌관의 세계

　여의도 국회에 근무하는 인원은 몇 명이나 될까? 대략 계산해 보자. 먼저 국회의원 정수는 300명이다. 의원 1인당 보좌진 9명(인턴 직원 2명 포함)으로 계산하면 약 2,700명의 보좌진이 근무한다는 계산이다. 국회 공무원은 약 4천 명 수준이다. 이들은 국회 사무처, 입법조사처, 국회도서관, 예산정책처 등에 근무하고 있다. 각 정당의 당직자, 행정부에서 파견된 직원, 청소 등 용역업체 직원, 출입기자 등인데 정확한 숫자를 알기 어렵다. 이렇게 보면 국회에 상시 근무하는 사람은 대략 7~8천 명 수준으로 추정할 수 있다.

　제 19대 국회 들어와서부터 국회의원은 7명의 보좌직원과 2명의 인턴 직원을 둘 수 있게 되었다. 4급 보좌관 1명, 5급 비서관 2명, 6, 7, 8, 9급 비서 각 1명씩이다. 국회의원 보좌진 수는 1981년 3명에서 4명(1988년), 6명(1997년), 7명(2010년) 등으로 계속 늘어왔다. 법정 인원 7명을

다 채용하는 의원실이 있는가 하면 의원 개인부담으로 더 많은 직원을 쓰는 경우도 있다.

통상적으로 4, 5급 보좌직원을 '보좌관'이라고 한다면 의원보좌관은 우리나라에서 단 600명밖에 없는 특수직업군이라고 하겠다. 이들 보좌관들이 하는 일은 다양하다. 상임위원회 활동과 선거운동에서부터 정당 및 원내 활동 보좌, 지역구 관리, 민원처리, 의정활동 홍보(SNS 포함), 후원회 관리, 지역구 예산 및 선거 공약 챙기기, 각종 행사 참석, 지역구 주민들의 국회 관광안내에 이르기까지 광범위하다. 모시고 있는 의원님의 전화는 밤낮과 주말을 가리지 않고 받아야 할 뿐만 아니라 의원님이 부르면 언제든지 달려갈 수 있는 대기상태를 유지하고 있어야 한다. 보좌관은 국회의원의 의정활동을 뒷받침하는 실무자이며, 유능한 정치 참모이고, 예산과 입법 전문가여야 한다.

국방장관이나 군 고위 장성을 지낸 후 국회의원이 된 경우, 국방위원회에 소속되어 의정활동을 하는 것을 보면 처음 얼마동안은 현역 때의 경험을 가지고 정책 질의를 한다. 하지만 얼마 못 가 보좌관들이 써준 내용에 주로 의존하는 경우를 많이 볼 수 있다. 정부를 상대로 한 정책 질의 등은 자료 분석과 논리적 정리 등 꾸준한 노력 없이는 불가능하기 때문이다.

과거에 보좌관은 국회의원의 정치적 동지관계인 경우가 많았다고 하지만 요즘엔 국회의원에 고용되어 연줄과 실력 그리고 충성을 겸비해야 살아남는 비정한 직업 세계다. 2014년 8월 검찰이 당시 새정치민주연합 신학용 의원의 여의도 모 은행 개인 대여금고를 압수 수색해 현금 수천만 원의 뭉칫돈을 발견하여 수사를 한 적이 있다. 검찰이 개인 대여금고를 수색하는 경우는 매우 드문 케이스다. 정보가 없기 때문이다. 들리는 바에 의하면 신 의원이 데리고 있었던 보좌관이 대여금고 정보를 검찰에 알려주었다는 소문이다. 보좌관이 의원의 약점을 잡고 이용한 사례라 하겠다.

직업으로서의 보좌관 세계를 정리해 보면 첫째, 보좌관은 입법부에 소속된 별정직 공무원이지만 신분 보장을 받지 못하는 사실상의 비정규직이나 다름없다. 국회의원 임기는 4년이지만 보좌관의 임기는 없다. 해당 국회의원이 보좌관에 대한 임명과 면직 요청권을 가지고 있다. 국회의원이 국회 사무처에 보좌직원 임명요청서를 보내면 채용되는 것이고 면직요청서를 보내면 그날로 그만두어야 한다. 불합리한 면직이 있더라도 어디에 하소연할 데가 없다.

보좌관 채용에 무슨 인사규정이 있는 것이 아니어서 채용 스타일은 의원실마다, 그리고 의원실 내에서도 제각각이다. 석·박사 또는 외국 유학 등 객관적인 스펙 위주로 인선하는 의원실이 있는가 하면 지역구에서 추천 또는 누구의 부탁을 받아 채용하는 경우도 있다. 친인척과 자녀를 채용하여 신문에 나서 망신살이 뻗치는 경우도 있다.

별정직이라고 하더라도 공무원이기 때문에 20년 이상 근무하면 연금을 받을 수 있다 하지만 보좌관으로 15년 이상 근무하고 있는 보좌관은 대략 20~30명 수준, 20년 이상 근무하는 경우는 한 손으로 꼽을 정도에 불과하다. 보좌관이 연금 받기란 국회의원 공천 받기보다 힘들다.

둘째, 보좌관은 조직에 소속되어 있지 않으므로 승진도 없고 복잡한 경력관리 같은 것도 없다. 국회의원 개개인이 하나의 회사라고 한다면 여의도에는 직원 7~9명의 소기업 300개가 있는 셈이다. 많은 조직의 경우 회사의 발전이 개인의 발전이고 개인의 발전이 회사의 발전에 도움이 된다. 그러나 국회의원은 4년 단위로 운영되는 소기업이기 때문에 '발전'이라는 개념이 없다. 보좌관 10년 한다고 국회의원이 되는 것도 아니고 업무 영역과 책임이 넓어지는 것도 아니다.

보좌관이 되기 위해 시험을 치러야 하는 것도 아니고, 인사위원회라는 것도 있을 리 없고, 승진도 없으니 승진시험도 없고 근무평정도 없다. 보좌관에 대한 체계적인 교육이나 연수도 없다. 국회 사무처 또는 소속 정당에서 가끔씩 오리엔테이션 수준의 교육은 있지만 대기업이나 정부조직에서와 같은 교육 시스템이 있을 리 없다. 전임자나 동료들의 조언, 타고난 순발력 등을 바탕으로 혼자 익히고 혼자 살아가야 한다. 매년 가을 국정감사가 끝나면 많게는 100여 명의 보좌관들이 잘린다고 한다. 모시고 있는 의원님으로부터 실력 없다고 인정(?)받은 경우다.

셋째, 보좌관은 국회의원을 통해서만 의정활동으로 기록이 남으며 자신의 업적이 직접 드러나지 않는다는 한계가 있다. 밤샘하여 자료를 준비하여도 의원님이 상임위원회나 본회의에서 발언해 주지 않으면 그것으로 끝이다. 보좌관은 하루 종일 국회 회의장에 앉아 있어도 한마디 발언권이 주어지지 않는다. 의원의 의정활동은 존재하지만 보좌관의 성과란 없는 것이다.

넷째, 조직에 매여 있지 않다보니 자유분방하기도 하지만 조직에 의한 통제와 관리가 되지 않아 좋게 말하면 개성이 강하고, 나쁘게 말하면 싸가지 없는 보좌관들도 있다. 정부나 회사였다면 승진 탈락 등으로 도태되었을 경우도 허다하다. 출퇴근 시간이 일정하지도 않고 출근부가 있는 것도 아니며 오로지 모시고 있는 의원님의 스타일에 따라 근무형태와 분위기가 천차만별이다. 출장승인서나 출장복명서 같은 것도 없다. 문서가 없다보니 결재도 없다. 오로지 의원님의 승인만 받으면 그만이다. 휴가도 특별히 정해져 있지 않고, 어쩌다 의원님이 지방이나 해외여행이라도 가면 돌아가면서 쉬는 것이 바로 휴가다. 1년 동안 얼마나 지각했고, 휴가를 며칠간 사용했으며 야근과 특근을 얼마 했는지 등 근무기록이 아예 없다. 그래서 보좌관들은 연가보상비를 전액 수령한다.

마지막으로 보좌관은 현재도 불안정하지만 미래도 불투명하다. 모든 조직에서 좋은 상사를 만나는 것은 큰 복이다. 의원 보좌관에게는 특히 그러하다. 합리적이고 인간적이면서도 선거 때마다 계속 당선되는 그런 국회의원을 만나야 하는데, 그게 쉽지 않다. 봉급 떼 먹지만 않으면 다행이다. 선거에 낙선하여 국회를 떠날 때 데리고 있던 보좌관의 취업걱정을 해주는 국회의원이 있는가 하면, 하루아침에 잘라 버리는 냉혹한 고용주 같은 국회의원들도 적지 않다.

선거 결과에 따라 보좌관들의 운명과 구직활동이 달라진다. 모시고 있는 의원이 낙선하면 정치적 소신은 둘째치고 당을 옮겨서라도 자리를 잡으면 그나마 다행이다. 보좌관 경험을 바탕으로 정치인으로 변신하는 사례도 있지만, 의원이 낙선하거나 실력이 없거나 인연이 다해 잘리면 여의도를 떠나야 한다. 보좌관 생활을 하다 바깥 사회에서 새로운 직업을 얻기 힘들고 그래서 여의도 국회 주변을 맴돌면서 로비스트로 전락하는 경우도 있다.

그러나 보좌관도 공무원이다. 국민의 세금으로 봉급 받는다는 생각으로 도덕적으로 깨끗해야 하고 자기 관리에 철저해야 한다. 일부 보좌관들이 이권에 개입하여 구설수에 오르거나 업무적으로 오버하는 경우를 종종 보기도 한다. 보좌관의 태도도 중요하지만 국회의원이 제대로 가르치고 감독해야 하는데 그렇지 못하는 국회의원도 적지 않다. 다음은 『보좌관』(이주희 지음. 도서출판 함께맞는비. 2012) 83~84쪽 내용 중 일부다. 글 제목은 '보좌관 금기사항'이다. 이런 생각을 하고 있는 보좌관이 있다는 것이 다행이라면 다행이다.

첫째, 호가호위하지 말 것. 보좌진은 국회의원의 의정 활동을 보좌하는 별정직 공무원이다. (⋯) 간혹 지위와 신분을 망각하고 국회의원을 등에 업고 마치 자기가 국회의원인 양 호가호위하는 보좌진이 있다. 정말 부끄러운 일이다. 등 뒤에서 욕하고 있다는 사실을 본인만 모른다.

둘째, 이해당사자에게 얻어먹지 말자. 목적과 대가가 없는 향응은 없다. 얻어먹다 보면 보좌진의 역할에 충실하기 어렵고 비굴해진다. 남의 것을 날로 먹으려 드는 사람은 사기꾼과 거지, 그이상도 이하도 아니다. 당당하게 일하고 싶다면 '거지 근성'을 버려라.

셋째, 입은 한없이 무겁게. 국회에는 다양한 부류의 사람들이 드나든다. 사람들에 따라 다양한 이야깃거리들이 차고 넘친다. (⋯)

국회 수다쟁이들이 사실 확인이 안 된 소문과 이야기를 옮겨서 문제가 되는 경우도 많다. (…) 진원지를 추적하기 어려울 정도로 확대되고 재생산된 소식이 의원회관 전체를 돌고 돌아 국회 밖으로 퍼져 나가고 기자들에게 들어가는 건 시간문제다. (…)

넷째, 질의서 받지 마라. 산하기관이 작성해 준 질의서를 넘겨받는 보좌진이 아직도 있다는 이야기를 듣고 깜짝 놀랐다. 보좌진 공공의 자존심을 무너뜨리는 행위다. (…)

다섯째, 시건방 떨지 마라. 어디를 가도 똑똑하고 잘난 사람들이 참 많은 세상이다. (…) 그런데 고개를 숙일수록 내 위상이 더 높아지고 내 편이 많아진다는 것을 경험적으로 깨닫게 되었다. 낮아질수록 많은 분들의 도움을 받을 수 있다.

다음은 언젠가 야당 국회의원 보좌관과 나눈 대화 내용이다. 필자가 먼저 물었다.

"국회의원 보좌관이 당원이어야 할 의무는 없죠?"

"의무사항은 아니지만 권장 사항 정도는 되죠."

"민주당 국회의원을 모시는 보좌관들의 몇 퍼센트 정도가 민주당 당원일까요?"

"글쎄요. 정확한 통계는 알 수 없지만 대략 80퍼센트 정도는 될 겁니다."

"그렇다면 새누리당의 경우 얼마 정도가 새누리당 당원일까요?"

"그야~ 알 수 없죠. 아마 60퍼센트 정도 될라나?"

"그렇다면 모시는 국회의원과 보좌관이 당적이 서로 다른 경우도 있겠네요?"

"그럼요. 가끔 있습니다. 17대 국회 때 한나라당에 민노당 당적을 가진 보좌관이 있어서 논란이 된 적이 있었습니다."

"오늘 탈당하여 내일 다른 당으로 입당하면 되겠네요."

"그럼요, 안 될 것 없습니다."

국회
속기사의 세계

　2016년 2월 15일 당시 새누리당 원유철 원내대표는 국회 교섭단체 대표 연설에서 "우리도 핵무기를 가져야 한다."는 취지의 발언을 하였다. 북한의 4차 핵실험과 장거리 로켓 발사, 개성공단 폐쇄 등으로 남북한 관계가 악화될 때였다. 이에 대해 국민의당 김재두 대변인은 "위험천만한 핵무장론을 들고 나온 원내대표는 (···) 국회 속기록에서 발언을 삭제할 것을 당부 드린다."고 했다. 그 이후 원유철 원내대표가 국회 속기록에서 핵무장 발언을 삭제했다는 이야기를 듣지 못했다.

　속기록의 삭제 또는 정정에 대해 알아보기 전에 국회 속기사에 대해 먼저 살펴보자. 국회 본회의, 상임위원회, 소위원회 등 회의 때마다 속기사가 있다. 국회의장이 없을 때는 부의장이 대신 할 수 있지만 속기사가 없으면 국회의 모든 공식 회의는 진행할 수 없다. 예정에도

279

없는 회의가 급히 열릴 경우 속기사부터 불러야 한다. 성원이 되었더라도 속기사가 와야 회의를 진행할 수 있다.

국회에는 약 120명의 속기사들이 있다. 남성 속기사는 약 20여 명이며 나머지는 여성이다. 상임위원회별로 약 5~6명의 속기사들이 배정되어 있다. 일반적으로 국정감사 때는 18~19개 감사반이 운영되고 있으므로 모두 70~80명의 속기사들이 지원한다.

우리나라에서 속기사를 두고 속기를 하는 경우는 국회를 비롯하여 청와대 등 정부 주요 부처, 법원, 검찰청, 지방의회, 방송국 자막방송 등 매우 다양하다. 국방부도 전문 속기사 1명이 근무하고 있으며 정책회의 등 주요 회의를 속기하고 있다. 일반적으로 속기(速記)는 회의 속기, 취재 속기, 재판 속기 등으로 나눌 수 있는데 국회 속기는 회의 속기의 대표적인 경우다. 속기사 시험에 합격하기 위해서는 1분에 320자, 타수로 치면 1천 타를 5분 동안 속기해서 90퍼센트 이상 정확해야 한다. 많은 속기사들의 목표는 국회 속기사가 되는 것이다. 국회는 일년에 2~6명 정도의 속기사를 신규 채용하는데 경쟁률은 수십 대 일에 달한다.

국회 속기사들이 특별히 싫어하는 상임위원회는 밤늦게까지 회의를 하거나 정회를 자주 하여 하염없이 대기하거나 언제 끝날지 모르는 회의를 많이 하는 경우다. 예를 들면 문방위, 환노위 등은 여야 간 이견으로 정회하는 경우가 많다. 국방위는 상대적으로 회의가 중단되는 경우가 별로 없는 것은 좋은 점이지만 군사용어가 많은 것이 애로사항이라고 한다.

속기 방법으로써 수기 속기와 컴퓨터 속기가 있다. 수기 속기는 펜과 노트만을 사용하는데 속기사에 따라 필체가 다르기 때문에 본인이 속기한 것은 본인만이 풀어서 정리할 수 있다. 최근 많이 사용하는 컴퓨터 속기의 경우 속기 내용을 속기사들끼리 서로 알아볼 수 있다. 컴퓨터 속기 자판은 우리가 흔히 쓰는 2벌식이 아니라 3벌식이다.

1948년 제헌국회 때 속기록을 보면 수기 속기를 한 후 필경사가 정서하여 제본한 것을 볼 수 있다. 세월이 조금 지나서는 속기록을 인쇄소에 의뢰하여 발간하다가, 그 후엔 타자기로 쳐서 속기록을 제작하였다. 컴퓨터 속기 시대가 되자 속기 내용을 손톱 크기만한 메모리 카드에 저장하여 개인 사무실에서 아래아 한글로 불러서 교정 보고 국회 홈페이지에 올리는 편리한 시대가 되었다.

컴퓨터 속기가 보편화되었지만 국회엔 아직도 10여 명의 수기 속기사들이 있다. 컴퓨터 속기의 경우 전기가 없으면 안 되지만 수기 속기는 전기가 들어오지 않는 곳이나 정전이 되어도 문제가 없는 장점이 있다. 속기록은 발언을 한 국회의원뿐만 아니라 전문위원들이 전혀 관여하지 않는다. 다만 전문용어가 있을 경우 발언자나 상임위 입법조사관에게 물어보는 경우는 종종 있다.

속기록 내용은 언제 어느 범위까지 정정할 수 있을까? 다음은 국회법 제117조다.

> ① 발언한 의원은 회의록이 배부된 날의 다음날 오후 5시까지 그 자구의 정정을 의장에게 요구할 수 있다. 그러나 발언의 취지는 변경할 수 없다.

③ 속기방법에 의하여 작성한 회의록의 내용은 삭제할 수 없으며, 발언을 통하여 자구정정 또는 취소의 발언을 한 경우에는 그 발언을 회의록에 기록한다.

한편, '국회 회의록 발간 보존 규정'에 의하면 자구정정이 가능한 경우는 다음과 같다.

(1) 법조문, 숫자 등을 착오로 잘못 발언한 경우
(2) 특정 어휘를 유사어휘로 변경하는 경우
(3) 간단한 앞뒤 문구를 변경하는 경우
(4) 기록의 착오가 있는 경우

속기를 1시간 하면 이를 옮겨서 속기록으로 정리를 마무리하는 데 7~8시간이 소요된다. 속기록 정리는 속기사 본인이 두세 번 교정을 보고 윗사람이 한두 번 교정을 보고서야 최종 정리가 끝난다. 회의 다음날 속기록을 발간해야 하는 경우는 본회의, 운영위, 예결위, 인사청문회다. 이 속기록은 다음날 국회 내부망에 올려야 한다. 따라서 이 회의에는 속기사들이 더 많이 투입된다. 나머지 회의는 대략 한 달쯤 지나서야 속기록 정리가 완료된다.

만약 발언자가 분명히 실수 발언을 했다고 하면 속기사가 이를 정정하여 속기록에 남겨야 할까? 이에 대해서는 국회 속기사들 간에도 의견이 엇갈리고 있다. 예를 들어 발언자가 누가 봐도 '국회의장'이라고 해야 할 것을 '국회부의장'이라고 했다고 하자. 또는 '기획조정실장'

이라고 해야 할 것을 '기획관리실장'이라고 발언했을 경우엔 어떻게 해야 할까? 속기사는 속기록에 어떻게 남겨야 할까?

'들리는 대로 속기'해서는 안 되고 '들은 대로 속기' 해야 하는 것이 속기의 원칙이다. 즉, 속기에 있어서 속기사의 의도가 개입되어서는 안 된다는 것이다. '국회의장'을 '국회부의장'으로 발언했다면 발언자가 의도적으로 그렇게 했을 수도 있다. 이를 속기사가 판단하여 정정하지 않아야 한다.

요사이는 '국회방송'을 통해 국회 회의를 실시간으로 볼 수 있다. 국회 회의장 밖 복도에서 대기하는 공무원들이 스마트폰으로 '국회방송'에 접속하여 회의를 지켜보기도 한다. '다시보기' 기능을 통해 언제든지 재방송도 볼 수 있다. '국회방송'은 시청률이 매우 낮다. 하지만 관심 있는 사람은 꼭 보기 때문에 무시할 수 없는 방송이다. 이렇게 국회의 모든 공식 회의를 많은 사람들이 정확히 볼 수 있다 보니 속기록에 잘못이 있으면 따지려는 사례도 과거보다 많아지고 있다. 국회의 모든 회의는 발언권을 얻은 사람이 발언하게 되어 있다. 하지만 간혹 의원들끼리 싸우는 경우가 있다. 이땐 서로 동시에 말을 쏟아낸다. 이때도 속기사는 최대한 속기를 하다가 상황이 악화되면 '장내 소란'으로 적는다.

우리 국회에는 한글 속기사만 있고 영어 속기사는 없다. 간혹 상임위 등에서 외국인이 출석하여 증언하는 경우에는 통역사가 반드시 있다. 이 때 속기사는 영어 발언은 속기하지 않고 우리말 통역만 속기한다. 어쩌다 외국 정상이 국회 본회의에 와서 연설하는 경우가 있는데 이때도 우리말 통역만 속기록에 남긴다. 혹시 연설문의 외국어 원고가 제공되거나 연설한 측에서 요청이 있으면 이를 속기록에 남긴다.

우리나라 국회 속기록 제1호는 1948년 5월 31일 첫 국회가 소집된 날이었다. 이날 임시의장을 맡은 이승만 박사의 등단과 첫 발언 속기록 내용을 옮겨 본다. 기독교 분위기가 물씬 풍기는 발언임에도 불구하고 회의장은 조용하였다. 오늘날 이 같은 기도를 국회 의장이 국회 본회의장에서 하였다면 종교 편향적이라는 지적도 있었을 법하다.

○ 국회선거위원장 노진설: 순서에 의지해서 임시의장을 추천하게 되는데 의원 가운데에서 최고 연장이 되시는 이승만 박사를 임시의장으로 추천하는 것이 어떻습니까?(의원 일동 박수) 그러면 임시의장은 결정되었습니다. 제가 말씀드리기에는 죄송하오나 이승만 박사께서 취임해주시기 바랍니다.(이승만 의원 의장석에 등단, 일동 박수)

○ 임시의장 이승만: 대한민국 독립민주국 제1차 회의를 여기서 열게 된 것을 우리가 하나님에게 감사해야 할 것입니다. 종교사상 무엇을 가지고 있든지 누구나 오늘을 당해 가지고 사람의 힘으로만 된 것이라고 우리가 자랑할 수 없을 것입니다. 그러므로 하나님에게 감사를 드리지 않을 수 없습니다. 나는 먼저 우리가 다 성심으로 일어서서 하나님에게 우리가 감사를 드릴 터인데 이윤영 의원 나오셔서 간단한 말씀으로 하나님에게 기도를 올려주시기 바랍니다.(이윤영 의원 기도, 일동 기립)

이 우주와 만물을 창조하기 인간의 역사를 선림하시는 하나님이시여, 이 민족을 돌아보시고 이 땅에 축복하셔서 감사에 넘치는 오늘이 있게 하심을 주님께 저희들은 성심으로 감사드립니다. 오랜 시일 동안 이 민족의 고통과 호소를 들으시사 정의의 칼을 빼서 일제의 폭력을 굽히시사 하나님은 이제 세계만방의 양심을 움직이시고 또한 우리 민족의 염원을 들으심으로 이 기쁜 역사적 환희의 날을 이 시간에 우리에게 오게 하심을 하나님의 선림이 세계만방에 정시(正視)하신 것으로 저희들은 믿나이다. ^(이하 생략)

필자가 국방부 근무할 때 국회를 뻔질나게 다녔다. 회의 참석 목적도 있었고, 국회의원, 보좌관, 전문위원들을 만나기 위한 것도 있었다. 회의 참석차 국회에 가면 한없이 기다릴 때도 많았다. 행정부 공무원들이 국회에서 대기할 때는 한두 시간 정도가 아니라 하루 종일, 어떤 때는 며칠씩 하염없이 기다리기도 한다. 이때 기다리는 것이 너무 지겨워, 함께 기다리는 속기사들과 종종 대화하면서 그들의 세계를 조금 엿볼 수 있었다.

제6장

국방부도
어찌할 수
없는 것들…

개는 각기 그 주인을 위해 짖고,
사람은 각기 그 옳다고 믿는 바에 따라 떠드나니,
뉘 알리오, 세상 시비(是非)의 아득한 끝을.
뒷사람 되어 듣는 이,
다만 저마다의 가슴에 품은 정(情)과 의(意)를 따라 헤아릴 따름인저.
―이문열의 수호지 중에서―

군 공항 주변
소음 피해

"이런 말 하면 벌 받을지 모르겠지만…(지금 이륙하고 있는) 저 전투기가
땅에 떨어졌으면 좋겠다는 생각이 들 때도 있습니다."

동대구역 근처에서 장사하는 어느 아주머니의 말이다. 이곳에서 멀
지않은 대구 공군기지(제11 전투비행단. 이른바 K2기지)에서 F-15K 전투기가
이륙할 때면 천지가 진동하듯이 굉음이 발생한다. 이 소리를 들어보지
않은 사람은 실감하지 못한다. 문제는 공군기지 담벼락 근처까지 민가
가 들어서 있다는 것이다.

K2기지는 일제 강점기 때 일본군이 대륙 침략의 목적으로 건설하
였다. 해방이 되자 일본군은 물러갔고 공항은 남았다. 1950년 6.25전
쟁이 발발하자 미군이 이 공항을 군사적으로 이용하기 시작했다. K2
라는 것은 Korea에서 2번째 공군기지라는 의미로 미군이 붙인 것이다.

K1 기지는 김해 공군기지다. 미 본토와 일본에서 발진한 미 공군기들이 후방이었던 K2 기지를 이용함으로써 이곳의 군사적 가치는 특별하였다. 전쟁이 끝나고 자연스럽게 우리 공군이 인수하여 지금에 이르고 있다. 대구 공군기지에는 항상 우리 공군의 최신예 전투기가 배치되었다. 후방 전투비행단으로서의 전략적 가치 때문이다. F-16 전투기가 처음 도입되었을 때도 그랬고, 지금 공군의 최신예 F-15K 전투기도 이곳에 배치되어 있다. F-15K는 쌍발엔진이 달린 덩치가 큰 전투기여서 이륙 때 소음이 특히 심하다.

KF-16이 연료를 가득 채우고 외부 연료탱크와 미사일 등을 모두 장착하면 그 무게는 약 11톤에 육박한다. F-15K의 경우는 대략 28톤, 여기에 미사일 폭탄, 외부 연료탱크까지 추가하면 최대 중량은 36톤에 이른다. KF-16은 단발엔진이지만 F-15K는 쌍발엔진인데다 덩치가 더 크기 때문에 추력이 더 크다. 당연히 이륙 때 소음도 더 크다.

6.25전쟁이 끝난 직후 하늘에서 대구 공군기지를 찍은 흑백사진을 보면 허허벌판에 활주로 한 본이 덩그러니 있고 초가집 몇 채 보이는 정도다. 이제 도심의 팽창으로 대구 공군기지는 주택가로 둘러싸여 있다. 지금 대구공항 주변에 살고 있는, 심각한 소음 피해를 입고 있는 많은 주민들이 태어나기 전부터 공군기지가 이곳에 위치하고 있는 것이다. 전투기가 이륙하는 방향 양쪽으로 공군기지에서 머지않은 곳에 대규모 아파트 단지들이 들어섰다. 대구시로서도 소음피해가 심각하다는 점을 알면서도 개발 압력을 뿌리칠 수 없었을 것이다. 오래전부터 이 지역 주민들은 공군기지가 다른 곳으로 이전할 것을 요구하고

있다. 대통령 선거 때마다 K2 공군기지 이전은 이 지역의 대표적인 선거공약이었다. 대규모 소음 소송도 진행되고 있다. 주민들이 제기한 소송에서 국가(국방부, 공군)가 패소하여 국방(공군) 예산으로 소음배상금을 물어주고 있다.

우리나라에서 군 공항 주변 소음 피해 배상 소송은 2008년 대법원 판결이 전환점이 되었다. 법원은 공군기지 주변 소음 피해에 대해 국가(공군)의 불법행위로 발생한 것이므로 국가 배상(賠償) 책임을 인정한 것이다. 참고로 '보상(補償)'은 적법한 행위임에도 피해가 났을 경우 그 손실을 물어 주는 것이다. 소음소송을 추진했던 일부 변호사들은 이 판결을 '소송의 금자탑', '눈부신 판결'이라고 평가하기도 한다. 하지만 국방부와 공군에게는 엄청난 재정적 부담으로 다가왔다. 이 대법원 판결이 배상 기준이 되면서 유사 판결이 봇물같이 쏟아졌고, 국방예산으로 지급해야 하는 소음 피해 배상금도 눈덩이같이 불어났다.

2016년 말 기준 진행 중인 소음 소송 사건은 109건에 원고 수 50만 6,785명이다. 소송이 진행되고 있는 군 공항은 대구공군기지를 비롯하여 수원, 광주, 원주, 청주, 충주, 서산 기지 등이다. 2009년부터 2016년까지 국방부와 공군이 판결에 패소하여 지급한 국가배상금은 대구기지 등을 포함하여 5,775억 원이다. 297개 사건에 배상인원은 32만 8,310명이다.

군 공항 주변 소음 소송은 기획소송이다. 변호사(또는 법무법인)들이 주민들로부터 도장(위임)을 받아 집단소송을 내고 그 배상금을 받아서 주민들에게 나눠주는 방식이다. 변호사 수임료는 판결 금액(승소액)의

16~30퍼센트 수준이다. 지연이자까지 포함하여 수백억 원이 변호사에게 돌아갔다.

소음 소송에 있어서 중요한 것은 소음피해의 정도와 해당 주민 숫자를 정확히 파악하는 것이다. 소음의 정도는 웨클(WECPNL, Weighted Equivalent Continuous Perceived Level)로 측정한다. 항공기가 이착륙할 때 발생하는 소음도에 운항횟수, 시간대, 소음 최대치에 가중치를 부여한 수학 공식을 사용한다. 데시벨(dB)은 단순히 소음의 순간적인 크기만을 나타낼 뿐이다. 웨클을 측정하여 공항 주변에 소음등고선을 긋고, 이곳에 사는 주민들에게 차등하여 배상금을 지급한다. 대법원이 인정한 금액은 95웨클 이상 소음지역에 사는 주민의 경우 월 6만 원, 90웨클 이상 월 4만 5천 원, 85웨클 이상 월 3만 원이다.

불법행위로 인한 손해배상금 청구권의 시효는 3년이다. 소 제기일로부터 과거 3년간의 피해만을 배상받을 수 있는 것이다. 공군기지 담벼락 가까이 살면서 95웨클의 소음에 노출된 4인 가족의 경우 월 6만 원으로 계산하면 최근 3년간의 소음피해 배상금으로 864만 원을 받을 수 있다. 여기서 일정 비율을 변호사가 가져간다. 많게는 30퍼센트까지 변호사가 챙겨가는 경우도 있다. 대구 공항 소음 소송으로 수임료로 수백억 원 이상 번 변호사들도 있다.

이들 기획 변호사들이 폭리를 취하고 있으니 그 돈의 일부를 받아내어 주민들에게 다시 돌려주는 소송을 하겠다며 주민들을 찾아다니며 위임 도장을 받으러 다니는 변호사까지 생겨났다. 국가배상금을 둘러싸고 변호사들끼리 서로 물고 물리는 돈 싸움을 벌이고 있고, 주민들은 여기에 도장을 찍어주고 있다. '배고픈 변호사는 굶주린 사자보다 무섭다'는 말이 생각난다. 이렇게 배상받은 주민들은 또다시 소멸시효 3년이 지나기 전에 소송을 다시 제기하면 같은 배상금을 받을 수 있다. 3년이 지나기 전에 기획 변호사들은 또다시 주민들을 찾아다닐 것이다. 3년마다 연금처럼 지불되는 것이 공군기지 주변 소음 배상금이다.

원고 측에서는 기획 변호사들이 설치고 있는 가운데 피고(국가) 측에서는 공군 법무관들이 힘든 법정 싸움을 하고 있다. 한 푼이라도 배상금을 작게 지불하기 위해 이중 소송자나 거주하지 않으면서 배상금을 타 가는 사람을 걸러내는 등의 작업도 하고 있다. 몇 푼 안 되겠지만 국방예산이 한 푼이라도 낭비되어서는 안 되겠다는 생각 때문이다. 원고가 모두 150만 명 이상 되기 때문에 이 작업도 만만치 않다.

변호사 배만 불리는 이런 소송절차 없이 국방부나 공군이 주민들에게 바로 배상금을 지급할 수만 있다면 그나마 다행일 것 같은데 이것이 쉽지 않다. 이를 위해서는 특별법을 만들어야 한다. 대법원은 전투기 소음을 국가(공군)의 불법행위로 판단하고 있는데 정부(국방부)가 보상금을 연금처럼 지급하는 것도 문제이고, 주민들은 보상금을 받고나서 불법행위로 또다시 배상금 소송을 제기할 수도 있다. 배상과 보상은 서로 다른 차원이다.

소음 배상금을 예산 편성하는 것도 쉽지 않다. 현재 진행 중인 1백여 건의 소음소송 중에서 내년에 확정판결이 몇 건이 날지, 그 돈은 얼마가 될지 정확히 예측하기 어렵다. 배상금 예산을 많이 편성하면 미집행 잔액이 발생하고 적게 편성하면 다른 예산을 끌어와서(이 · 전용) 배상금에 충당해야 한다. 1심 판결이 내린 다음부터는 지연이자가 발생하기 때문에 배상금을 늦게 지불하면 이자도 눈덩이같이 불어난다.

이렇듯 군 공항 소음 소송은 (1) 군 작전의 일환인 전투기 소음을 국가의 불법행위로 본다는 점, (2) 주민 소송 제기→국가 패소→배상금 지급으로 이어지는 사법행정의 낭비, (3) 공군기지가 이전하지 않는 한, 매 3년 단위로 계속하여 배상금 지급이 이루어진다는 점 등의 문제가 있다.

우리 군이 사용하고 있는 공항은 전국에 약 60여 개가 있다. 이는 소규모 헬기장까지 포함한 것이고 공군 전투비행단은 12개가 있다. 소음피해 주민들이 많은 곳은 대구, 수원, 광주, 강릉 기지 순이다. 성남 공군기지(서울공항)의 경우 도심 한가운데 위치하고 있지만 소음피해가 그리 문제가 되지 않는다. 이곳에는 전투기가 배치되어 있지 않고 주로 수송기, 정찰기 등이 운항되기 때문이다. 이곳은 소음피해는 심각하지 않지만 제2롯데월드와 관련하여 고도제한의 문제가 있었다. 김포공항도 대형 민항기들이 뜨고 내리지만 덩치만 클 뿐 전투기처럼 큰 소음을 내지는 않는다.

우리나라는 1971년부터 개발제한구역(일명 그린벨트) 제도를 도입하여 이 구역 내에서는 함부로 건축물을 지을 수 없도록 법률로 제한하였다. 국민의 재산권을 침해한다는 문제가 있었지만 도심의 무분별한 팽창과 국토의 난개발을 방지할 수 있었다. 개발제한구역은 우리 국토정책의 큰 성공 사례다. 1970년대 당시 국방부도 비슷한 제도를 도입하여 군 공항 주변의 무분별한 개발을 억제했어야 했다. 그 당시엔 권위주의 정부 때였고 정부가 힘이 있었던 시절이기 때문에 마음만 먹었다면 가능했을 것이다. 하지만 지금 이러한 제도의 도입은 불가능하다. 땅값도 오를 데로 올라서 지금 국방예산으로 공군기지 주변 부지를 추가 매입하는 것도 불가능하다.

다행히도 2013년 군 공항 이전 및 지원에 관한 특별법이 제정됨으로써 공항 이전의 실마리를 잡았다. 이 법이 국회를 통과한 후 해당 지역에서는 지역구 국회의원들이 중심이 되어 대대적인 의정보고회를 열고 특별법 통과에 노력한 점을 크게 홍보하였다. 하지만 갈 길은 멀기만 하다.

지금 대도시 주변 군 공항은 대략 180만~200만 평 정도의 땅을 차지하고 있다. 도심 밖으로 이전하면서 최소한 400만 평 이상 부지를 매입해야 소음배상금을 또 지불하는 사례를 방지할 수 있다. 좁은 국토에서, 그것도 평지에 이 정도 넓은 부지를 매입할 수 있는 곳이 과연 있을까?

경주 중·저준위 방사성폐기물 처리장(방폐장)이 건설될 때까지 30년의 세월이 걸렸다. 공군기지는 면적과 주민 수 등을 고려할 때 방폐장보다 더 어려운 갈등과제다. 군 공항 이전 특별법이 구체적인 절차를 명시하고 있지만 앞으로가 쉽지 않은 과정이다. 군 공항 이전 절차가 순조롭게 진행되더라도 지자체 협조, 부지 매입, 설계, 공사 등 최소한 15년 정도의 세월이 필요하다. 그때까지 소음 소송과 배상금 지급은 계속될 것이다.

특별법이 제정되었다 하더라도 군 공항 이전에 대한 성급한 기대감은 주민들의 실망과 분노로 이어질 수 있음을 유의해야 한다. 앞으로도 대통령 선거 때마다 후보자들은 공군기지 이전을 대선공약에 넣을 것이다. 2007년 대선 때도 그랬고 2012년 대선 때도 그랬다. 대선후보들끼리 이 사안은 대선공약에 포함시키지 말자는 협약을 체결하는 것이 어떨까? 대선공약에 포함시킨다고 해서 빨리 될 것도 아니고, 5년 단위 정권의 임기를 넘어서 사업이 진행될 수밖에 없기 때문이다. 동남권 신공항의 사례와도 같이 정부가 감당하기 힘든 공약이 될 수도 있다.

통일이 된다면 한국군은 재배치될 것이다. 남한에 있는 우리 공군기지도 한반도 차원에서 재배치되어야 한다. 우리 공군의 입장에서는 수원과 강릉 비행장은 전방기지다. 통일이 되면 수원과 강릉 공군기지는 북한 쪽으로 전진 배치되어야 하지 않을까? 그렇다면 지금 막 시작 단계에 있는 수원 공군기지 이전은 어떻게 해야 할까? 셈이 복잡해진다. 언제 올지 모를 통일의 그날까지 주민들로 하여금 소음피해를 참고 살라고 할 수도 없는 노릇이다.

동해(東海) 표기에 대한
불편한 진실

다음은 2014년 10월 7일 국회 국방위원회의 국방부 국정감사 때 안규백 의원 질의 내용 중 일부다. (국회 속기록에서 인용)

(미국) 태평양사령부 상황판이나 지도를 보면 'Sea of Japan'으로만 써졌지 '동해'라고는 표기가 안 돼 있지 않습니까? 본 의원이 봄에 (하와이 태평양사령부를) 한 번 방문한 적이 있는데 그 전도(全圖) 전체 어디를 봐도 'Sea of Japan'으로만 표기돼 있지 '동해'라는 표기는 글자 하나를 제가 발견하지 못했습니다. (…) 'Sea of Japan' 그 표기 하나만 가지고도 미국이 과거와 현재, 미래의 우리에 대해서 어떻게 인식하고 있는가를 잘 보여 주는 사례라고 저는 생각합니다.

이 질의에 대해 류제승 국방부 정책실장은 다음과 같이 답변했다.

> 제가 금년(2014)에 제 명의로 'Sea of Japan'이라는 표기를 '동해' 표
> 기로 바꿔 달라는 서신을 ^(미 국방부 측에) 보냈습니다. 그리고 작년
> (2013)에는 제 전임 임관빈 실장이 같은 내용의 편지를 보냈고요.
> (…) 돌아온 ^(미 측의) 답변은 지금 현재 표기된 것을 고칠 만한 특별
> 한 공식적인 사유가 없다는 것이었는데…

요약하면, 미군이 사용하는 지도에 '동해(East Sea)'는 없고 오로지 'Sea
of Japan(일본해)'으로만 되어 있으며 수년 전부터 국방부가 이를 시정해
달라고 미국 국방부와 태평양사령부에 공식 요청했지만 미 측에서는
고칠 생각이 없다는 것이다.

2013년 3월 26일 천안함 폭침사건 이후 제프 모렐 미 국방부 대변
인이 한·미 간 대 잠수함 훈련에 대하여 공개적으로 언급하는 기회가
있었다. 이 때 그는 '동해'라는 표현은 한마디도 하지 않았고 '일본해
(Sea of Japan)'란 표현은 네 차례나 언급하였다.

2010년 7월 한·미 외교·국방장관 회담이 서울에서 열렸다. 이른바
'2+2회담'이다. 이 회의가 끝난 후 발표된 공동성명에는 '한반도 동쪽
과 서쪽 해역'이라는 표현이 등장한다. 정확히는 '동해와 서해'라고 하
면 좋을 텐데 미국이 '동해'라는 표현을 사용하기 싫어서 '한반도 동쪽
해역'이라는 어정쩡한 표현을 사용한 것이다.

미국은 일본과도 동맹관계다. 어쩌면 미국은 한·미동맹보다 미·일
동맹을 더 중시하고 있을지도 모른다. 동해 표기문제를 포함한 주요

이슈에 대해 미국은 절대로 한국 입장만을 들어 줄 수도 없고 들어 주지도 않는다. 미국 태평양 사령부의 작전지도는 미 정부의 지명표기 원칙을 따른다. 미 정부에서 지명표준화는 USBGN^(US Board on Geographic Names, 미국지명위원회)가 담당하고 있고 미군은 이 결정을 따라 작전지도를 만들고 있다. 미국 태평양사령부 작전지도의 명칭에 이의가 있다면 우리 외교부가 USBGN 등에 외교채널로 해결해야 할 사안이다. Sea of Japan 표기 문제가 우리나라 국방부 정책실장이 미 국방부 파트너에게 서한을 보내서 해결될 문제라면 지금껏 문제가 되지도 않았을 것이다. 하지만 우리 국회 국방위원회에서 심심하면 이 문제가 거론되고, 그때마다 우리 국방부는 곤혹스러운 표정을 하면서 미 측과 협의해 보겠다고 한다. 문제의 정당한 해결방법이 될 수도 없고, 그냥 면피성 질문-답변에 불과하다.

우리 정부는 1992년부터 일본해 단독 표기는 안 되며 동해 병기를 주장하고 있는데, 이는 여러 가지 문제를 가지고 있다. 우리의 주장에는 국제사회가 받아들이기 어려운 무리한 점이 많다. 욕먹을 각오하고 동해 표기에 있어서 몇 가지 문제점을 살펴본다.

첫째, '동해'는 방위를 가진 이름이다. '동서남북'은 보는 쪽에 따라서 달라진다. '동해'는 일본 쪽에서 보면 '서해'가 되기도 하고, 러시아 극동 쪽에서 보면 '남해'가 되기도 한다. 만약 중국이 '황해^(Yellow Sea)'를 중국 동쪽에 있다고 해서 '동해'라고 주장한다면 우리는 얼마나 황당할까? 다행히 '서해'는 '황해^(Yellow Sea)'라는 또 다른 이름이 있다. 이탈리아와 발칸 반도 사이에 위치한 아드리아해^(Adriatic Sea)를 이탈리아는 '동해', 발칸반도 국가들은 '서해'라고 한다면 국제사회는 어떻게 생각할까? 방위가 들어간 이름은 국제적으로 통용되는 객관적인 지명이 되기 어렵다. 세계 어느 나라 누구든지 '일본해'라고 하면 어딘지 쉽게 알 수 있지만 '동해'라고 하면 세계의 많은 항해사들조차 잘 모르기도 하고 헷갈리기도 한다.

둘째, '동해'라는 명칭이 역사적으로 동해였다는 주장은 일부만 타당하다. 우리나라와 중국의 옛 문헌에 '동해(東海)' 표기가 나타나기도 한다. 하지만 '조선해', '동양해' 등 다른 이름들도 많이 있었는데 우리는 이를 모두 '동해'로 뭉뚱그려 옛날부터 동해였다고 주장한다. 동해라는 의미가 '아시아 대륙의 동쪽 바다'이건 '중국(또는 한반도)의 동쪽 바다'이건 간에 1~2천 년 전 제한된 지리적 정보를 바탕으로 한 명칭이다.

16세기 대항해시대가 열리면서 서양에 동아시아 지역이 소개되기 시작하였다. 16세기 중반부터 서양 고지도에는 Oriental Sea(동방해), Mer de Coree(한국해, 조선해), Sea of Korea(조선해), Gulf of Corea(한국만, 조선만), Ceanus Orientalis(동대양), Mare Orientalis(동해) 등 다양한 명칭이 등장한다.

19세기 들어와서부터 서양에서 '일본해'라는 표현이 압도적으로 많이 사용되고 있다. 아시아 대륙 너머에 일본 열도가 있다는 것이 알려지게 되고, 일본과의 교류가 활발해짐에 따라 서양고지도 제작자들은 '일본해'라는 표현을 널리 사용되게 된다. 최근 한국과 일본은 서양 고지도를 조사해서 자국에 유리한 명칭이 많다고 주장하지만 옛날 지도만을 가지고 동해·일본해 표기 문제를 결정하기란 근본적인 한계가 있다. 수백 년 전 제한된 지리적 정보를 오늘날 그대로 적용하기 곤란

할 뿐만 아니라 서양 고지도는 전수조사가 불가능하다. 프랑스 국립도서관에만 60여만 장의 고지도가 있다고 한다. 많은 나라들이 수백 년 또는 수천 년 전 문헌을 들고 나와 오늘날 지명도 그렇게 되어야 한다고 주장한다면 세계 지도상 명칭에 큰 혼란이 초래될 것이다.

셋째, 지금 사이버 공간에서는 이미 'Sea of Japan'이 압도적으로 사용되고 있다. 영어권에서 'East Sea'란 우리가 말하는 동해가 아니다. 영문 위키피디아(en.wikipedia.org)에서 'East Sea'라고 치면 Sea of Japan(일본해), East China Sea(동중국해), South China Sea(남중국해), Baltic Sea(발트해), Dead Sea(사해), Atlantic Ocean(대서양) 등 여러 곳의 지명이 함께 나타난다. 우리가 흔히 말하는 사해(Dead Sea)란 영어로 East Sea라고도 하는데 이는 이스라엘 동쪽에 위치하고 있기 때문이다. 요르단에서 보면 서쪽 호수이지만 이스라엘의 국가적 파워 때문에 'Dead Sea'의 또 다른 이름은 'East Sea'다. 베트남은 남중국해(South China Sea)를 '동해'라고 하고 중국은 동중국해(East China Sea)를 통상적으로 '동해'라고 부르고 있다. 인터넷에서 East Sea란 보통명사이며 Sea of Japan은 고유명사다. 대한민국만 East Sea를 동해의 고유명사로 주장하고 있다.

위키피디아에서 'Sea of Japan'이라고 치면 우리가 말하는 동해에 대한 거의 모든 자료가 상세히 펼쳐진다. 중국 정부가 운영 중인 인터넷 홈페이지 200여 곳에서는 동해를 일본해로 단독 표기하고 있다. 미 국무부, 항공우주국(NASA) 지구관측소, 스페인 이민성, 호주 외무부, 스페인 관광청, 각국의 공영방송국, 여러 국제기구의 홈페이지도 마찬가지다.

사이버 공간 특히 영어권 인터넷에서 동해는 이미 Sea of Japan으로 굳어졌다. 사이버 공간 뿐만 아니라 세계 여러 나라 정부의 홈페이지, 교과서, 지도제작자들 사이에 'Sea of Japan'이 통용되고 있다. 국제수로기구(IHO)나 유엔지명표준화회의(UNSCSGN) 등에서도 이러한 인터넷 현실을 외면할 수 없다. 사이버 공간에서 동해 표기문제는 Sea of Japan으로 결론이 난 것이나 마찬가지다.

넷째, 일본해 명칭이 일제 강점기 때 만들어진 것이라는 주장은 절반의 진실에 불과하다. 일본해를 국제적인 명칭으로 결정한 것은 1929년 국제수로기구(IHO)였다. 우리가 일제 강점기하에 있을 때지만 당시 우리가 동해라는 명칭을 공식 제기하였더라도 수용될 가능성은 없었을 것이다. 그 당시 서양에서 보편적으로 사용되던 'Sea of Japan'이란 명칭을 국제수로기구가 1929년에 공식 확인한 걸로 보아야 한다. 물론 일본의 주장이 먹혀들었겠지만 그때나 지금이나 일본은 세계 해양 강국이다.

하지만 일본해 단독 표기에도 심각한 문제가 있다. 한반도와 러시아 극동, 그리고 일본열도로 둘러싸인 바다에 특정 국가의 이름을 붙이는 것은 주변국 입장을 전혀 고려하지 않은 것이다. 일본해라는 표현은 이 바다가 일본과 특수한 관계에 있거나 일본이 지배하는 바다로 잘못 인식될 가능성이 있다. 남·북한, 러시아 등 주변국들의 감정을 고려할 때 일본해라고 고집하는 것은 이 바다를 일본의 내해로 만들려는 또 다른 제국주의적 의도가 잠재해 있다는 주장도 있다.

동해의 대부분은 한국이나 일본의 영해가 아닌 공해(International waters)다. 공해에 특정 국가의 이름을 붙이는 경우는 없다. 국제수로기구에서 발간한 『대양과 바다의 경계』에는 26개의 바다 명칭이 있는데 그중에서 특정 국가의 이름이 들어간 바다는 일본해뿐이다. 독도와 울릉도 등 한국의 섬이 일본해에 위치하게 되는 상황을 한국민들은 정서적으로도 용납할 수 없다.

우리나라는 1992년 유엔지명표준화회의(UNCSGN) 때부터 일본해와 동해의 병기를 주장하기 시작했다. 국제사회에서 일본해라는 이름이 상당히 보편적으로 사용되고 있다는 점을 고려하여 우선 동해라는 명칭과 병기하자는 것이 우리 정부의 입장이다.

일제강점기 때는 어쩔 수 없었다 치더라도 1945년 해방된 이후부터 1992년까지 47년 동안 우리나라는 국제사회에 대해 '일본해' 명칭에 대해 아무런 주장을 하지 않았다. 우리나라가 국제수로기구 회원국으로 가입한 것은 1957년이다. 그때부터 1992년까지 35년 동안 우리나라는 일본해 표기에 대해 아무런 이의를 제기하지 않았다. 이렇게 반세기 가까이 조용히 있다가 갑자기 "일본해 단독 표기는 안 되고 동해와 병기하자."는 것은 국제사회에서 이해할 수 없는 돌발행동이고, 이미 굳어질 대로 굳어진 국제적 명칭을 거부하는 태도로 인식될 수 있다. 이 사안에 시효(時效) 개념을 적용할 수는 없다고 하더라도 1992년까지 대한민국은 '일본해'라는 표현을 암묵적으로 받아들였다고 해야 한다.

1992년에 우리나라가 '동해'가 아닌 '한국해' 또는 '극동해'라는 다른 이름을 주장하였다면 국제사회에서 보다 설득력이 있었을 것이다라는 아쉬움이 있다. 이러한 여러 가지 사연으로 동해를 제3의 다른 이름으로 부르자는 제안도 있었다. 극동해(Far East Sea), 동북아해(Northeast Sea), 청해(Blue Sea), 해결해(Sea of Resolution) 등의 명칭이 국제사회에서 제기되기도 하였다. 노무현 전 대통령은 '평화해(平和海)'라는 명칭을 검토해 보자는 아이디어를 제안한 바도 있다. 다음은 2011년 8월 21일 국회 외교통상통일위원회의 '동해 표기 축구 결의안' 내용 중 일부다.

주문

대한민국 국회는 우리의 바다로서 동해가 갖는 역사적·민족적 중요성에 주목하고, 그동안 범정부적인 노력으로 국제사회에서 동해 표기가 꾸준히 확산되고 있음에도 불구하고 최근 국제수로기구(IHO) 해양 경계 실무그룹 의장이 동해 표기에 대한 공식 의견을 요청하자 미국과 영국이 일본해 표기 의견을 제출한 것으로 알려지는 등, 아직도 세계 다수 국가에서 동해가 일본해로 인식되고 있는 현실에 깊은 우려를 표하며, 국제수로기구가 발간하는 『해양과 바다의 경계』 책자에 아직도 동해가 일본해로 표기되어 있는 바, 이를 시급히 시정하고 국제사회에서 동해 명칭이 정당한 자리를 찾기를 기원하면서, 다음과 같이 결의한다.

1. 대한민국 국회는 국제수로기구가 동해의 역사적 정당성을 인정하고 『해양과 바다의 경계』 책자 개정판에 동해를 표기할 것을 촉구한다.
2. 대한민국 국회는 일본해 명칭이 일제 강점기의 잔재라는 역사적 사실에 주목하고, 일본 정부가 동해 표기의 역사적 의의와

정당성을 인정하고 동해 표기를 수용할 것을 촉구한다.

3. 대한민국 국회는 국제사회에서 동해 표기의 정당한 위상이 반영될 수 있도록 미국과 영국 등 각국 정부와 지도제작사 그리고 유관 국제기구들이 일본해 표기의 잘못된 관행을 시정할 것을 촉구한다.

4. 대한민국 국회는 우리 정부가 각국과의 긴밀한 협의와 적극적인 교섭을 통해 국제수로기구의 『해양과 바다의 경계』 책자 개정판에 동해가 표기될 수 있도록 모든 외교적 역량을 결집하고, 궁극적으로 동해 단독 표기가 국제사회에서 실현될 수 있도록 지속적인 외교적 노력을 경주할 것을 촉구한다.

(제안 경위와 제안 이유 – 필자가 생략)

이 결의안 내용대로 되었으면 참으로 좋겠지만 국제사회의 현실은 그러하지 못하다. 이 결의안은 국제적 사정을 고려하지 않는 대한민국 입장만을 담은 것에 불과하다. 결의안 내용 중에서 '동해가 갖는 역사적·민족적 중요성'이란 표현은 우리 입장을 말한 것이고 일본도 '일본해의 역사적·민족적 중요성'을 가지고 있다. 1905년 러·일전쟁 때 일본이 발트함대를 격파한 것을 두고 우리는 '쓰시마 해전(對馬島 海戰)' 또는 '동해 해전(東海 海戰)'이라고 하지만 일본은 '일본해 해전'이라고 한다. 이는 세계 5대 해전 가운데 하나로 이곳은 일본이 약소국에서 강대국으로 인정받은 전승기념지다.

'일본해 명칭이 일제 강점기의 잔재'라는 표현은 절반은 맞고 절반은 틀린 주장이다. 19세기부터 이미 국제사회에서 일본해가 통용되기 시작하였다. '일본해 표기의 잘못된 관행'리는 견해도 달리 생각하면 100년 전부터 이미 굳어진 관행을 한국이 자국의 민족적 정서만을 고집하며 바꾸려고 한다는 것이 국제사회의 생각이다. 일본해란 명칭은 이미 18~19세기 서구에서부터 확산되기 시작하였다.

바다의 명칭은 그 영유권과는 무관하다. 동해를 일본해라고 해도 일본의 바다가 될 수도 없고 되지도 않는다. 하지만 지구상의 많은 지도들이 일본해라고 표기한다면 마치 동해가 일본의 바다인양 인식될 가능성이 있고 독도가 일본해 가운데에 위치하게 되는 문제가 있다. 동해 일본해 병기는 국민정서뿐만 아니라 독도 영유권 주장과 맞닿아 있기 때문에 우리 정부로서도 양보할 수 없는 상황이다. 하지만 국제사회는 동해 명칭 표기에 대한 우리의 주장에 큰 관심이 없다.

2017년 4월 국제수로기구 제19차 총회가 모나코에서 열릴 예정이다. 매 4년마다 열리는 회의다. 이 때 동해 표기 문제가 또다시 국내 여론의 관심을 받게 될 것이고, 당연히 우리 정부 입장이 관철되지 않을 것이다. 그러면 다시 언론은 "정부가 그동안 뭘 했냐."라고 질타할 것이다. 매 4년마다 반복되는 일이다.

'일본해'가 아니라 '동해'라고 목소리 높여야 애국자 같은 우리 사회의 분위기를 모르는 바는 아니지만 돌멩이 맞을 각오하고 동해 표기문제의 문제점들을 이야기해 보았다. 우리 정부에서 동해 표기 문제는 외교부 소관이다. 따라서 앞으로 국회 국방위원회에서 더 이상 동해 표기 문제로 인해 국방 당국자들이 난처한 상황에 처하는 일이 일어나지 않았으면 좋겠다. 만약 동해가 일본해로, 백두산이 장백산으로 굳어지고 있는 상황이라면 우리 애국가는 다음과 같이 바꾸어야 할지도 모를 일이다. "일본해와 장백산이 마르고 닳도록 하느님이 보우하사 우리나라 만세…"

국방대학교
논산 이전

2007년 12월 11일 광화문 정부청사에서 국가균형발전위원회가 열렸다. 위원회 측에서는 국방부 군사시설기획관(당시 필자의 직책)과 국방대학교 관계자의 출석을 요구해 왔다. 필자와 국방대학교 기조실장이 회의에 참석하였다. 이날 회의에서 국방대학교의 충남 논산 이전이 확정되었다. 2005년 6월 공공기관 지방 이전 계획이 확정된 이후 여러 공공기관의 이전후보지가 하나씩 확정 발표되었고 국방대학교의 이전 예정지가 마지막으로 결정된 것이다.

보름 후면 제 17대 대통령 선거가 예정되어 있었고 그로부터 두 달 후면 새 정부가 출범하려는 시기였다. 이날 결정에 대해 충남과 논산시 측은 크게 환영하였지만 논산 이전을 강력하게 반대해 오던 국방대학교 측은 크게 실망하였다. 실망을 넘어서 허탈과 분노의 분위기였다. 충남과 논산 지역의 여러 정치인들은 국방대를 유치한 것이 자기의 공이라고 서로 말하고 다녔다.

이렇게 논산 이전이 확정되었지만 국방대학교 측으로서는 빨리 이사 가고 싶은 생각이 전혀 없었다. 어쩌면, 안 갈 수 있으면 안 가고 싶은 생각도 있었을 것이다. 그러나 논산 측에서는 '깃털 하나 빼 놓지 말고 빨리 이사 와라'고 지속적으로 촉구하였다. 여기서 '깃털'이란 안보과정을 의미하였다.

이전 예정 부지 선정, 지자체(충남, 논산)의 지원 사항 논의, 이전계획(안)을 수립하여 국토해양부에 제출 등 할 일이 태산 같았지만 국방대학교 측은 서두르지 않았다. 아니, 서두르고 싶지 않았을 것이다. 빨리 이전해 오라고 하는 논산 측이 밉기만 하였을 것이다. 논산시, 국방부, 국방대 3자 협의회도 어렵사리 몇 번 열렸다. 하지만 회의는 겉돌기만 했고 성과는 별무신통이었으며 서로 감정의 골만 깊어져 갔다.

그러는 가운데 시간은 흘러갔다. 2009년 6월 어느 날, 국방대학교의 소극적 태도에 화가 난 일부 논산 주민들이 경운기 등을 동원하여 논산 육군훈련소의 정문을 막고 장정들의 입소를 막는 시위를 벌였다. 국방대 원안 이전 촉구 범시민결의대회의 일환이었다. 육군훈련소 입소일은 일주일에 월, 목 두 번 있다. 이 시위가 계속 진행될 경우 입영 장정들의 입소가 불가능하고 커다란 사회 문제가 될 것이 분명하였다.

논산 측에서는 정부 정책으로 결정된 사안을 국방대학교가 제대로 이행하지 않는다면 육군훈련소 입영 장정의 입소 저지부터 시작하여 육군훈련소까지 논산에서 떠날 것을 요구하려는 분위기였다. 육군훈련소가 논산 연무읍에 위치한 지난 60년 동안 논산 측에서는 훈련소에서 나오는 각종 오폐수만 처리했지 지역 경제에 별 도움이 안 되는 것을 감수해 왔다는 것이다. 훈련소 때문에 '논산을 바라보고 오줌도 싸지 않는다'는 말이 나오는 등 지역 이미지 손상도 가져왔다는 주장도 하였다. 심지어 충남과 논산 지역 내 다른 군부대의 퇴출 투쟁도 마다하지 않을 분위기였다. 군 공항 이전이나 사드 배치 문제를 님비(Not in My Back Yard) 현상(혐오시설 반대)이라고 한다면 당시 국방대 논산 이전은 핌피(Please in My Front Yard) 현상(선호시설 유치 노력)이라고 하겠다.

아무튼 이 단 한 번의 육군훈련소 정문 앞 시위 때문에 분위기가 반전되었다. 이 사건은 국방대학교 측으로 하여금 이전 문제를 더 이상 미룰 수 없다고 인식하게 한 계기가 되었다. 논산 이전이 결정되고 2개월 후 참여정부에서 이명박 정부로 바뀌었지만 어느 누구도 그 결정을 뒤집을 수 없었다. 국방대학교 교직원들도, 이전을 백지화시킬 수 없을 뿐만 아니라 이전 논의 자체를 마냥 미룰 수도 없다는 것을 깨닫기 시작했다. 부지 선정, 논산시 지원 사업 협의, 이전 계획 확정, 총 사업비 조정 등의 어렵고 힘든 과정을 거쳐 논산 지역에 새로운 캠퍼스 건설 공사가 시작되었다.

국방대학교 이전사업은 국방예산이 아니라 혁신도시특별회계 예산으로 추진되고 있다. 이 특별회계는 공공기관 지방이전 사업을 위해 만들어진 것으로서 국토해양부에서 관리하고 있다. 공공기관의 현재 부지(종전 부지)를 매각한 돈을 세입으로 하여 이전 공사비(세출)에 충당하고 있다. 경기도 고양시 덕양구에 위치한 국방대학교 부지는 한국자산공사가 2013년 8월 3,616억 원에 매입하였다. 국방대학교 이전사업비는 3,502억 원이다. 공공기관 지방이전 계획에 포함되지 않고 별도로 이전하였다면 국방군사시설이전특별회계로 추진하였을 것이다.

국방대학교는 경기도 고양시 덕양구에 있지만 인근 서울 마포구 상암동과는 인접한 생활권이다. MBC, KBS, YTN, JTBC 등 방송국뿐만 아니라 많은 IT 업체들이 이전해 오면서 상암동은 스타들과 젊은이들이 넘쳐나면서 살기 좋은 동네가 되었다. 2014년 봄 미국 영화 '어벤저스 2'가 상암동 일대에서 촬영되기도 했다. 한때 쓰레기 산이었던 곳은 언제 그랬냐는 듯이 아름다운 공원으로 변했다.

난지도 공원화 공사가 진행되기 전에는 국방대학교 교실과 관사에서는 악취와 파리로 문을 열어 놓지 못할 정도였다. 당시엔 에어컨도 귀했던 때라 여름철에는 문을 닫을 수도 없고 열어 놓을 수도 없을 정도로 고생스러웠다. 그런데 이제 살만한 동네가 되니 떠나야 한다고 국방대학교 교직원들은 한숨짓는다. 2007년 국방대학교 논산 이전이 확정된 이후 정부가 두 번 바뀌었고 10년의 세월이 흘러가고 있다. 국방대학교는 2017년 여름 논산으로 이전한다.

육군 특수전사령부의
이천 이전

2007년 5월 22일 서울 용산의 국방부 앞 전쟁기념관 광장에서 커다란 시위가 있었다. 이천 시민 1,200여 명이 상경하여 특전사 이천 이전 반대 시위를 벌인 것이다. 여기까지는 평범한 시위 같아 보였다. 시위가 한창일 때 몇몇 시민들이 버스 짐칸에 싣고 온 2개월 된 새끼 돼지를 꺼내어 능지처참하는 퍼포먼스를 하였다. 장정 10여 명이 네 다리에 밧줄을 묶고 각 방향으로 끌어 당겨도 돼지는 쉽게 죽지 않았다. 돼지가 비명만 질러대자 이성을 잃은 일부 시민들이 칼로 돼지를 찔러 죽였고 그 과정에서 피가 사방으로 튀었다. 죽은 돼지의 등에는 당시 김장수 국방장관의 이름이 붉은 스프레이로 적혀 있었다. 서울 송파에 위치한 육군특수전사령부의 이천 이전을 반대하는 시위였다.

2007년 5월 22일 서울 용산 전쟁기념관 앞에서 이천시민들이 특전사 이천 이전 반대 시위를 가졌다. 이 때 시위대 일부가 새끼돼지를 능지처참하였다. 돼지 등에는 당시 국방장관 김장수의 이름이 붉은 스프레이로 적혀 있었다.

2005년 정부는 강남을 중심으로 아파트 가격이 폭등하자 그해 8월 31일 부동산 대책을 내놓았다. 이른바 '8.31부동산 대책'이다. 이 대책에는 아파트 공급을 확대하기 위해 송파지역에 있는 군부대와 남성대 골프장을 지방으로 이전하고 이곳에 대규모 아파트 단지를 건설한다는 계획도 포함되어 있었다. 지금의 위례신도시가 그것이다.

이에 대해 국방부는 강력하게 반대했다. 전쟁이 나면 이곳 남성대 지역이 전시 군사 작전상 매우 긴요하다는 이유 때문이었다. 내심으로는 서울에 오랫동안 주둔하고 있던 부대를 지방으로 이전시키려는 것에 대한 반발도 있었고, 군의 반대 입장을 헤아려주지 못하는 참여정부의 태도에도 불만이 없지 않았다. '주택정책에 등 떠밀린 국방'이라는 비난도 있었다. 하지만 국방부 입장은 끝내 받아들여지지 않았다.

당시는 공공기관의 지방 이전을 강력하게 추진하고 있을 때였다.

군부대는 공공기관은 아니었기 때문에 지방 이전의 대상이 아니었다. 하지만 참여정부 내에서는 다른 공공기관들도 지방으로 가는데 군부대가 군이 송파지역에 있을 필요가 없다는 분위기가 있었던 것도 사실이다. 국방부의 입장이 받아들여지지 않은 가운데 국토부는 송파(위례) 신도시 건설 사업의 시행자로 토지공사(현 LH공사)를 지정하였다. 토지공사 책임하에 군부대를 이전하고, 그 땅에 신도시를 건설하는 기부대 양여 방식이었다. 여기까지 진행되는 동안 2005년과 2006년이 흘러갔다.

송파에 위치한 육군특수전사령부(특전사), 육군종합행정학교(종행교), 학생중앙군사학교(학군교), 국군체육부대, 그리고 남성대 군 골프장이 지방으로 이전할 수밖에 없는 상황이었다. 2007년 2월, 국방부는 이들 부대의 이전 후보지를 발표하게 된다. 특전사는 경기도 이천시 신둔면으로, 종행교는 충북 영동으로, 학군교는 충북 괴산으로 그리고 체육부대는 경북 문경으로 각각 이전한다는 것이다. 남성대 골프장은 사업시행자인 토지공사가 수도권에 대체 골프장을 마련한다는 조건이었다. 필자는 2007년 2월부터 국방부 군사시설기획관으로 보직 받으면서 이 사안을 담당하는 국장이 되었다.

종행교, 학군교, 체육부대가 이전해 가는 영동, 괴산 그리고 문경 지역은 대대적으로 환영하였다. 이들은 비전투부대였기 때문에 지자체들이 서로 유치하려고 하였다. 이른바 선호시설을 유치하려는 핌피(PIMFY, Please In My Front Yard) 현상이었다.

하지만 특전사는 달랐다. 특전사 이전 후보지였던 이천시는 국방부 발표와 동시에 이천시장과 주민들, 시민단체와 지역구 의원들 모두 강력하게 반대한다는 입장을 천명하였다. 이른바 님비(NIMBY, Not In My Back Yard, 혐오시설 반대) 현상이었다. 당시 국방부는 특전사 이전 후보지 선정 과정을 공개적으로 진행하지 않았다. 특전사의 부대 내용을 완전히 공개할 수 없고 이전을 환영하는 지자체가 없을 것이라는 이유 때문이었다. 국방부가 특전사 이전 후보지를 일방적으로 발표하자 그동안 아무것도 모르고 있었던 이천시는 공황상태에 빠졌다. 이천시는 마른하늘에 벼락이 떨어진 느낌이었고, 뒤통수 맞았다는 느낌도 있었다.

이천시가 반대하는 이유는 당사자인 이천시와 사전 협의가 전혀 없었고, 공용화기 사격장 등으로 인한 소음 발생이 우려되며, 이전 예정 후보지인 이천시 신둔면은 이천시가 영어마을 조성 등 새로운 개발 사업을 계획하고 있는 곳으로서 절대 안 된다는 것이었다. 물론 조상 대대로 살고 있던 곳을 떠날 수 없다는 주민들도 많았다.

더 심각한 문제는 환경 규제와 이천 시민들의 정서였다. 이천시 지역은 상수원보호구역으로 지정되어 제대로 된 큰 건물과 공장을 지을 수 없는 환경규제를 받고 있었고 이로 인해 오랫동안 지역경제 발전이 크게 저해되고 있었다. 특히 당시에는 이천시에 있는 하이닉스 반도체가 공장증설을 추진 중이었는데 환경오염을 우려한 환경부가 증설 허가를 내주지 않고 있었다. 공장 증설을 강력하게 희망해 왔던 이천시로서는 "반도체 공장(증설)은 안 된다고 하면서 군부대는 이천으로 보내려고 하느냐?"라는 불만이었다. 특전사 같은 큰 부대가 이전해 오면 오폐수 및 소음 등으로 환경오염이 불 보듯 뻔한데 한마디 상의도 없이 밀어붙이려는 데 대한 반감이었다.

당시 이천의 분위기는 조병돈 이천시장의 자서전에 잘 나타나 있

다. 다음은 그의 자서전『희망, 그 찬란한 행복의 아침』 ^{(하이비전 펴냄,}
²⁰¹⁰⁾ 내용 중 일부다.

국방부는 2007년 4월 11일 정부의 8.31 부동산 대책 일환으로 추
진되는 '송파 신도시 건설'을 위해 송파지역에 위치한 7개 군부대
의 지방 이전을 확정 발표하면서 특수전사령부를 이천으로 이전
하겠다고 발표한 것이다. 이 무슨 운명의 장난인가 싶어 한동안
아무 생각이 떠오르지 않았다. ^(52쪽)

나는 시련이 닥친 것을 직감했다. ^(이천시) 부시장, 시의회 의장 등
을 불러 회의를 가졌다. 하이닉스 ^(반도체 이천 공장 증설 요구) 때와 마
찬가지로 참석자의 만장일치로 '절대 반대' 입장을 결의하고 대책
에 들어갔다. 이번에는 ^(환경부가 아닌) 국방부를 상대로 투쟁을 벌여
야 하는 입장에 처했다. ^(53쪽)

쉽게 물러설 국방부가 아니었다. ^(2007년) 5월 3일에는 ^(이천시) 이·
통장, 새마을지도자 등 1,478명 전원이 정부에 항의하는 뜻으로
집단 사퇴를 해왔다. 그들의 사퇴가 나를 원망하는 것만 같았다.
사퇴할 수 있는 그들이 부럽기도 했다. 나는 모든 것을 바로잡기
전에는 죽을 수도 사퇴할 수도 없는 사람이었다. 5월 4일에는 이
천 시민들이 성남 토지공사로 몰려가 규탄대회를 열었다. 5월 22
일에는 국방부 앞 전쟁기념관 공터에서 규탄대회를 가졌다. 이천
시민 1,200여 명이 '군부대 이전 백지화'를 요구했다. ^(57쪽)

국방부는 특전사 이전 후보지가 되기 위해서는 서울서 너무 멀지

않고, 뒤로는 산이 있고 앞으로는 평지가 있으며, 크고 작은 훈련장을 조성할 수 있는 충분한 부지여야 한다는 조건을 내세웠다. 그리고 이러한 조건만 고려하여 후보지를 선정한 것이다. 특전사 이전을 환영하는 지자체가 없을 것이라는 판단하에 후보지부터 먼저 발표한 후 이천시와의 협의는 나중에 진행시켜 나간다는 계획이었다. 환경문제, 특히 하이닉스 반도체 문제 등은 전혀 알지도 못했고 예상치도 못하였던 변수였다.

이천시의 반대는 예상외로 커져만 갔다. 이천시민들은 충격과 분노, 그리고 정부에 우롱 당했다는 분위기 속에서 비상대책위원회를 구성하여 궐기대회를 여는 등 대대적인 반대 시위에 나섰다. 그러다가 2007년 5월 22일 위에서 소개한 이천 시민들의 국방부 앞 대규모 시위가 벌어졌다. 이 시위 과정에서 벌어진 새끼돼지 능지처참 퍼포먼스가 언론에 크게 보도되자 이천 시민들은 동물학대로 여론의 강력한 비난을 받게 되었다. 이천시청 홈페이지 등 인터넷에서는 다음과 같은 비난 댓글이 무수히 올라왔다.

- 동물을 학대하는 이천시에 특전사를 주둔시켜야 한다.
- 이천시장은 잔혹한 행위에 대해 사과하라.
- 사과하지 않으면 이천 상품 불매운동을 벌이겠다.
- 어린 돼지가 무슨 죄가 있나. 이천 시민들은 각성하라.

당시 국방부로서는 이 사건이 전화위복이 될 것으로 기대했지만 이 정도로 물러설 이천 시민들이 아니었다. 이천시의 심각한 반대에 직면한 국방부는 두 가지 전략을 병행하기로 했다. 이천시와 대화를 계속하면서 다른 후보지를 물색하는 것이었다. 여주시 대신면, 이천시 율면, 이천시 마장면 등 세 곳을 잠재적 후보지로 생각하여 암암리에 지형분석과 정찰을 하였다. 여주시 대신면이 보다 좋은 여건이라고 생각되어 공개적으로 여주시청에서 주민설명회까지 개최하였다. 하지만 여주시의 반발도 만만치 않았다. 이천시가 반대하는 것을 여주시가 받아들일 수 없다는 입장이었다. 님비현상에서는 찬성보다는 반대 목소리가 압도적으로 크게 마련이다. 국방부로서는 계속 물러서는 것보다는 이천시와의 갈등관리에 집중하는 것이 좋겠다는 판단이 섰다.

이 과정에서 필자는 갈등관리에 관한 서적, 연구보고서, 각종 규정 등을 읽으면서 공부도 해보았지만 중요한 것은 지역주민들과 직접 부딪치는 것이었다. 지역주민들은 '일제시대 때 독립운동하는 심정'으로 특전사 이전을 반대하였다. 나이 많으신 어르신들은 '조상 대대로 농사짓던 땅에서 이대로 살다가 죽게 해 달라'고 호소하기도 했다. 결국 주민들의 마음을 얻지 않고서는 특전사가 이천으로 이전할 수 없는 상황이었다. 당시 김영룡 국방부 차관과 필자는 사업시행자인 토지공사(지금의 LH공사) 관계자들과 함께 주민 설득작업에 들어갔다. 그로부터 셀 수 없이 이천시를 방문했고 주민들과 밥도 먹고 술도 마시면서 대화를 이어갔다.

우여곡절을 거쳐 이전 후보지를 당초 이천시 신둔면에서 이천시 마장면으로 변경하고 본격적으로 주민들과의 대화에 들어갔다. 100만 평이나 되는 후보지를 바꾸는 과정에서 '일관성 없는 국방부의 행태'라는 비난을 감수해야 했다.

마침내 2008년 말부터 해결의 실마리를 잡기 시작했고 필자는 2009년부터는 이천시 마장면 마을 행사에 공식초청 받아 가기도 했으며 경찰의 삼엄한 경호 속에 출입해야 했던 이천시청을 자유롭게 방문할 수 있게 되었다. 마장면은 영동과 중부 고속도로가 만나는 지점으로서 이천시에서도 입지가 좋은 곳이다. 서울과의 접근성도 뛰어나고 특전사 임무 수행에 이보다 더 좋은 곳은 없다고 본다.

그 후 국방부-이천시-LH공사 간 협약을 거쳐 이전 후보지를 확정하고 2011년부터 공사에 들어갈 수 있었다. 그로부터 5년여 공사 끝에 2016년 8월 2일 이천시 마장면 소재 특전사 대연병장에서 부대 이전 기념행사가 거행하게 되었다. 특전사로서는 44년간의 송파구 거여동 시대를 마감하고 이천 시대를 여는 역사적인 순간이었다. 특전사 이전 발표 후 10년의 세월이 흘렀다.

최근 군사시설을 둘러싼 갈등을 보면 국가안보를 내세워 국민들의 일방적인 희생을 호소하기에는 우리 사회가 너무 변했다. 정부와 국방부는 갈등관리를 위해 여러 가지 제도적 정비와 갈등관리 역량을 높이기 위해 노력하고 있다. 갈등영향분석, 갈등관리 매뉴얼 도입, 갈등관리 협의체 구성 등이 그것이다.

필자는 갈등관리에 관한 아무런 사전 지식 없이 국방부 군사시설기획관으로 보직 받았고, 그 때부터 특전사 이전 과정을 온몸으로 겪으면서 갈등관리를 배워나갔다. 시행착오도 많았고, 그 과정에서 많은 것을 깨닫기도 했다. 군사시설과 관련한 갈등은 사안마다 매우 다양해서 표준화와 일반화할 수 없는 경우가 많다. 하지만 필자가 경험한 점을 몇 가지만 언급하고자 한다.

　첫째, 갈등관리에 있어서 이해당사자 특히 지역 주민과 지자체를 제외한 다른 이해당사자가 개입하지 않도록 해야 한다. 시민단체 등 다른 이해당사자가 개입할 경우 정치적 갈등으로 변질되게 된다. 평택 주한미군기지 이전, 제주해군기지, 사드 배치 등이 그것이다. 이렇게 되면 지역갈등^(이익갈등)이 이념갈등^(가치갈등)으로 변질되면서 문제는 점점 꼬여가고 시간만 흘러가게 된다. 물론 정부로서는 제3자의 개입을 차단하고 싶지만 쉽지 않은 경우가 많을 것이다. 비록 3년의 세월은 끌었지만 특전사 이천 이전이 성공할 수 있었던 것은 지역주민들이 다른 당사자들의 개입을 허용하지 않았기 때문이다.

　둘째, 후보지 선정 과정은 공개적으로 접근하는 것이 바람직하다. 특전사의 경우 비공개로 후보지를 선정했지만 나중에 모든 것이 알려지게 되었다. 국방부가 특전사 이전 후보지를 발표한 후 얼마 되지 않아 이천시는 특전사의 임무, 편성, 병력, 주요시설, 그리고 환경오염^(특히 공용화기 사격장) 가능성 등을 거의 완전히 파악하였다. 이천시는 이천 출신 특전사 예비역 등 여러 채널로 매우 정확한 정보를 입수하고 국방부를 압박하기 시작했다. 당시 이천시 비상대책위원회는 평택 미군기지 이전을 반대하였던 시민단체들과 협의하여 그들의 노하우를 배우기까지 했다. '지자체는 군사시설이므로 잘 모르겠지', '비밀이므로 공개할 수 없다', '갈등관리에 대해 잘 모르겠지'라는 생각은 틀렸다는 것을 나중에서야 알게 되었다. 대형 시설 사업에서 비밀이나 비공개란 있을 수 없다.

　셋째, 가능하면 사전·사후 모든 과정을 지자체와 적극적으로 정보를 공유하고 협조해 나가는 것이 바람직하다. 중앙정부에서는 지자체의 정서를 완전히 이해하기 힘들다. 특전사의 경우 국방부와 토지공사는 당초 이전후보지로 선정된 이천시 신둔면(新屯面)에 영어마을 등 지역개발사업이 계획되었다는 것을 전혀 몰랐다. 환경부가 하이닉스 반도체 공장 증설을 불허하고 있고 이로 인해 주민들의 중앙정부에 대한 반감이 심하다는 것도 몰랐다. 주민들과 지자체 입장에서는 국방부나 환경부 모두 같은 중앙정부다. 해당 지자체는 건설과 관련된 각종 인허가권을 가지고 있다. 지자체는 인허가를 거부하거나 지연시키면서 얼마든지 시간을 끌 수 있다. 지자체와의 협조가 일견 사업을 지연시킬 수 있다고 볼 수 있으나 길게 보면 사업을 빨리 추진하는 지름길이라는 점을 뒤늦게 깨달았다.

넷째, 복수 후보지 선정 가능성을 항상 남겨 두어야 한다. 특전사 이전 후보지는 국방부의 체면 손상을 감수하면서 결국 한 차례 변경하였다. 모든 협상에서 차선책이 없다는 것은 협상력을 떨어뜨리는 것이다. 각종 지역개발 사업 등 해당 지자체에 주어야 하는 선물(혜택)을 고려할 때도 복수후보지는 중요하다. 이러한 선물은 돈(예산)으로서 사업비의 일부이기 때문이다.

마지막으로 정부(국방부)의 갈등관리 담당자들은 반드시 지역주민들의 신뢰를 얻어야 한다. 지역 주민들 중에서 일부를 정부 편으로 만들어야 한다. 이를 위해서는 주민들의 마음을 살 수 있어야 한다. 세상만사 내 편 없이 할 수 있는 일은 아무것도 없다. 국가안보라는 거창한 담론도 중요하지만 인간적인 신뢰도 필요하다. 필자가 이천시에서 마셨던 술의 양을 가끔씩 생각해 보곤 한다. 필자는 지금도 가끔 이천시 마장면 주민들을 만나서 막걸리 잔을 기울이곤 한다. 지역 발전을 저해하는 '원흉'에서 '마을 친구'가 되어서야 특전사 이전 갈등 관리의 끝이 보이기 시작했다.

이제 송파 지역은 천지가 개벽하였다. 특전사, 종행교, 학군교, 체육부대가 옮겨간 곳에 위례신도시가 들어섰다. 참여정부 때 군의 반대를 무릅쓰고 결정한 지 10년의 세월이 흘렀다.

이천시와의 협의가 마무리되어 가던 2010년 3월 필자는 조병돈 이천 시장으로부터 명예시민패를 받았다. 3월 9일 이천시청 시장실에서 시민패 수여식이 있었다. 한 때 이천시민의 '공공의 적'에서 '명예시민'이 된 것이다. 미움이 변하여 사랑이 된 것이라고나 할까?

조병돈 시장이 민선 4기 시장으로 재직(2006.7~2010.6)할 때 특전사 이전 문제가 불거졌다. 그 후 조 시장은 민선 5기(2010.7~2014.6) 시장 재선에 성공하였고, 2014년 7월 민선 6기 시장에도 당선되어 고향인 이천시 발전에 10년 이상 노력하고 있다.

창조국방과
국방3.0의 운명

박근혜 정부가 바뀌고 가장 먼저 없어질 것이 '창조경제'라고 한다. 2014년 9월부터 운영하고 있는 전국 17개 지역에 있는 18개 창조경제 혁신센터의 운명도 어찌될지 장담할 수 없다. 국방부가 추진하고 있는 '창조국방'도 같은 신세일 것이다. 창조경제가 국정과제로 등장하자마자 정부 각 부처에서는 나름의 실천계획을 마련해야 했다.

국방부도 예외가 아니었다. 어렵사리 마련한 것이 '창조국방'이었다. 그 개념은 '창의성과 과학기술을 제반 국방업무에 통합하여 혁신적 국방가치를 창출해 나가는 국방 발전의 패러다임'이다. 다음 정부가 출범하면 '국방' 앞에 '창조'라는 단어를 떼 내야 할 것은 분명해 보인다. 지속가능성이 의심되는 국방발전의 패러다임이라고 하겠다.

다음 정부에서 '비정상의 정상화' 어젠다도 사라질 것이다. 2013년 8월 15일 박근혜 대통령은 8.15광복절 경축사 때 '비정상의 정상화'를 강조했다. 과거로부터 지속되어 온 국가, 사회 전반의 비정상을 혁신하여 '기본이 바로 선 대한민국'을 만들고자 하는 것으로서 박근혜 정부의 국정 어젠다 중의 하나가 되었다. 다른 부처와 마찬가지로 국방부도 '비정상의 정상화'를 위해 노력해야 했다.

'비정상의 정상화'는 말은 쉽지만 실천은 어려웠다. 정부부처가 지금까지 해 왔던 일 중에서 어떠한 것을 비정상이라고 스스로 고백하고 이를 혁신시키겠다고 나서는 것은 쉽지 않았다. 2016년 말을 기준으로 하여 정부 전체적으로 비정상의 정상화 과제 100건을 선정하여 추진한 바 있다. 국방부의 대표적인 정상화 과제는 1) 군 사망신고 처리 신고제도, 2) 사유지 및 공유지 무단 점유 개선 및 군내 유휴지 활용 등 2건이다. 이 두 과제를 선정하기까지 국방부의 고민이 결코 적지 않았을 것이다. 이것이 비정상적인지, 그리고 국방 분야에서 비정상적인 것이 이 두 건이 가장 대표적인 것인지는 논외로 하자. '비정상의 정상화' 업무는 국무조정실에서 관장하고 있는데 최근 정국 상황으로 인해 다음 정부까지 기다릴 필요도 없이 벌써부터 힘이 빠진 것 같다.

박근혜 정부가 출범하고 제기된 '정부3.0'에 대해 많은 공무원들은 개념 파악에 힘들어했다. 우리나라가 정부1.0과 정부2.0을 거치면서 정부3.0이 나온 것이 아니기 때문이다. 정부1.0과 정부2.0에 관한 논의나 경험이 부족한 상황에서 정부3.0을 추진한 것이다. 정부3.0을 책임지고 있는 행정자치부는 정부3.0을 '공공정보를 적극적으로 개방하여 부처 간 칸막이를 없애고 협력함으로써 국민 개개인별로 맞춤형 서비스를 제공하고 일자리 창출 등 창조경제를 지원하는 새로운 정부 운

제6장: 국방부도 어찌할 수 없는 것들…

영 패러다임'으로 정의하고 있다.

정부1.0과 정부2.0을 알아야 정부3.0의 개념을 알 수 있겠다 싶어서 관련 정의를 찾아보았다. 기술적 관점에서 정부1.0은 정부업무의 전산화 단계, 정부2.0은 인터넷을 통한 행정 서비스 단계, 그리고 정부3.0은 무선기반의 개인화, 지능화 맞춤형 서비스 단계로 설명하기도 한다.

정부 운영의 패러다임 관점에서 설명하기도 한다. 정부1.0은 정부가 주도하고 관료주의로 움직이는 통치이고, 정부2.0은 시민 참여에 따라 정부 역할이 합리주의를 바탕으로 조정을 중시하고, 정부3.0은 정부와 국민이 집단 지성을 통해 거버넌스를 수행하는 패러다임이다.

정부3.0이 등장하자 국방3.0도 등장했다. 정부3.0의 국방버전인 것이다. 정부3.0과 마찬가지로 국방3.0도 국방1.0과 국방2.0을 거쳐서 나온 것이 아니기 때문에 설명이 필요하다. 국방부 홈페이지는 국방3.0을 '개방·소통·협력 통합을 핵심가치로 삼아 맞춤형 서비스 제공, 창의와 신뢰, 협력에 바탕을 두어 튼튼한 안보를 구현하는 새로운 국방행정의 틀'이라고 정의하고 있다.

정부3.0도 다음 정부가 들어서면 없어질 것이고, 국방부가 추진하고 있는 국방3.0도 사라질 것이다. 다음 대통령 앞에서 정부3.0, 국방3.0을 꺼낼 공직자는 없을 것이다. 국방부는 2014년부터 매년 국방3.0 우수사례 경진대회를 열어 왔지만 2017년부터는 더 이상 열리지 못할 것이다.

이렇게 이야기하면 필자가 박근혜 정부를 비난하는 것 같이 비추어질 수도 있겠다. 하지만 대통령이 바뀌면 지난 정부에서 추진했던 주요 국정과제는 슬그머니 없어지는 것이 우리의 현실이었다.

몇 가지 예를 들어보자. 2010년 8월 15일 이명박 대통령은 8.15광복절 경축사를 통해 "사회 모든 영역에서 공정한 사회라는 원칙이 확고히 준수될 수 있도록 최선을 다할 것"라고 하였다. 대통령의 한 마디에 정부 각 부처에서는 공정사회 구현을 위한 실천계획을 짜야 했다. 청와대와 국무조정실에서는 실천과제를 만들어 내라고 각 부처를 독촉하기 시작했다. 국방부도 예외가 아니었다. 대통령이 관심을 가지고 있는 국정 어젠다의 실천을 게을리하는 공직자는 있을 수 없다. 국방부를 포함한 모든 부처는 공정사회 실천에 노력하였다.

공정사회란 너무나 상식적인 개념이기도 하지만 우리 사회가 해결해야 할 거대담론이라고도 할 수 있다. 개념을 완전히 파악하기도 힘든데 실천방안을 마련하는 것은 더욱 힘들었다. 하지만 이러한 노력은 2년도 채 지속되지 못했다. 2013년 2월 박근혜 정부가 출범하면서 공정사회라는 단어는 정부 문서에서 완전히 사라졌다.

이명박 정부 때 추진했던 녹색성장, 자원외교 등도 박근혜 정부에서는 찾아볼 수 없다. 4대강 사업은 이명박 대통령이 임기 내 완공을 목표로 밀어붙이는 바람에 공사가 마무리되었다. 만약 중장기 계획으로 추진하였다면 정권 교체와 동시에 공사는 중단되고, 원점에서 재검토되었을 것이다. 이명박 대통령은 이를 너무나 잘 알았기 때문에 임기 내 4대강 공사를 끝냈다.

노무현 정부 때 '대못박기'라는 말이 유행하였다. 정부가 바뀌어도 노무현 정부의 정책을 쉽게 바꿀 수 없도록 제도적 장치를 마련하는 것이다. 국방개혁에 관한 법률을 만들어서 국방개혁을 입법화시킨 것

제6장: 국방부도 어찌할 수 없는 것들…

이 하나의 사례라고 하겠다. 참여정부 때 강력하게 추진한 공공기관 지방 이전 사업은 지역의 이해관계와 연결되었기 때문에 대통령이 바뀌어도 원점으로 돌릴 수 없는 상황이었다. 국방대학교 논산 이전도 그 일환이었다. 다음은 김윤권의 『정부3.0의 이론적 연구』 내용 중 일부이다('행정논총' 제54권, 제3호 2016.9월, 60쪽).

> 우리나라는 5년마다의 대선과 4년마다의 총선에서 정치인이 유권자의 다양한 선호를 얻어 당선되어야 하는 숙명으로 인해 정치가 행정을 압도하는 정치 과잉(Political excess) 현상이 나타나고 있다. 이로 인해 정부의 정책 결정과 정책 집행 역량의 수준과는 무관하게 정부 운영의 방식이나 기제가 정치에 의해서 영향을 크게 받고 있다. 그 결과 정부가 교체될 때마다 앞선 정부의 정책이나 정부 운영 방식이 단절되고, 정책의 일관성도 훼손되고 있다. 그럼에도 불구하고 새롭게 등장하는 정부마다 정부 운영의 또 다른 정치적 수사를 내세우고 추진하려 한다.

정부가 바뀔 때마다 국정 어젠다의 연속성은 사라지고 단절되는 현상은 지금까지 그래왔고 앞으로도 그러할 것이다. 그 결과 사회적 비용의 낭비, 정부 정책에 대한 국민의 신뢰 저하, 공직자의 정권에 대한 눈치 보기, 영혼 없는 공무원이라는 비아냥 등은 우리가 감내해야 할 부작용이다. 국방행정도 예외가 될 수 없는 현실이다.

6.25전쟁은
남침인가, 북침인가?

6.25전쟁은 남침(南侵)인가 북침(北侵)인가? 상식적인 질문이라고? 필자는 생각하면 생각할수록 골치 아픈 질문이라고 생각한다.

2013년 6월 서울신문에서 전국 고교생 506명을 대상으로 역사인식에 관한 조사를 한 결과 10명 중 7명(정확히는 69%)이 북침이라고 답했다. 하지만 6.25전쟁에 대한 국방부와 학계의 입장은 분명하다. "북한의 기습 '남침'으로 전쟁이 시작되었다."가 공식 입장이다. 즉, 6.25전쟁은 '남침'이다.

다르게 질문해 보자. 남쪽에서 불어오는 바람은 '남풍(南風)', 북쪽에서 불어오는 바람은 '북풍(北風)'이다. 그렇다면 6.25전쟁은 남침인가, 북침인가? 북한에서 남한을 침범한 전쟁이므로 '북침'이라고 해야 맞다.

'북한에 의한 남침'이 정확한 표현인데 우리말의 주어 생략 경향 때문에 이런 혼란이 빚어지고 있다. 우리말 표현에 대해 권위 있게 답해

주는 곳은 국립국어원(www.korean.go.kr)인데 2014년 6월 25일 국립국어원 홈페이지에 다음과 같은 질문이 올라온 바 있다.

> 일반적으로 한자어의 구성을 보면 주술(주어+술어) 관계, 술목(술어+목적어) 관계, 술보(술어+보어) 관계로 되어 있는데 북침, 남침을 보면 형태상 주술관계가 되어
>
> 북침→북이 (…을) 침범하다
>
> 남침→남이 (…을) 침범하다
>
> 라 해석될 여지가 매우 높습니다. 그런데도 뜻을 보면 술목(술어+목적어) 관계의 의미로, 아래와 같이 나열되어 있습니다.
>
> 북침→북을 침범하다.
>
> 남침→남을 침범하다.
>
> 이를 본래의 의미에 맞게 고치려면 각각 '침북(侵北)' '침남(侵南)'으로 바꿔야 하는 것이 아닌가 싶습니다. 그래서 이런 식의 한자어 단어 형성이 왜 이루어진 것인지 궁금하고 그 이유가 소위 말하는 국어식 한자 표현, 예를 들어 '산림(을) 녹화', '자연(을) 보호'와 같은 것인지 궁금합니다.

상당히 수준 있어 보이는 이 질문에 대해 다음과 같은 답글이 달려 있다.

> 북한의 남침은 '자연보호'처럼 우리식 문장과 같은 구조인 목적어와 서술어 구조(목술 구조)로 이루어진 것으로 볼 수 있습니다. 『표

준국어대사전』에 따르면 '북침'은 '남쪽에서 북쪽을 침략함', '남침'은 '북쪽에서 남쪽으로 침략함'의 뜻입니다. 다시 말해 '북침'은 '북쪽을 침략하다', '남침'은 '남쪽을 침략하다'의 뜻으로 '북침'과 '남침'은 술목구로로 이루어진 것으로 볼 수 있습니다.

국립국어원의 이러한 설명은 사후적 해석에 불과하다. 이런 견해도 있다. 남침에서 '남(南)'은 명사(주어), '침(侵)'은 동사이므로 '남한이 침범했다'라고 해석할 수 있다. '적이 침범하다'라고 할 때 우리는 '적침(敵侵)'이라고 한다. 따라서 '북한이 침범하다'는 '북침'이라고 해야 한다. 우리말에서 단어(동사) 앞에 오는 것은 주어다.

남침과 북침 둘 다 맞다는 견해도 있다. 앞뒤 없이 남침이라고 하는 것은 잘못된 표현이라는 주장도 있다. 남침 앞에 '북한의'를 생략하는 것이 잘못되었다는 말이다. 처음에 어떻게 이름을 붙였느냐가 중요한데 처음부터 '남침'이라고 한 것이 문제라는 지적도 가능하다. 다음은 『21세기에 다시 보는 해방후사』(이정식 지음. 허동현 엮음. 경희대학교 출판문화원. 2012) 110쪽 내용이다.

(6.25전쟁에 대해) 북침설이 제기된 지 60년이 지났고 소련 측 비밀문서 공개로 남침이 분명해진 오늘 왜 북한은 북침을 주장하고 있을까요?

이 내용은 이렇게 표현하면 정확하겠다.

(6.25전쟁에 대해) 남한이 북한을 침공했다는 북침설이 제기된 지 60년이 지났고 소련 측 비밀문서 공개로 북한에 의한 남침이 분명해진 오늘도 왜 북한은 북침을 주장하고 있을까요?

2013년 6월, 많은 고교생들이 6.25전쟁을 북침이라고 알고 있다는 언론보도에 대해 국방부는 간과할 수 없는 문제라고 심각하게 인식했다. '이래서는 안 되겠다'고 생각한 국방부는 각 언론사와 학교기관에 공문을 보냈다. 6.25전쟁은 '북한의 의한 남침'이 정확한 표현이라고…. 사실, 청소년들의 역사인식 문제를 탓하기에 앞서 할아버지 세대의 용어 선택이 문제였지 않나 싶다.

한국군의 'SWOT'

우리나라 군에 대하여 SWOT 분석을 해 보자. SWOT는 강점 (Strengths), 약점(Weaknesses), 기회(Opportunities), 위협(Threats)을 파악하여 조직 이 처한 상황을 포괄적으로 분석해 보는 기법이다.

먼저, 한국군의 강점이다.

① 강력한 한·미 연합방위체제하에서 높은 수준의 군사대비태세 를 유지하고 있다. 작전계획 수립부터 교육훈련에 이르기까지 미군의 우수한 군사제도와 교리를 벤치마킹해 왔다. 냉전 종식 이후 세계적으로 한국군만큼 미군과 다방면에서 긴밀한 협력 관계를 유지하고 있는 나라도 찾기 힘들다.

② 한국군은 강력한 지상군을 보유하고 있다. 우리 육군은 전차

2,400여 대, 장갑차 2,700여 대, 야포 5,700여 문을 보유(해병대 포함)하고 있는 세계적으로 다섯 손가락 안에 들어가는 강군이다. 우리나라보다 전차·장갑차를 더 많이 보유하고 있는 나라는 미국, 러시아, 중국 그리고 북한 정도에 불과하다.

③ 우수한 전투력의 특수전 부대와 첨단 잠수함 능력을 가지고 있다. 육군 특수전사령부, 사단 수색대, 특공여단, 그리고 해군 UDT와 해병대는 세계에서 가장 뛰어난 전투력을 보유하고 있다. 2011년 해군 UDT는 삼호주얼리호 인질 구출 작전(일명 아덴만 여명작전)을 완벽하게 성공함으로써 세계를 놀라게 했다. 한국 해병대는 미 해병대도 인정하는 세계 제2위의 해병 전력이라고 할 수 있다. 우리 해군의 잠수함 전력은 주변국에 비하여 숫자는 작지만 첨단 기술로 무장하고 있다. 한국은 비록 늦게 잠수함 사업을 추진하였지만 짧은 기간 동안 성공적으로 우수한 잠수함 능력을 확보하였다. 독일과의 기술도입 생산, 대한민국의 조선 능력, 그리고 우리 해군의 집념이 결합하여 이룬 성과다.

④ 장교와 병사 개개인의 학력과 지적 수준이 매우 높다. 사관학교 입학 경쟁률은 작게는 30:1, 많게는 50:1을 넘는다. 우수한 인재가 사관학교에 들어와 장교가 되었고, 또 되려고 한다. 국민 개병제하에서 의무복무 병사들은 고학력자로 충원되고 있다.

둘째, 한국군의 약점이다.

① 국방의 많은 부분이 육군 중심으로 운영되고 있다. 지상군 위주의 전력 구조를 가지고 있다. 전력 증강은 중후장대(重厚長大)형 무기체계 위주로 진행되고 있다. 지금 세계적으로 한국만큼 전차·장갑차·자주포 생산에 주력하고 있는 나라도 찾기 어렵다. 국방부와 합참의 주요 직위는 육군 위주로 보직되고 있다. 역대 국방장관과 합참의장은 압도적으로 육군 중심이었다. 북한 위협이 지상군 위주여서 어쩔 수 없다고는 하지만 해·공군은 육군 우선에 대해 소외감과 불만이 없지 않다. 2011년 군 상부지휘구조 개편 논의가 한창일 때 육군은 찬성하고 해·공군은 반대했다. 그 이유로서 육군 독식체제에 대한 해·공군의 심리적 거부감 때문이라는 해석도 있다.

② 한국군은 몸은 비대하고 팔다리는 허약한 체질이다. 꼬리(Tail, 비전투부대)보다는 이빨(Tooth, 전투부대)이 크고 튼튼하다고 자신 있게 말할 수 없다. 다이어트(군살 빼기)를 통해 '작지만 강한 군대'를 만들고 '병력집약형에서 기술집약군'으로 나아가야 한다는 데는 공감하지만 제대로 된 실천이 지지부진하다. 지금까지 국방개혁은 단기간 혁신적인 변화보다는 장기간에 걸친 점진적 개선을 추구해 왔다. 노무현 정부 때부터 국방개혁을 하다 보니 이제는 개혁 피로감과 개혁 무관심 분위기가 만연하고 있다.

'군이 군을 제일 잘 안다'는 생각에서 우리 군은 외부의 비판에 강한 거부감을 가지고 있다.

③ 군대문화는 유연하다기보다는 경직되어 있다. 병사들뿐만 아니라 장교들도 서구적인 자유 토론과 대화보다는 유교문화권의 엄격한 상명하복 관계가 지배하고 있다. 구 일본군의 잔재가 아직도 우리 군에 남아 있다. 병영문화 개선에 많은 성과도 있지만 구타·폭행 등 병영 악습이 완전히 사라지지 않고 있다.

④ 우리 군에는 미국 의존적인 사고방식이 잠재하고 있다. 튼튼한 한·미 동맹관계의 그늘진 모습이라고 하겠다. 전시작전통제권 환수를 둘러싼 그간의 논의는 생략하더라도 지금까지 한·미 연합방위체제를 변화시키려는 시도에 대해 군 당국과 지휘관들은 조심스럽기만 하다. 걸음마 배우는 아기(한국)가 엄마(미국) 손 놓기를 주저하는 것과 같은 심리적 불안감이 저변에 깔려 있다.

셋째, 한국군의 위협 요인이다.

① 북한 핵 위협은 점점 커지고 있는데 효과적인 대응책 마련은 쉽지 않다. 지난 20여 년 동안 우리 정부의 북핵문제 해결 노력은 성공하지 못했다. 킬 체인(Kill Chain), 한국형 미사일 방어체제(KAMD), 대량응징보복(KMPR) 등을 계획하고 있지만 완전히 구축

될 때까지 상당 기간 기다려야 하고, 구축되더라도 완벽한 대응책은 되지 못한다. 핵 위협에는 핵으로 대응하면 가장 좋겠지만 우리의 핵무장은 선택 가능한 대안이 되지 못한다.

② 한국군은 북한의 국지도발, 핵·미사일 위협, 전면전 도발, 급변사태, 테러, 사이버 공격 등 다양한 위협에 모두 대응해야 한다. 북한은 비대칭 위협에 선택과 집중을 하고 있지만 우리 군은 모든 위협에 빠짐없이 대비태세를 갖추어야 한다. 북한은 전면전으로는 대한민국을 이길 수 없다는 생각에서 핵과 미사일 개발에 집중하고 있다. 하지만 우리는 북한 전면전 도발 가능성에도 대비할 수밖에 없다. 북한은 다양한 위협을 가함으로써 우리 군에게 인적·물적 지출을 강요하고 있고, 한국군은 강요당하고 있다.

③ 북한의 현존 위협이 먼저냐, 주변국의 잠재적 위협이 먼저냐의 딜레마다. 1990년 독일이 통일되고 세계적인 냉전이 종식될 때 금방이라도 한반도가 통일될 것 같았다. 그 당시 한국군에서는 북한 위협보다는 통일 이후 주변국 위협에 대비한 군사력 증강을 해야 한다는 견해가 지배적이었다. 하지만 북핵 위협이 고조되면서 지금은 주변국보다는 북한 위협 대응이 우선되고 있다. 북한 핵문제만 아니었다면 통일 이후를 고려한 전력증강이 힘을 받았을 것이다.

④ 우리 국민들의 북한 위협에 대한 인식이 매우 희박하다. 북한이 핵 실험을 할 때마다 국내 주식시장은 폭락하지 않았고, 원/달러 환율도 큰 변화가 없었으며, 외국인 투자가 빠져나갔다는 이야기도 없었다. 생필품 사재기 같은 국민 동요도 없었으며 인천공항에는 외국으로 탈출하려는 사람들은 찾아볼 수 없고 여행객들로 북적였다. 정부와 군 당국은 심각한 안보위기라고 하는데 정작 국민들은 조용하기만 하다. 대한민국은 북한의 핵 위협에 서서히 둔감해지고 있다. 천천히 뜨거워지는 냄비 속의 개구리(溫水煮靑蛙) 같은 모습이라고나 할까.

선거철마다 우리 정치권은 포퓰리즘으로 가득하다. 선심성 복지 공약은 넘쳐나지만 국방 분야 공약은 '튼튼한 국방'과는 거리가 멀기만 하다. 선거를 치를 때마다 복지 예산은 늘어만 가는데 국방예산은 찔끔 늘어나는 정도에 불과하다. 사드(THAAD, 고도도미사일 방어체제) 배치를 둘러싸고 정치권은 찬성과 반대로 갈라졌고, 국민들은 중국의 경제 보복을 더 두려워하고 있는 것이 대한민국 국방의 현실이다.

마지막으로 한국군의 기회 요인이다.
① 지금의 북한은 정치·경제·사회 등 여러 분야에서 결코 지속가능하지 않다. 경제난은 군사비 부족→장비·무기 획득 제한→

노후화 가속→전쟁지속능력 부족 등의 악순환을 초래한다. 지금의 북핵 위기를 잘 관리한다면 한국군은 조국의 통일을 힘으로 뒷받침하는 자랑스러운 군대가 될 수 있다. 통일대비 군사역량을 제대로 구축해 나간다면 우리 군은 새로운 기회를 잡을 수 있다.

② 한국군의 장교와 병사들은 우수하다. 특히 젊은 세대들의 창의성과 열정은 기성세대를 능가한다. 이들이 저마다의 실력을 발휘할 수 있는 조직 문화를 만들어 나간다면 한국군은 창의적이면서도 강한 군대가 될 것이다. 선배가 후배를, 후배가 또 그 후배를 가르치고 지휘하는 과정에서 좋은 문화뿐만 아니라 나쁜 문화도 이어져 내려가게 마련이다. 하지만 나쁜 문화는 과감히 차단하고 좋은 문화만 이어간다면 유연하고 열정 가득한 군대를 만들 수 있다.

③ 한·미 동맹관계는 언젠가는 재조정될 것이다. 전시작전통제권도 언젠가는 환수되어 우리 군이 한국군 전체를 온전하게 지휘하는 날이 올 것이다. 그날이 정확히 언제가 될지는 모르지만, 6.25전쟁이 한창일 때 이승만 대통령이 맥아더 장군에게 이양한 작전지휘권을 대략 70~80년 만에 우리가 다시 넘겨받는 역사적인 날이 될 것이다. 동맹관계의 지각변동이라고 두려워하지 말고 적극적으로 대응해 나간다면 한국군의 새로운 역사를

쓰게 될 것이다.

지금까지 우리 군은 수많은 위기를 겪었고 이를 성공적으로 극복해 왔다. 앞으로도 그러할 것이다. 위기(危機)에는 '위(危. Crisis)'와 '기(機. Opportunity)'가 함께 존재한다. 위기는 잘 관리하면 기회가 된다.

출간 후기

'국방'에 대한 관심과 애정을 통한 안보 의식 구축이 선진 대한민국의 앞길을 지키는 방패가 되기를 기원합니다!

권선복
(도서출판 행복에너지 대표이사, 한국정책학회 운영이사)

대한민국을 둘러싸고 있는 국제정세가 그 어느 때보다도 어지럽고 위협적인 시기입니다. 북한의 김정은 정권은 끊임없이 핵·미사일 실험으로 무력을 과시하고 외교적 우위를 점하려 하고 있으며 일본은 끊임없이 자위대의 개편을 통해 일본을 '전쟁할 수 있는 국가'로 만들려는 노력을 기울이고 있습니다. 한편 동아시아 전체에 영향력을 행사하려고 하는 중국은 한국에 설치되는 고고도미사일방어체제(THAAD)를 둘러싸고 강경한 대립각을 세우고 있으며 도널드 트럼프 대통령의 취임 이후 미국의 움직임 역시 예측하기 어려운 상황에 놓여 있습니다. 이렇게 어지러운 세계정세 속에서 대한민국을 지킬 수 있는 것은 결국 자체적인 안보력과 국방 인프라일 것입니다.

책『국방을 보면 대한민국이 보인다』는 대한민국 정부에서 가장 오래된 부처인 국방부에 얽힌 다양한 이야기를 통해 안보와 국방에 어느 정도 무감각해진 국민들의 관심을 환기시키고 있습니다. 대한민국 국방부의 지휘구조와 예산집행의 문제점, 그 해결책을 짚는 등 다소 무겁고 전문적인 내용들도 있으나 국방부와 대한민국 역사·문화에 얽힌 에피소드 등 흥미로운 이야기도 포진되어 있어 '국방부' 하면 평소 갖게 되는 딱딱한 이미지를 완화시킬 수 있을 것입니다.

저자는 1979년 행정고시에 합격하여 2014년 퇴직하기까지 국방부에만 33년을 근무하며 '우리 군을 오래 보고 자세히 볼 수 있었다'라고 이야기하고 있습니다. 이러한 저자의 이력을 반영하듯 이 책에는 대한민국 국군과 국방부에 대해 날카로운 비판만큼이나 깊은 애정과 관심이 살아 숨 쉬고 있습니다. 이 책을 통해 많은 분들께서 대한민국 국군과 국방부에 대한 관심과 애정을 더욱 가져주시는 것과 함께 안보 의식 구축의 밑바탕을 그려 선진 대한민국을 지키는 초석이 되기를 진심으로 기원합니다.

ADVENTURE & DESTINY

Sally(Sumin) Ahn, Trina Galvez 지음 | 값 13,000원

시집 『ADVENTURE & DESTINY』는 시와 문학에 대해서 깊은 열정을 가지고 꾸준히 창작활동을 계속하고 있는 한 젊은 시인의 문학적 사색과 고뇌를 보여주는 세계로의 모험이라고 할 수 있다. 각 챕터는 영어 원문과 한국어 번역을 모두 포함하여 원문의 느낌과 의미를 온전히 살리는 한편 한국어 독자들에게도 쉽게 접근할 수 있도록 하였다.

무일푼 노숙자 100억 CEO되다

최인규 지음 | 값 15,000원

책 『무일푼 노숙자 100억 CEO 되다』는 "열정이 능력을 이기고 원대한 꿈을 이끈다."는 저자의 한마디로 집약될 만큼 이 시대 '흙수저'로 대표되는 청춘에게 용기를 고하여 성공으로 향하는 길을 제시하고 있다. 100억 매출을 자랑하는 (주)다다오피스의 대표인 저자가 사업을 시작하며 쌓은 노하우와 한때 실수로 겪은 실패담을 비롯해 열정과 도전의 메시지를 모아 한 권의 책으로 엮었다.

정부혁명 4.0 : 따뜻한 공동체, 스마트한 국가

권기헌 지음 | 값 15,000원

이 책은 위기를 맞은 한국 사회를 헤쳐 나가기 위한 청사진을 제안한다. '정치란 무엇인가?' '우리는 무엇이 잘못되었는가?' 로 시작하는 저자의 날카로운 진단과 선진국의 성공사례를 통한 정책분석은 왜 정치라는 수단을 통하여 우리의 문제를 해결해야 하는지를 말한다. 정부3.0을 지나 새롭게 맞이할 정부4.0에 제안하는 정책 아젠다는 우리 사회에 필요한 길잡이가 되어 줄 것이다.

나의 감성 노트

김명수 지음 | 값 15,000원

이 책 『나의 감성 노트』는 30여 년간 의사로서 의술을 펼치며 그중 20여 년을 한자리에서 환자들과 함께한 내과 전문의의 소소한 삶의 기록이다. 삶과 죽음에 대한 겸허한 자세, 인생과 노년에 대한 깊은 성찰, 다양한 인연으로 맺어진 주변 사람들에 대한 따뜻한 시선은 현대 사회를 사는 독자들의 메마른 가슴속에 사람 사는 향기와 따뜻한 감성을 선사할 것이다.

워킹맘을 위한 육아 멘토링

이선정 지음 | 값 15,000원

이 책은 일과 가정을 양립하는 데 어려움을 겪는 워킹맘에게 "당당하고 뻔뻔해지라"는 메시지를 전한다. 30여 년간 워킹맘으로서 직장 생활을 하며 두 아들을 키워온 저자의 경험담과 다양한 사례를 통해 일과 육아의 균형을 유지하는 노하우를 자세히 알려준다. 또한 워킹맘이 당당한 여성, 또 당당한 엄마가 될 수 있도록 응원하고 있다.

늦게 핀 미로에서

김미정 지음 | 값 15,000원

이 책 『늦게 핀 미로에서』는 학위도, 전공도 없지만 음악에 대한 넘치는 열정과 사회에 기여하는 인생이 되고 싶다는 소명감으로 음악치료사의 길에 발 디딘 저자의 이야기를 보여주고 있다. 사회 곳곳의 소외되기 쉬운 사람들과 음악으로 소통하고 마음으로 하나 되며 치유를 통해 발전을 꿈꾸는 저자의 행보는 인생 2막을 준비하는 사람들에게 많은 것을 생각하게 할 것이다.

위대한 도전 100人

도전한국인 지음 | 값 20,000원

이 책은 위대한 도전인을 발굴, 선정, 출판하여 도전정신을 확산시키는 것을 목적으로 도전을 통해 세상을 바꾸어 나간 위대한 인물 100명을 다양한 분야에서 선정하여 그들의 노력과 역경, 극복과 성공을 담았다. 어려운 시대 속에서 이 책은 이 시대를 살아가는 우리 모두의 가슴속에 다시금 '도전'을 키워드로 삼을 수 있도록 도울 것이다.

정동진 여정

조규빈 지음 | 값 13,000원

책 『정동진 여정』은 점점 빛바래면서도 멈추지 않고 휘적휘적 가는 세월을 바라보며 그 기억을 글자로 옮기는 여정에 우리를 초대한다. 추억이 되었다고 그저 놔두기만 하면 망각의 너울을 벗지 못한다. 그러기에 희미해지기 전에 기록할 것을 은근히 전한다. "기록은, 그래서 필요하다"라는 저자의 말은 독자들의 마음에 여운을 남기며 삶의 의미와 기억 속 서정을 찾는 길잡이가 되어 줄 것이다.

하루 5분 나를 바꾸는 긍정훈련

행복에너지

**'긍정훈련'당신의 삶을
행복으로 인도할
최고의, 최후의'멘토'**

'행복에너지
권선복 대표이사'가 전하는
행복과 긍정의 에너지,
그 삶의 이야기!

인터파크
자기계발 분야 주간
베스트 1위

권선복 지음 | 15,000원

권선복

도서출판 행복에너지 대표
지에스데이타(주) 대표이사
대통령직속 지역발전위원회
문화복지 전문위원
새마을문고 서울시 강서구 회장
전) 팔팔컴퓨터 전산학원장
전) 강서구의회(도시건설위원장)
아주대학교 공공정책대학원 졸업
충남 논산 출생

책『하루 5분, 나를 바꾸는 긍정훈련 - 행복에너지』는 '긍정훈련' 과정을 통해 삶을
업그레이드하고 행복을 찾아 나설 것을 독자에게 독려한다.
긍정훈련 과정은[예행연습] [워밍업] [실전] [강화] [숨고르기] [마무리] 등
총 6단계로 나뉘어 각 단계별 사례를 바탕으로 독자 스스로가 느끼고 배운 것을
직접 실천할 수 있게 하는 데 그 목적을 두고 있다.
그동안 우리가 숱하게 '긍정하는 방법'에 대해 배워왔으면서도 정작 삶에 적용시키
지 못했던 것은, 머리로만 이해하고 실천으로는 옮기지 않았기 때문이다. 이제 삶
을 행복하고 아름답게 가꿀 긍정과의 여정, 그 시작을 책과 함께해 보자.

『하루 5분, 나를 바꾸는 긍정훈련 - 행복에너지』